DAS GROSSE BUCH DER EISENBAHN

Herausgegeben von
Frank Grube und Gerhard Richter

Fachbeirat:
Richard Heinersdorff

INHALT

Сѣверно-германско съобщение.

I. Класъ. № 00067 *

София—Берлинъ

(Щадтбанъ).

прѣзъ Царибродъ-Бѣлградъ-Будапеща-Рутка/Галанта-Золна-Одербергъ-Брѣславъ.

Важи 15 дена,

Отъ датата оттисната съ датния печатъ до полунощь на 15-ия день.

За всичкитѣ влакове.

За „Д“ и „Л“ влакове доплаща се по тарифата.

Свободенъ багажъ 30 кгр. за цѣлъ билетъ и 20 кгр. за половина само по сърбскитѣ и германскитѣ желѣзници.

Цѣна: 172 лв. 30 ст.

Датенъ печатъ:

17 . 3 . 10 Берлинъ Щ. Б.

DAS GROSSE BUCH DER EISENBAHN

V. DIE EISENBAHNEN AMERIKAS

VI. DIE EISENBAHNEN AFRIKAS, ASIENS, AUSTRALIENS UND NEUSEELANDS

VII. DIE SCHÖNSTEN STRECKEN DIESER ERDE

VIII. KLEINBAHNEN, NEBENBAHNEN, GEBIRGSBAHNEN, ZAHNRADBAHNEN

IX. ANHANG

Es war ein Montag, als der Startschuß einer Kanone den aus England importierten ADLER mit einer Geschwindigkeit von 30 km/h über die Distanz von genau sechs Kilometern schickte. Mit dieser Fahrt von Nürnberg nach Fürth hatte das Dampflokzeitalter auch in Deutschland Einzug gehalten. Damals feierte man so intensiv, daß ein wahres Volksfest daraus wurde. Die Eisenbahn war über Nacht attraktiv geworden.

Innerhalb eines Jahres stiegen mehr als 475 000 Personen in die kutschenähnlichen Wagen, die keineswegs alle mit Dampfkraft vorwärts bewegt wurden, da mit der ADLER nur eine Lokomotive zur Verfügung stand. Jahrelang mußten noch 15 Pferde aushelfen, ein Umstand, der auf historischen Darstellungen immer dezent verschwiegen wird.

Wer immer am 7. Dezember 1835 bei der Premiere dabei gewesen ist, um das stählerne und fauchende Ungeheuer zu bewundern, hatte eine Einladungskarte mit folgendem Inhalt erhalten: »Die Abfahrt nach Fürth findet Punkt neun Uhr statt. Man beliebe sich aber eine halbe Stunde früher auf der errichteten Tribüne im Verwaltungs-Locale einzufinden.«

Vergessen waren beim Anfahren des Zuges die nicht abreißenden Querelen vor und während des Baus der Strecke: Gestritten wurde unter anderem darüber, ob es richtig sei, auch die Schienen aus England einzuführen. Stephenson setzte sich durch. Seine 118. Lokomotive, die ADLER, schnaufte nicht nur über englische Schienen, die in der Spurweite von vier Fuß und achteinhalb Zoll verlegt waren, sondern wurde auch von einem Mann namens William Wilson bedient. Er war die Hauptattraktion dieser Eröffnungsfahrt. Mit seinem hohen Zylinder und den weißen Handschuhen beeindruckte er die Ehrengäste und Zuschauer ungemein. Wilson war vorläufig der einzige, der in Deutschland mit dem schnaubenden Dampfroß umgehen konnte.

Das war der Beginn der großen Eisenbahn-Ära in Deutschland. Angefangen hatte alles mit der Erfindung der Dampfmaschine. Bis der Dampf aber dann auf die Schiene kam, vergingen noch einige Jahre. Erst George Stephenson, aus ärmlichen Verhältnissen stammend, glaubte an die Möglichkeit, die Kraft der Dampfmaschine auf die glatten Schienen übertragen zu können. Das Gewicht der Lokomotive, so die Schlußfolgerung, müsse nur groß genug und die Strecke eben sein. Bestärkt wurde er in seiner Ansicht, als im Jahre 1813 Hedley die unter dem Namen PUFFING BILLY bekannt gewordene erste verwendungsfähige Lokomotive baute. Ein Jahr später war Stephenson so weit. Am 25. Juli 1814 machte seine MYLORD die Jungfernfahrt. Doch es war noch ein weiter Weg, bis die erste öffentliche Dampfeisenbahn zwischen Stockton und Darlington verkehrte: Die ACTIVE führte den Eröffnungszug, der aus 34 Wagen bestand: offene Wagen, einige mit Sitzbänken ausgestattete Kohlewagen, dazu der einzige wirkliche Personenwagen, der für den Vorstand reserviert war.

Da Stephenson der Ansicht war, daß Lokomotiven nur für das flache Land geeignet seien, mußten sämtliche Steigungsstrecken der Stockton & Darlington Railway auf eine kuriose Weise überwunden werden: Am Ende einer »schiefen Ebene« war eine ortsfeste Dampfmaschine stationiert, die den Zug am Seil hinaufzog. Auch die festliche Gesellschaft, die am 27. September 1825 über die Strecke von Stockton nach Darlington ratterte, wurde per Seil über einen Hügel geschafft. Erst dann konnte die LOCOMOTION zeigen, was in ihr steckte. Sie erreichte eine Höchstgeschwindigkeit von immerhin 20 km/h.

Das Meisterstück gelang dem großen Konstrukteur dann vier Jahre nach dieser legendären Fahrt. Am 6. Oktober 1829 fand auf seine Anregung hin eine Lokomotivwettfahrt statt. Stephenson war es, der auch die Bedingungen festsetzte: Höchstens sechs Tonnen durfte das Dampfroß wiegen, eine Last von 20 t sollte mit mindestens 16 km/h befördert und der drei km lange Streckenabschnitt bei Rainhill 20mal störungsfrei durchfahren werden.

Fünf Maschinen nahmen teil: die SANS PAREIL von Hackworth, die NOVELTY von Ericson, die PERSEVERANCE von Burstall, die CYCLOPED von Brandreth und die ROCKET von Stephenson. Nicht zugelassen wurde die CYCLOPED, weil sie als Antrieb die Muskelkraft eines mitfahrenden Pferdes nutzen wollte. Da Timothy Burstalls Lokomotive bereits auf dem Transport beschädigt wurde, blieben nur noch drei Konkurrenten für den Wettbewerb übrig. Die SANS PAREIL fuhr zwar, ein großer Teil ihrer Kohle wurde jedoch unverbrannt zum Schornstein hinausgeblasen. Nur die NOVELTY konnte Stephenson gefährden. Der Sieg ging aber souverän an Stephenson und seine ROCKET. Mit mehr als 50 km/h rauschte sie davon und dampfte sogar eine nahegelegene Steigung hinauf, die selbst Stephenson noch Jahre zuvor für unüberwindbar gehalten hätte. Der Fortschritt und seine ROCKET hatten ihm das Gegenteil bewiesen.

Gut 150 Jahre Eisenbahngeschichte sind seither geschrieben worden: Längst gehören der Anblick stampfender Lokomotiven, der Geruch von Talg, der taktmäßige Gang der Maschinen und das Pfeifen und Schnauben des ausgelassenen Dampfes der Vergangenheit an. Nur in einigen, wenigen Ländern bietet sich noch die Gelegenheit, in West- und Mitteleuropa längst ausgestorbene Konstruktionen zu bewundern. Südafrika ist eines dieser Dampflokparadiese, in denen noch GARRETS und MALLETS in Aktion zu sehen sind. Aber die große Dampflokzeit ist vorbei. Die Tage, an denen wir auf dem Bahnsteig standen, neben dem singenden, brodelnden Kessel der Dampfmaschine, um mitzuerleben, wie die mächtige Güter- oder Personenzuglokomotive sich in Bewegung setzte, sind längst vorbei.

Karl Ernst Maedel erinnert sich: »›Wuff‹ – braust der erste Auspuffstoß aus dem Schornstein, noch etwas schwach, dann ›wuff‹ – der zweite, denn der Meister hat den Regler gedrosselt. Weißer Dampf zischt aus den Zylindern und hüllt uns vollständig ein, so daß wir nichts sehen können. Doch jetzt sind wir über die Weiche, also Sandstreuer auf und den Regler bis zum Anschlag aufgedrückt! Hei, nun geht es los, daß es eine Lust ist! Wir blicken aus dem Führerhaus nach hinten, um das Donnern der beiden schiebenden Lokomotiven zu hören. Da scheint förmlich die Bahnhofshalle zu wackeln, denn beide arbeiten mit voller Anstrengung. ... ›Wuff – wuff – wuff – wuff – wuff – ‹ brüllt unsere 01 182 jetzt mit voller Kraft aus dem Schornstein.«

Heute zischt, brüllt, wackelt und schnauft es nicht mehr. Im Einstundentakt brausen die komfortablen Intercity-Züge von Stadt zu Stadt, per Computer betriebene Stellwerke steuern den Verkehr, und riesige Verschiebebahnhöfe sorgen für den reibungslosen Umschlag des Güteraufkommens.

Auch ohne Dampf ist dies eine faszinierende Welt – die Welt der Eisenbahn. Auf eine lange Tradition kann sie verweisen, darauf, daß sie Menschen zusammengeführt, Mobilität erhöht hat. Mit Stolz kann man sagen: In einem ungestümen Siegeslauf ohnegleichen hat die Eisenbahn die Welt erobert. Sie erschloß Länder und Kontinente und erweiterte die Lebens- und Versorgungsräume des Menschen. Auch heute, wo die große Zeit der Dampflokomotive vorüber ist, bleibt sie als leistungsfähiges Verkehrsmittel unentbehrlich. Mit ihr kann man auf Schmalspur nach Darjeeling fahren und die imposante Kulisse der Achttausender des Himalaja bewundern, hinauf in die Anden bis in Montblanc-Höhen schnaufen, quer durch die Tundren Sibiriens streifen oder ganz einfach die klassische Strecke des RHEINGOLDZUGES befahren und an der Loreley vorbei »Vater Rhein« zuprosten. Die Suche nach dem Abenteuer wird den Menschen immer wieder hinausziehen in ferne und geheimnisvolle Länder und in die unberührte Natur. Die Eisenbahn trägt sie dorthin, manchmal noch recht altertümlich als schnaufendes Dampfroß, manchmal mit Formel-I-Geschwindigkeit.

Das Abenteuer Eisenbahn hat eine ganze Mannschaft dazu gebracht, ein Buch zu machen, das vorwiegend die große Zeit der Dampflokomotiven zum Thema hat, das aber auch die Eisenbahn als modernes, aus unserer Gesellschaft nicht wegzudenkendes Verkehrsmittel sieht. Wir danken daher all jenen, die mit uns über 150 Jahre Eisenbahngeschichte in Wort und Bild nachgezeichnet und das Hohelied auf die Männer und ihre Lokomotiven mitangestimmt haben. Besonders danken wir Richard Heinersdorff und Fritz Stöckl.

Frank Grube Gerhard Richter

Dieser Dampf – dieses Sausen

»Ich starre auf diese Wagen, Lokomotiven,
losen Karren, wandelnden Schornsteine und Gott weiß
was alles! Sie liefen durcheinander wie in einer
Zauberwelt; alles schien Beine zu haben! Und nun
dieser Dampf, dieses Sausen, vereint mit dem
Gedränge, einen Platz zu erhalten, dieser Geruch
von Talg, der taktmäßige Gang der Maschinen und das
Pfeifen und Schnauben des ausgelassenen Dampfes
verstärken den Eindruck ...
Unmerklich nimmt das Tempo zu, während du in
deinem Buche liest, deine Karte ansiehst und noch
nicht recht weißt, ob die Fahrt begonnen hat,
denn der Wagen gleitet gleich einem Schlitten auf dem
ebenen Schneefeld. Du blickst aus dem Fenster
und entdeckst, daß du, wie mit Pferden im Galopp
davonjagst.«

Eindrücke von Hans Christian Andersen,
der im Jahre 1840 mit einer der ersten deutschen
Eisenbahnen von Magdeburg über Köthen
nach Leipzig reiste.

I.
ABENTEUER EISENBAHN

Als ich den Bahnhof erreichte, fand ich zu meinem großen Ärger eine Bande von mindestens 20 Vagabunden vor, die alle darauf warteten, auf dem »blinden« Güterwagen des Überlandzuges zu fahren. Nun lasse ich mir zwei oder drei Vagabunden auf einem »Blinden« gefallen. Die bemerkt man nicht. Aber 20! Das mußte zu Unannehmlichkeiten führen. Kein Zugpersonal würde uns alle fahren lassen.
Ich möchte hier gleich erklären, was ein »Blinder« ist. Gewisse Postwagen sind ohne Türen an den Schmalseiten gebaut; daher werden sie »blind« genannt. Gesetzt nun, ein Vagabund ist, nachdem sich der Zug in Bewegung gesetzt hat, auf die Plattform eines blinden Wagens gesprungen, so kann kein Schaffner oder Bremser kommen und das Geld für die Fahrkarte verlangen oder ihn herunterschmeißen. Es ist klar: Der Vagabund ist vollkommen sicher, bis der Zug das nächste Mal hält. Dann muß er abspringen, in der Dunkelheit vor den Zug laufen und, wenn er vorbeikommt, wieder auf den »Blinden« springen. Aber es gibt viele Arten, es zu machen, wie wir sehen werden.
Als der Zug zum Bahnhof hinausfuhr, stürzten sich die Vagabunden auf die drei »Blinden«. Einige krochen hinauf, als der Zug noch keine Wagenlänge vom Bahnhof entfernt war. Das waren Anfänger, und ich sah denn auch, wie sie mit größter Schnelligkeit wieder herunterflogen. Selbstverständlich hatte das Zugpersonal aufgepaßt, und als der Zug das erstemal hielt, ging der Spektakel los. Ich sprang ab und lief ein Stück an den Schienen entlang voraus. Ich bemerkte, daß mir mehrere Vagabunden auf den Hacken waren. Sie wußten offenbar gut Bescheid, wie man es machen mußte. Wenn man sich an einen Überlandzug »anhängen« will, muß man an den Haltestellen immer ziemlich weit vorauslaufen. Ich tat es, und allmählich gab einer nach dem anderen von denen, die mir folgten, den Wettlauf auf. Aus der Art, wie sie zurückblieben, konnte man auf ihre Gewandtheit und ihren Mut im Aufspringen auf einen Zug schließen.
Das muß nämlich folgendermaßen gemacht werden: Wenn der Zug sich in Bewegung setzt, fährt der Bremser auf dem »Blinden« zum Bahnhof hinaus. Um zu den anderen Wagen zurückzukommen, muß er von dem »Blinden« abspringen und die Plattform eines nichtblinden Wagens entern. Wenn der Zug also die Schnelligkeit erreicht hat, die der Bremser für gut befindet, springt er von dem »Blinden« herunter, läßt ein paar Wagen vorbeifahren und springt dann wieder auf. Und deshalb muß der Vagabund so weit vorauslaufen, daß der Bremser den »Blinden« schon verlassen hat, wenn er aufspringt.
Ich hatte einen Vorsprung von ungefähr 15 m vor dem letzten Vagabunden und wartete nun. Der Zug setzte sich in Bewegung. Ich sah die Laterne des Bremsers auf dem ersten »Blinden«. Und ich sah die Dummköpfe verlassen neben dem Gleis stehen, während der »Blinde« vorbeifuhr. Sie versuchten gar nicht erst, hinaufzukommen. Dann kamen, weiter vorn, die Vagabunden, die einigermaßen wußten, was man zu tun hatte. Sie ließen die ersten »Blinden«, auf dem der Bremser stand, vorbeifahren und sprangen dann auf den zweiten und dritten. Natürlich sprang der Bremser vom ersten »Blinden« ab und auf den zweiten, und während der Zug weiterfuhr, räumte er auf und warf die Hinaufgesprungenen wieder hinunter. Aber die Hauptsache war, den anderen so weit vorauszukommen, daß der Bremser den ersten »Blinden«, wenn er bei mir vorüberkam, schon verlassen hatte und sich in einem eifrigen Handgemenge mit den Vagabunden auf dem zweiten »Blinden« befand. Ein halbes Dutzend der geübteren Vagabunden, die weit genug vorausgelaufen waren, gelangte denn auch auf den ersten »Blinden«.

Vagabund von Gottes Gnaden

Als wir das erstemal hielten und am Gleis entlang vorliefen, zählte ich nur 15 Vagabunden. Fünf von uns waren »geflogen«. Die Ausrottungsarbeit war also gut im Gange und wurde Station auf Station fortgesetzt. Jetzt waren wir 14, dann neun, schließlich acht. Es erinnerte mich an die zehn Negerlein im Kinderlied.

Ich war fest entschlossen, das letzte Negerlein zu sein. Und warum auch nicht? War ich nicht mit Kraft, Gewandtheit und Jugend gesegnet? Ich war 18 Jahre alt und in glänzender Form. Und Nerven hatte ich auch nicht. War ich nicht zudem ein Vagabund von Gottes Gnaden? Waren die anderen nicht die reinen Dummköpfe und Anfänger neben mir? Wenn ich nicht das letzte Negerlein wurde, so konnte ich ebensogut das ganze Spiel aufgeben und mich auf irgendeiner Farm anstellen lassen.

Mit der Zeit war unsere Zahl auf vier vermindert worden, und nun begann sich das ganze Zugpersonal dafür zu interessieren. Es wurde ein Kampf zwischen Witz und Gewandtheit, bei dem die Bremser natürlich die besseren Aussichten hatten. Einer nach dem anderen verschwand, bis ich schließlich allein übrig war. Nun ja, ich war nicht wenig stolz darauf! Kein Krösus ist je stolzer auf seine erste Million gewesen. Ich hing fest trotz der beiden Bremser, eines Schaffners, eines Heizers und eines Lokomotivführers.

Hier ein paar Beispiele, wie ich mich anhängte: Weit voraus in der Dunkelheit – so weit, daß der Bremser, der auf dem »Blinden« fährt, ihn bestimmt verlassen hat – springe ich auf. Schön, bis zur nächsten Station bin ich sicher. Dann wiederhole ich das Manöver. Der Zug fährt zum Bahnhof hinaus. Ich sehe ihn herankommen. Es ist kein Licht zu sehen auf dem »Blinden«. Hat das Personal den Kampf aufgegeben? Ich weiß es nicht. Das weiß man nie, und man muß immer auf alles vorbereitet sein. Sobald der »Blinde« neben mir ist, springe ich auf und strenge meine Augen an, um zu sehen, ob der Bremser auf der Plattform steht. Vielleicht steht er tatsächlich mit abgeblendeter Laterne da, um sie mir an den Kopf zu schlagen. Ich kenne das! Ich habe zwei- oder dreimal eine Laterne an den Kopf bekommen.

Aber nein, der erste »Blinde« ist leer. Der Zug beschleunigt seine Fahrt. Jetzt bin ich sicher bis zur nächsten Station. Aber bin ich wirklich sicher? Ich spüre, wie der Zug seine Schnelligkeit vermindert. Im selben Augenblick bin ich auf der Hut. Man führt etwas im Schilde gegen mich, und ich weiß nicht, was. Ich versuche, nach beiden Seiten gleichzeitig Ausguck zu halten, und vergesse auch nicht, den Tender vor mir zu beobachten. Von jeder dieser drei Seiten, vielleicht auch von allen dreien auf einmal, kann der Angriff erfolgen.

Ah, jetzt kommt es! Der Bremser ist auf der Lokomotive gefahren. Das wird mir erst in dem Augenblick klar, als er seine Füße auf das rechte Trittbrett des »Blinden« setzt. Wie der Blitz bin ich unten und laufe vor die Lokomotive. Ich verschwinde im Dunkel. Genauso war die Situation, als der Zug Ottawa verließ. Jedenfalls bin ich vorn, und der Zug muß an mir vorbeifahren, wenn er seine Reise fortsetzt. Meine Chancen, hinaufzuspringen, sind so gut wie je.

Ich passe genau auf. Ich sehe, wie eine Laterne sich auf die Lokomotive zu bewegt, und sehe sie nicht wieder zurückkommen. Folglich muß sie sich noch auf der Lokomotive befinden, und es liegt nahe, daß an dem Handgriff der Laterne ein Bremser hängt. Dieser Bremser muß faul sein, sonst hätte er seine Laterne ausgelöscht, als er nach vorn ging, statt nur die Hand vorzuhalten. Der Zug fährt wieder schneller. Der erste »Blinde« ist leer, und es gelingt mir, hinaufzukommen. Wie zuvor, fährt der Zug langsamer, der Bremser von der Lokomotive klettert von der einen Seite auf den »Blinden« hinauf, und ich springe auf der anderen Seite hinunter und laufe vor.

Wie ich im Dunkel warte, fühle ich mich von unsagbarem Stolz durchbebt. Der Überlandzug hat zweimal meinetwegen gehalten – meinetwegen, des armseligen Landstreichers auf der Walze. Ich allein habe zweimal den Überlandzug mit seinen vielen Passagieren und Wagen, seiner Regierungspost und seinen 2000 Pferdekräften, die in der Lokomotive arbeiten, aufgehalten. Und dabei wiege ich nur 160 Pfund und habe keine fünf Cent in der Tasche.

Das Spiel mit den »Blinden«

Wieder sehe ich, wie die Laterne zur Lokomotive kommt. Aber diesmal ganz offensichtlich. Ein wenig zu offensichtlich für meinen Geschmack, und ich denke nach, was das bedeuten kann. Auf jeden Fall habe ich etwas anderes zu fürchten als den Bremser auf der Lokomotive. Der Zug fährt vorbei. Im letzten Augenblick, ehe ich den Sprung wage, sehe ich eine dunkle Gestalt auf dem ersten »Blinden« – einen Bremser ohne Licht. Ich lasse ihne vorbeifahren und will auf den zweiten »Blinden« springen. Aber der Bremser vom ersten ist abgesprungen und läuft hinter mir her. Im Fluge sehe ich auch die Laterne jenes Bremsers, der sich auf der Lokomotive befand. Er ist ebenfalls abgesprungen, und nun sind beide Bremser neben dem Gleis, auf derselben Seite wie ich. Im nächsten Augenblick kommt der dritte »Blinde« an mir vorbei, und ich springe hinauf. Aber ich bleibe nicht oben. Ich habe meinen Gegenzug berechnet. Ich laufe über die Plattform und höre im selben Augenblick, wie der Bremser auf das Trittbrett springt. Ich springe auf der anderen Seite ab und laufe in der Richtung des Zuges nach vorn. Ich will einen kleinen Vorsprung bekommen und dann auf den ersten »Blinden« springen. Es gelingt mir gerade noch im letzten Augenblick, denn der Zug beschleunigt jetzt seine Fahrt. Der Bremser ist mir wieder auf den Hacken und läuft weiter. Ich glaube, daß ich der bessere Schnelläufer von uns beiden bin, denn ich erreiche den ersten »Blinden«. Ich stehe auf dem Trittbrett und sehe mich nach meinem Verfolger um. Er ist nur drei m hinter mir und läuft schnell, aber die Schnelligkeit des Zuges ist jetzt ungefähr ebenso groß wie seine eigene, und der Abstand zwischen ihm und mir verringert sich nicht. Ich rede ihm ermutigend zu, strecke die Hand aus, um ihm zu helfen; aber er stößt einen Fluch aus, gibt den Kampf auf und springt ein paar Wagen weiter hinten auf den Zug.

»Ich höre sie fluchen«

Der Zug fährt jetzt mit voller Fahrt, und ich lache vor mich hin, als ich ganz unvorbereitet von einem Wasserstrahl getroffen werde. Es ist der Heizer, der von der Lokomotive aus den Wasserschlauch auf mich richtet. Ich gehe auf das hinterste Trittbrett des Tenders, wo ich unter dem vorspringenden Dach vollkommen geschützt bin. Das Wasser fährt über meinen Kopf hin, ohne mir etwas zu tun. Es juckt mir in den Fingern, dem Heizer ein Stück Kohle an den Kopf zu werfen, aber ich weiß, daß ich, wenn ich es tue, von ihm und dem Lokomotivführer totgeschlagen werde, darum beherrsche ich mich.

Kaum hält der Zug das nächste Mal, so bin ich wieder unten und laufe in der Dunkelheit nach vorn. Als der Zug diesmal die Station verläßt, befinden sich beide Bremser auf dem ersten »Blinden«. Ich errate, was sie vorhaben. Der Wiederholung des Spiels von vorhin haben sie einen Riegel vorgeschoben. Ich kann nicht wieder auf den zweiten Wagen springen, auf die andere Seite laufen und dann den ersten einholen. Sobald der erste »Blinde« vorüber ist, springen sie, jeder auf einer Seite des Zuges, ab. Ich aber springe auf den zweiten Wagen, und indem ich das tue, weiß ich, daß die Bremser mich jetzt von beiden Seiten angreifen werden. Es ist eine sichere Falle. Beide Auswege sind versperrt. Und doch gibt es noch einen Weg: nach oben. Darum warte ich nicht, bis meine Verfolger mich eingeholt haben. Ich klettere auf das eiserne Geländer der Plattform und stehe auf dem Rad der Handbremse. Damit bin ich aber auch am Ende meiner Weisheit angelangt, und ich höre die Bremser von beiden Seiten die Stufen heraufstürmen. Ich lasse mir nicht die Zeit, mich nach ihnen umzusehen. Ich hebe die Arme über den Kopf, bis sie den Rand der herabgebogenen Wagendächer erreichen. Die eine Hand liegt natürlich auf dem einen, die andere auf dem anderen Dache. Unterdessen kommen beide Bremser die Treppe herauf. Ich weiß es gut, obwohl ich keine Zeit habe, mich nach ihnen umzusehen, denn alles das geschieht im Laufe weniger Sekunden. Ich springe mit den Füßen ab und schwinge mich hoch. Gerade als ich die Beine unter mir hochziehe, strecken beide Bremser die Hände aus und greifen in die leere Luft. Ich weiß das sehr gut, denn ich blicke hinunter und verfolge mit Interesse ihre Bewegungen. Und ich höre sie auch fluchen.

So zwischen den äußersten Rändern der zwei abwärts gewölbten Wagendächer hängend, befinde ich mich jetzt in einer äußerst gefährlichen Stellung. Mit einer schnellen Anspannung aller Kräfte schwinge ich beide Beine auf das eine und beide Hände auf das andere Dach. Dann fasse ich den Rand, klettere über die Rundung auf das flache Dach, setze mich hin und schöpfe Luft, während ich mich die ganze Zeit an einem Ventilator, der über das Dach ragt, festhalte. Jetzt bin ich auf dem Dach – auf »Deck«, wie wir Vagabunden es nennen, und den hier beschriebenen Vorgang nennt man unter Brüdern »decken«. Und ich will noch sagen, daß nur ein junger, kräftiger Vagabund einen Passagierzug decken kann und daß besagter junger, kräftiger Vagabund keine Nerven haben darf.

Sechsrädrige Wagen bringen Unheil

Der Zug fährt immer schneller, und ich weiß, daß ich sicher bin, bis er das nächste Mal hält, aber auch nur so lange. Ich weiß, daß die Bremser mich mit Steinen bombardieren werden, wenn ich nach dem Halten des Zuges noch auf dem Dach bin. Ein tüchtiger Bremser kann einen ziemlich schweren Stein auf das Wagendeck »fallen lassen« – einen Stein von, sagen wir, 25 Pfund Gewicht. Andererseits werden die Bremser sehr wahrscheinlich erwarten, daß ich an derselben Stelle, wo ich hinaufgekrochen bin, wieder herunterkomme, und ich muß also dafür sorgen, daß ich auf eine andere Plattform gelange.

In der stillen Hoffnung, daß die ersten 800 m kein Tunnel kommt, stehe ich auf und gehe den Zug ein halbes Dutzend Wagen hinunter. Man darf nicht ängstlich sein, wenn man eine solche Reise macht. Die Dächer der Passagierwagen sind nicht für nächtliche Spaziergänge eingerichtet. Und wenn jemand glaubt, daß sie es doch sind, so rate ich ihm, es selbst einmal zu versuchen. Ich möchte ihn gern über das Dach eines rumpelnden, schleudernden Wagens spazieren sehen, wo es nichts gibt, an das er sich anklammern kann, als die dunkle leere Luft. Und wenn er dann an das gewölbte Dachende kommt, das feucht und glatt vom Tau ist, so muß er schnell machen, daß er auf die nächste Dachwölbung gelangt, die auch feucht und glatt ist. Glauben Sie mir: Wenn man das gemacht hat, so weiß man, ob das Herz in Ordnung ist oder ob man zu Schwindel neigt.

Als der Zug sein Tempo ermäßigt, krieche ich auf eine Plattform, ein halbes Dutzend Wagen hinter der, auf die ich gesprungen war. Es ist niemand dort. Als der Zug hält, lasse ich mich zu Boden gleiten. Vorn, zwischen mir und der Lokomotive, sind zwei Laternen, die sich vor und zurück bewegen. Die Bremser sehen sich auf den Dächern nach mir um. Ich bemerke, daß der Wagen, neben dem ich stehe, vier Räder hat. (Wenn man »unten« auf dem Gestell fahren will, muß man sorgfältig die sechsrädrigen Wagen vern eiden – die bringen Unheil.) Ich ducke mich unter den Zug und krieche an den Stangen entlang. Es ist das erstemal, daß ich unter einen Zug der Kanada-Pazifik-Bahn gekrochen bin, und ich kenne seine innere Einrichtung noch nicht. Ich versuche, oben auf den Rahmen zwischen ihn und den Boden des Wagens zu kriechen, aber es ist nicht genügend Platz, daß ich mich hineinzwängen könnte. Das habe ich noch nie erlebt. In den Vereinigten Staaten ist man gewohnt, auf richtigen Schnellzügen »unten« zu fahren, und ich pflege es so zu machen, daß ich das Geländer fasse, die Füße nach der Bremsstange schwinge und von dort auf den Rahmen hinaufkrieche. Innerhalb des Rahmens kann ich dann auf der Kreuzstange sitzen. Indem ich mich in der Dunkelheit immer weiter mit den Händen vorfühle, merke ich schließlich, daß zwischen der Bremsstange und der Erde Platz ist. Mit großer Mühe kann ich mich hineinzwängen. Ich muß mich flach hinlegen und durchwinden. Sobald ich innerhalb des Rahmens bin, setze ich mich auf die Stange und denke darüber nach, ob der Bremser jetzt wohl herauskriegt, wo ich geblieben bin. Der Zug setzt sich in Bewegung. Sie haben es endlich aufgegeben, nach mir zu suchen.

Aber haben sie es wirklich? Schon als wir das nächste Mal halten, sehe ich, wie eine Laterne unter den Rahmen gehalten wird, der dem meinen am nächsten ist, aber am anderen Ende des Wagens. Sie suchen die Stangen ab, um mich zu finden. Ich muß schnell machen, daß ich wegkomme. Auf dem Bauche krieche ich unter die Bremsstange. Sie sehen mich und laufen mir nach, aber ich krieche auf Händen und Füßen quer über die Schienen nach der entgegengesetzten Seite und verstecke mich hier in dem schirmenden Dunkel. Wieder die alte Kriegslage. Ich bin wieder vor dem Zuge, und der Zug muß an mir vorbeifahren.

Der Zug fährt an. Auf dem ersten »Blinden« ist eine Laterne. Ich liege auf dem Boden und sehe den Bremser vorbeifahren und nach mir ausschauen. Auf dem zweiten »Blinden« ist auch eine Laterne. Der Bremser erblickt mich und ruft es dem Bremser, der auf dem ersten Wagen vorbeigefahren ist, zu. Beide springen ab. Schön, dann muß ich eben den dritten »Blinden« nehmen. Aber – lieber Gott – auf dem dritten »Blinden« ist auch eine Laterne! Das ist der Schaffner. Ich lasse ihn vorbeifahren. Jedenfalls habe ich jetzt das ganze Zugpersonal vor mir. Ich drehe mich um und laufe in die dem Zug entgegengesetzte Richtung. Über die Schulter sehe ich zurück. Alle drei Laternen sind jetzt auf der Erde und schwanken auf der Suche nach mir umher. Ich nehme einen Anlauf. Die Hälfte der Wagen ist schon vorbei, und der Zug fährt ziemlich schnell, als ich aufspringe. Ich weiß, daß die beiden Bremser und der Schaffner in zwei Sekunden wie rasende Wölfe über mich herfallen werden. Ich springe wieder auf die Handbremse, fasse die gewölbten Dachenden und bin im nächsten Augenblick auf »Deck«, während meine enttäuschten Verfolger sich auf der Plattform zusammendrängen wie heulende Hunde, die eine Katze auf einen Baum gejagt haben, und da stehen sie nun und fluchen und erzählen mir Unliebenswürdigkeiten über meine Vorfahren.

Fünf gegen einen

Aber was mache ich mir schon daraus? Einschließlich Lokomotivführer und Heizer sind sie fünf gegen einen, und obwohl die Majestät des Gesetzes und eine große, mächtige Körperschaft hinter ihnen stehen, führe ich sie alle an. Ich bin ganz hinten auf dem Zuge, und so laufe ich über die Wagendächer vor, bis ich mich über der fünften oder sechsten Plattform von der Lokomotive befinde. Dann spähe ich vorsichtig hinunter. Auf der Plattform steht ein Bremser. Daß er mich bemerkt hat, kann ich aus der Art sehen, wie er sich in größter Eile in den Wagen schleicht, und ich weiß auch, daß er jetzt hinter der Tür steht und darauf wartet, über mich herzufallen, wenn ich hinunterklettere. Aber ich tue, als wüßte ich es nicht, und bleibe dort, um ihn in seinem Irrtum zu bestärken. Ich sehe ihn nicht, weiß aber gut, daß er hin und wieder die Tür öffnet, um sich zu vergewissern, daß ich immer noch da bin.

Der Zug fährt langsamer, wir nähern uns einer Station. Ich lasse die Beine hinunterhängen, um mich vorzufühlen. Der Zug hält, ich baumele immer noch mit den Beinen. Da höre ich den Bremser vorsichtig die Tür öffnen. Er ist zu meinem Empfang gerüstet. Plötzlich springe ich auf und laufe über das Dach, gerade über dem Kopfe des Mannes, der da unten auf mich lauert. Der Zug hält; die Nacht ist ruhig, und ich sorge dafür, daß meine Füße auf dem eisernen Dach so viel Lärm wie nur möglich machen. Ich weiß natürlich nicht, nehme aber an, daß er jetzt hinläuft, um mich zu fassen, wenn ich auf die nächste Plattform hinunterkomme. Aber ich komme gar nicht hinunter. Als ich die Mitte des Zuges erreicht habe, mache ich kehrt und schleiche sehr schnell und vorsichtig zu der Plattform zurück, die der Bremser und ich eben verlassen haben. Die Bahn ist frei. Ich klettere auf der anderen Seite des Zuges hinunter und verstecke mich im Dunkeln. Keine Seele hat mich gesehen.

Ich steige über die Einfriedigung neben dem Bahnkörper, lege mich hin und passe auf. Aha! Was ist das? Ich sehe eine Laterne, die sich oben auf den Dächern von einem Wagen zum anderen bewegt. Sie meinen, ich sitze noch oben, und suchen mich nun. Und noch besser – auf dem Boden, zu beiden Seiten des Zuges, bewegen sich zwei Laternen in derselben Richtung und mit derselben Schnelligkeit wie die auf den Dächern. Es ist die reine Hasenjagd, und ich bin der Hase. Sobald der Bremser auf dem Dach mich erblickt, wollen die beiden anderen mich packen. Ich drehe mir eine Zigarette und sehe die Herren vorüberziehen. Sobald sie vorbei sind, kann ich mich in aller Ruhe vorn zum Zuge begeben. Der Zug setzt sich in Bewegung, und ohne Widerstand komme ich auf den ersten »Blinden«. Aber ehe noch der Zug richtig in Gang gekommen ist, und als ich mir gerade die Zigarette anzünden will, sehe ich, daß der Heizer über die Kohlen hinten auf den Tender geklettert ist und mich betrachtet. Ich bekomme einen furchtbaren Schreck. Von seinem Platz aus kann er nach mir mit Kohlenstücken werfen und mich zu Hackfleisch machen. Statt desssen spricht er mich an, und ich höre zu meiner großen Erleichterung Bewunderung in seiner Stimme.

»Du verfluchter Schweinehund!« sagt er.

Das ist eine große Schmeichelei, und ich werde von Stolz durchschauert wie ein Schulknabe, der ein Lob erhält. »Hör mal«, rufe ich zu ihm hinüber, »mach' das nicht wieder mit dem Schlauch!«

»Nein«, antwortet er und geht wieder an die Arbeit. Mit der Lokomotive habe ich mich befreundet, aber die Bremser lauern immer noch auf mich. Als wir das nächste Mal halten, sind alle »Blinden« mit Bremsern besetzt, und wie früher lasse ich sie vorüber und klettere in der Mitte des Zuges auf Deck. Aber jetzt ist das Personal darauf gekommen, was ich vorhabe, und der Zug hält. Die Bremser wollen mich »schmeißen«, eher haben sie keine Ruhe. Dreimal hält der mächtige Überlandzug meinetwegen an dieser Station, und jedesmal entwische ich den Bremsern und klettere wieder auf Deck. Aber es ist hoffnungslos, denn endlich haben sie doch die Situation erfaßt. Ich habe ihnen gezeigt, daß sie den Zug nicht vor mir schützen können. Sie müssen etwas anderes machen.

Und das tun sie: Als der Zug das letztemal hält, setzen sie in voller Fahrt hinter mir her. Ja, ich weiß schon, was sie wollen. Sie wollen versuchen, mich müde zu hetzen. Im Anfang drängen sie mich bis zu den letzten Wagen des Zuges zurück. Ich bin mir ganz klar über die Gefahr, die mir droht. Sobald sie mich hinter den Zug bekommen haben, wollen sie losfahren und mich stehenlassen. Ich mache kehrt, laufe in einer Schlangenlinie, schlüpfe zwischen meinen Verfolgern hindurch und gelange so zu den vordersten Wagen. Einer der Bremser ist mir beständig auf den Hacken. Na schön, ich will ihn tüchtig laufen lassen, denn ich bin glänzend in Form. Ich laufe am Gleis entlang. Mir macht es nichts aus. Selbst wenn er mich zehn Meilen jagt, so muß er doch zum Zuge zurück, und ich kann immer genauso gut aufspringen wie er selbst. So laufe ich weiter, halte mich immer ein kleines Stück vor ihm und strenge meine Augen an, damit ich in der Dunkelheit etwaige Wildfallen oder Weichen sehen kann, die mir Schaden bringen könnten. O weh! Ich bemühe mich zu sehr, das zu sehen, was weiter voraus liegt, stolpere über einen kleinen Gegenstand gerade vor mir und falle hin. Im nächsten Augenblick bin ich wieder auf den Beinen, aber schon hat der Bremser mich am Kragen. Ich leiste keinen Widerstand. Ich muß Luft schöpfen und ihn mir ansehen. Er ist schmalschultrig, und ich wiege wenigstens 30 Pfund mehr als er. Außerdem ist er ebenso müde wie ich, und wenn er boxen will, soll er mich kennenlernen. Aber er boxt nicht, so daß ich dieses Problem nicht zu erörtern brauche. Statt dessen beginnt er, mich nach dem Zuge zurückzuziehen, und jetzt erhebt sich eine neue Frage. Ich sehe die Laternen des Schaffners und des anderen Bremsers. Wir nähern uns ihnen. Nicht umsonst habe ich die Bekanntschaft der New Yorker Polizei gemacht. Nicht umsonst habe ich in Güterwagen, bei Wasserbehältern und Gefängniszellen blutige Geschichten von Mißhandlungen gehört. Wenn diese drei Männer mich nun mißhandeln? Der Himmel weiß, daß ich ihnen Anlaß genug dazu gegeben habe. In aller Eile überdenke ich die Lage. Immer mehr nähern wir uns den beiden Eisenbahnmännern. Ich sehe mir Bauch und Kiefer des Mannes, der mich festhält, an und denke mir aus, was ich mit der rechten und mit der linken Faust machen werde, wenn er das erste Zeichen von Unfreundlichkeit gibt.

Pah! Ich kenne einen Trick, den ich schon an ihm versuchen möchte, und es tut mir ordentlich leid, daß ich es nicht schon in dem Augenblick tat, als er mich packte. Ich könnte ihm einen tüchtigen Denkzettel erteilen, und das gerade, weil er mich am Kragen packt. Er hat die Finger fest in meinen Kragen gekrallt. Mein

Rock ist zugeknöpft. Ich weiß nicht, ob ihr je eine Aderpresse gesehen habt. Da habt ihr sie: Ich brauche nur den Kopf unter seinen Arm zu ducken und mich herumzudrehen. Das muß schnell gehen – sehr schnell. Ich weiß schon, wie ich es machen muß – ich muß mich schnell und ruckweise drehen und bei jeder Umdrehung den Kopf unter seinen Arm ducken. Ehe er es weiß, sitzen seine Finger, die mich jetzt festhalten, selbst fest. Er kann sie nicht herausziehen. Es wirkt wie ein kräftiger Hebel. Wenn ich mich 20 Sekunden lang gedreht habe, wird ihm das Blut unter den Nägeln hervorspritzen, die feinen Sehnen werden reißen und alle Muskeln und Nerven zerquetscht werden, bis alles eine einzige blutige, schmerzende Masse ist. Versucht es mal, wenn euch jemand am Kragen hat. Aber ihr müßt schnell sein – schnell wie der Blitz. Und ihr müßt euch selber gut halten, während ihr euch herumdreht – das Gesicht mit dem linken und den Unterleib mit dem rechten Arm schützen . . .

Der Bremser wird nie erfahren, wie nahe er daran gewesen ist, einen sehr, sehr ernsten Denkzettel zu erhalten. Seine Rettung ist, daß er offenbar nicht die Absicht hat, mir etwas zu tun. Als wir nahe genug sind, ruft er, daß er mich hat, und man gibt das Signal, daß der Zug anfahren soll. Die Lokomotive und die drei »Blinden« fahren vorbei. Dann springen der Schaffner und der zweite Bremser auf. Aber der Mann, der mich am Kragen hält, hat mich immer noch gepackt. Ich weiß ganz genau, was sie wollen. Er soll mich festhalten, bis die letzten Wagen uns erreicht haben. Dann soll er aufspringen, und ich werde zurückgelassen – im Graben. Aber der Zug fährt schnell, denn der Lokomotivführer muß die verlorene Zeit wieder einholen. Es ist auch ein langer Zug. Die Sache ist nicht so einfach, und ich weiß, daß der Bremser die Schnelligkeit des Zuges mit Besorgnis mißt.

»Glaubst du, daß du's schaffen kannst?« frage ich unschuldig.

Er läßt meinen Kragen los, springt rasch zu und ist auf dem Zug. Es fehlen noch mehrere Wagen. Das weiß er, und so bleibt er auf dem Trittbrett stehen, streckt den Kopf vor und sieht nach mir aus. In diesem Augenblick wird mir klar, was ich jetzt zu tun habe. Ich will auf die hinterste Plattform springen. Ich weiß, daß der Zug immer schneller und schneller fährt, aber wenn es schiefgeht, kann ich nur in den Dreck geworfen werden, und ich besitze den ganzen Optimismus der Jugend. Nicht mit einer Miene verrate ich, was ich im Sinne habe. Mutlos und mit hängenden Schultern stehe ich da und zeige, daß ich jede Hoffnung aufgegeben habe. Aber gleichzeitig untersuche ich mit dem Fuß den Kies. Er gibt einen ausgezeichneten Halt. Ich sehe auch nach dem Bremser, der immer noch den Kopf vorstreckt. Jetzt zieht er ihn zurück. Er ist ganz sicher, daß der Zug zu schnell fährt, als daß ich ihn noch erwischen könnte.

Es ist ein kurzer, schneller Anlauf

Und der Zug fährt wirklich schnell – schneller als je ein Zug, auf den ich es abgesehen hatte. Als der letzte Wagen vorbeifährt, laufe ich in der Fahrtrichtung mit. Es ist ein kurzer, schneller Anlauf. Ich kann nicht hoffen, dieselbe Geschwindigkeit wie der Zug zu erreichen, aber ich kann den Unterschied zwischen meiner und seiner Schnelligkeit auf ein Mindestmaß bringen und den Stoß, wenn ich das Trittbrett erreiche, dadurch weniger fühlbar machen. In dem flüchtigen Augenblick kann ich das Geländer der hintersten Plattform in der Dunkelheit nicht sehen; ich habe auch keine Zeit, mich zu unterrichten. Ich packe aufs Geratewohl zu, und im selben Augenblick verlieren meine Füße den Boden. Es ist der reine Glückstreffer. Im nächsten Augenblick könnte ich mit gebrochenen Rippen, gebrochenen Armen oder zerschmetterter Hirnschale über den Kies rollen. Aber meine Finger umklammern das Geländer, ein Ruck in meinem Arm, ich werde halb herumgeschleudert, und meine Füße landen mit einer starken Erschütterung auf dem Trittbrett. Ich setze mich nieder und bin sehr stolz. In meiner ganzen Vagabundenzeit ist dies das beste Stück Arbeit, das ich im Aufspringen auf einen Zug je geleistet habe.

Jack London

1

13'-3"
13'-9"

CAPY.
LD.LMT
LT.WT.

Fast ohne Dämmerung geht in der Wüste der Tag in die Nacht über. Die letzten Sonnenstrahlen beleuchten zwei Lokomotiven der Baureihe 19 D mit der Achsfolge 2 D 1, die einen Güterzug durch die südafrikanische Kapprovinz ziehen. Auf diesen romantischen Eisenbahnstrecken fuhren einst Diamantengräber, die ihr Glück in den Minen suchten, und Einwanderer, die zu den legendären Goldfeldern in den Wild Waters Bergen eilten (1). Um die Jahrhundertwende war auch in Amerika das Eisenbahnfahren noch ein Abenteuer. Viele versuchten als Hobo, ohne Fahrschein, das riesige Land zu durchqueren. Daß das nicht immer risikolos war, hat niemand besser als Jack London beschrieben: »Und der Zug fährt wirklich schnell – schneller als je ein Zug, auf den ich es abgesehen hatte. Als der letzte Wagen vorbeifährt, laufe ich in der Fahrtrichtung mit. Es ist ein kurzer, schneller Anlauf. Ich kann nicht hoffen, dieselbe Geschwindigkeit wie der Zug zu erreichen, aber ich kann den Unterschied zwischen meiner und seiner Schnelligkeit auf ein Mindestmaß bringen und den Stoß, wenn ich das Trittbrett erreiche, dadurch weniger fühlbar machen. In dem flüchtigen Augenblick kann ich das Geländer der hintersten Plattform in der Dunkelheit nicht sehen; ich habe auch keine Zeit, mich zu unterrichten. Ich packe aufs Geratewohl zu, und im selben Augenblick verlieren meine Füße den Boden (2). Es ist der reine Glückstreffer. Im nächsten Augenblick könnte ich mit gebrochenen Rippen, gebrochenen Armen oder zerschmetterter Hirnschale über den Kies rollen. Aber meine Finger umklammern das Geländer, ein Ruck in meinem Arm, ich werde halb herumgeschleudert, und meine Füße landen mit einer starken Erschütterung auf dem Trittbrett. Ich setze mich nieder und bin sehr stolz.«

Schwer muß die Gea Garrett arbeiten, um den morgendlichen Güterzug von Caledon nach Kapstadt über die 1:40-Rampe bei Langhoogte zu schleppen (3). Für den Tramp die ideale Gelegenheit zum Sprung auf den Wagen.

4

'e höher der Zug klettert, um so unwegsamer vird das Gelände. Tief unten sind die Lichter von George und das Wasser der Mossel Bay zu erkennen. Dann ist der Montagu-Paß erreicht, und die GMAM fährt über die Nordschleife der chönsten Eisenbahnstrecke Südafrikas in Richtung Johannesburg (4).
Von den wilden schwarzen Bergen zum blauen ndischen Ozean: Ein Güterzug befährt auf der Küstenstrecke Knysna – George – Riversdale die Brücke des Kayman-Flusses bei Wilderness (6).
Vor der Kulisse der Riviersonderend-Berge schickt sich eine GEA GARRETT an, auf ihrem Weg nach Langhoogte die Steigung bei Die Vlei zu erklimmen (5).

5

6

Südafrika ist das letzte Dampflokparadies der Erde. Das riesige Land mit seinen dichten Siedlungsgebieten, wilden Bergen und ausgedehnten Wüsten verfügt über lange Flachlandstrecken, steile Gebirgsbahnen und kurvenreiche Küstenstraßen. Längst ausgestorbene Lokomotivkonstruktionen, wie GARRETTS, MALLETS, ventilgesteuerte und Kondensmaschinen, sind hier noch anzutreffen.
Das Summen der Turbinen der eindrucksvollen 2 D 2-Kondenslokomotiven der Baureihe 25 (7), die hauptsächlich auf der Strecke Kimberley – Kapstadt eingesetzt werden, ist kilometerweit zu hören. Die Kondensationslokomotiven puffen ihren Abdampf nicht durch den Schornstein aus, sondern verflüssigen ihn in einem mitgeführten Kondensationstender durch Luftkühlung wieder zu Wasser. Nach anfänglichen Schwierigkeiten brachten sie es auf eine Wasserersparnis von 90 Prozent, was in den wasserarmen Gebieten Südafrikas von großer Wichtigkeit war. Das Land, das sie durchfahren, ist dürr und zerklüftet. Eine 25 NC (Achsfolge 2 D 2) zieht einen Güterzug über die letzte nur mit Dampf befahrene Strecke der westlichen Welt (8). Das NC steht für non-condensed, d. h., diese Loks führen keinen Kondensationstender mit sich.

9

10

11

Sonnenaufgang in den Stormbergen Südafrikas. Rauhreif liegt über der Landschaft. Zwei 15 AR (Achsfolge 2 D 1) verlassen Teebus auf der Strecke Stormberg – Rosmead, die ein wichtiges Bindeglied für den Überlandverkehr zwischen Kapstadt und dem Ostkap-Gebiet ist (9, 11). Der Aufstieg von Schoombie, 1175 m hoch gelegen, bis zum 1704 m hohen Paß, setzt Maßstäbe. Hier verlassen zwei 15 AR die Ebene und beginnen den schwierigen Aufstieg (10). Elf Kilometer lang ist die Zahnstangenstrecke der Erzbergbahn zwischen Eisenerz und Vordernberg in Österreich. Zwei Loks der Reihe 97 (früher 69) auf ihrer Fahrt über den Präbichl (12). Das Licht der späten Nachmittagssonne hüllt zwei Loks der Reihe J der New Zealand Government Railway im Lokomotivschuppen von Greymouse in einen goldenen Nebel (13).

1209
1209

II.
VOM ADLER ZUM INTERCITY

Braun wie Kognak. Braun wie Laub. Rotbraun. Maiengelb«, skandiert die erste Zeile eines Gedichts von Gottfried Benn; und so vage sie bleibt, so präzise ist die nächste, eine Zeile wie vom Fahrtrichtungsanzeiger auf dem Bahnsteig: »D-Zug Berlin – Trelleborg und Ostseebäder.« Es geht um Flüchtiges, Enteilendes in Liebe und Leben. Das knappe Gedicht bietet mithin ein Beispiel dafür, wie der »D-Zug«, so auch sein Titel, zur Metapher wurde, zum sprachlichen Bild und Sinnbild für mancherlei Empfindung, und wie die Eisenbahn überhaupt den Geist der Poeten beflügelte. Zur Sache freilich fällt Banales ein: Berlin, Stettiner Bahnhof, damals, Ende der zwanziger, Anfang der dreißiger Jahre, fuhr man noch nicht »in Urlaub«, sondern »in die Sommerfrische«, und zum Wochenende war der D-Zug voll von Vätern, die ihre Frauen und die Kinder in deren schier endlos währenden Ferien in Bansin, Heringsdorf und Zinnowitz besuchten. Das Automobil taugte allenfalls zum Ausflug; gereist aber wurde mit der Bahn.

100 Jahre, nachdem der erste Zug, in den ein Personenwagen eingekuppelt war, die ersten Fahrgäste transportiert hatte, am 27. Dezember 1825 zwischen Stockton und Darlington im Nordosten Englands, war die Eisenbahn immer noch im besten Alter. Der Schnellzug, wie auf See der Schnelldampfer, hatte seine große Zeit. Das Flugzeug, das der Linienpassagierschiffahrt schließlich den Untergang gebracht hat und heute auch der Bahn immer mehr Reisende entführt, flog in den Zahlen der Verkehrsstatistik noch hinter dem Komma. Das alltägliche und erst recht ferientägliche Verkehrmittel war die Eisenbahn. Doch so ganz selbstverständlich war sie nie. Wie sonst hätte sie, ob in Staunen erregender Wirklichkeit oder als Modell im Kinderzimmer, die Tagträume der Jungen befördern können? Und wie sonst wäre die Literatur auf ihre Schienen und Weichen gekommen?

Zu Anfang allerdings versuchten, in Deutschland jedenfalls, just die Dichter und Denker, die Signale auf Halt zu stellen. »Die Sorge um die Erhaltung des landschaftlichen Zaubers, die heute in den Organisationen der Denkmalpflege und des Heimatschutzes eine Stütze hat, fand ihre Verkünder in den Dichtern, deren eigenstes Wesen mit tausend Banden mit der Vergangenheit verknüpft war«, schrieb 1921 der Studienrat Wilhelm Poethen aus Bonn in einer Untersuchung über »Das Vordringen der Eisenbahn in der deutschen Dichtung«, in der er dann fortfuhr: »Das neue Verkehrsmittel hatte zuviel Revolutionierendes, es zerstörte zuviel von dem, was den Dichtern bisher Stoff und Glück und Leben gewesen war. Und Nürnberg war der Ausgangspunkt dieser Revolution, dasselbe Nürnberg, durch dessen krumme Gassen einst Tieck und Wackenroder voll romantischen Gefühls und warmer Liebe für die Kunst der Vorzeit gewandert waren! Nüchterne Prosa bedeutete dem Romantiker der schnurgerade Schienenstrang gegenüber den einsam verschlungenen Pfaden, die so heimlich durch das verträumte Tal führten. Das sanfte und liebliche Horn des Postillons wurde übertönt vom schrillen Pfiff der Lokomotive.« Da ist nicht ohne leise Ironie erläutert, wie die Romantik unter die Räder einer neuen Realität geriet.

Von Nürnberg nach Fürth

Von Nürnberg nach Fürth war am 7. Dezember 1835, nach einem Kanonenstartschuß, die erste deutsche Eisenbahn mit Dampfkraft geschnauft. Der »tausendstimmige Jubelruf«, von dem die Zeitungen schrieben, ließ jene Techniker verstummen, die den »Dampfkutschen ohne Geleise« den Vorzug geben wollten. Als am 8. April 1839 die erste Fernstrecke, von Leipzig nach Dresden, fertiggestellt war, herrschte kein Zweifel mehr an der Zukunft der Eisenbahn. Als »erhebend« wurde die Freude der Menschenmassen am Eröffnungstag beschrieben. Es war kein billiger Begeisterungstaumel; und was sie angesichts des technischen Fortschritts unbewußt spürten, formulierte im selben Jahr in Frankreich Constantin Pecqeur: »Die gemeinschaftlichen Reisen in der Eisenbahn und auf den Dampfschiffen sowie die großen Ansammlungen der

Arbeiter in den Fabriken befördern außerordentlich das Gefühl und die Gewohnheiten der Gleichheit und Freiheit.« In Frankreich vor allem setzten die Intellektuellen ihre Hoffnungen auf die Eisenbahn, wie Wolfgang Schivelbusch 1977 in seiner »Geschichte der Eisenbahnreise« analysiert hat: »Die Industrie, und zumal die Eisenbahn als ihre spektakuläre Speerspitze, erscheint als materielle Macht, die wirksamer als bloß formelle politische Emanzipation die Gleichheit und Brüderlichkeit von 1789 durchzusetzen vermag.« Egalité, fraternité, liberté, in der Großen Revolution versprochen, sollten nun Stationen der Technischen Revolution werden.

Den deutschen Dichtern und Denkern jedoch waren solche Ideen fremd. Schon 1825 hatte Goethe, der Dichterfürst, seinem Freunde Zelter, einem Komponisten in Berlin, der ihn in musikalischen Fragen beriet, in einem Brief die Eisenbahn als eine der »Facilitäten der Communication« erklärt, »worauf die gebildete Welt ausgeht, sich zu überbieten, zu überbilden und dadurch in Mittelmäßigkeit zu verharren«. Ein Dichter minderen Ranges, aber von starker aktueller Wirkung, Justinus Kerner, grollte dann angesichts der unaufhaltsamen Eisenbahn der »dampfestollen Zeit« und versuchte, die Lokomotive als »das Ungeheuer, von dem die Offenbarung schreibt«, als Vehikel zum Weltuntergang also, zu entlarven: »Hört ihr den Pfiff, den wilden, grellen. Es schnaubt, es rüstet sich das Tier . . .« Sein Gedicht »Im Eisenbahnhofe« ist ein Entsetzensschrei des Romantikers, dem freilich schon »Menschentritt« und »Pferdestoben« zu laut waren und der die Poesie in »die blaue Stille« des Himmels hinaufretten wollte. Als Tier, genauer als einen »riesenhaften antediluvianischen Stier«, hatte ein Reporter bereits zur Eröffnung der Nürnberg–Fürther Bahn die Lokomotive beschrieben.

Wer jene Maschine mit dem stolzen Namen ADLER heute im Museum sieht, kaum größer als ein kleiner Lastkraftwagen, mag den Kopf darüber schütteln; aber die groteske Übertreibung in der Zeitung entsprang – wie das auf seine Art nicht minder übertriebene Menetekel, das Dichter wie Justinus Kerner in ihre Verse malten – einem Eindruck, der sich heute nicht mehr nachvollziehen läßt und wahrscheinlich stärker war, als der Anblick einer Atombombenexplosion auf eine von Weltkriegen abgebrühte Generation gewirkt hat. Den Menschen, die Peitschenknall und Hufgetrappel gewohnt waren, muß das lärmende Tempo der Eisenbahn durchaus ungeheuerlich vorgekommen sein. »Höllisch« schallte die Dampfpfeife in die Pfarrgarten-Idylle des Eduard Mörike. Die Gleichsetzung mit dem Tier oder Untier gar wurde von den Dichtern noch jahrzehntelang gebraucht. In Gerhart Hauptmanns »Bahnwärter Thiel« taucht sie auf, auch noch in einem Gedicht, in dem Heinrich Lersch, der Kesselschmied und Arbeiterdichter, die Lokomotive nicht mehr verfemte, sondern feierte. Anders als Elektromotoren mit ihrem Surren, Verbrennungsmotoren mit ihrem Geknatter und als Turbinen und die anderen neuen Aggregate, schienen die Dampflokomotivven mit dem Knistern und Knacken in ihrem Innern, dem Zischen und Fauchen und Rußen und Schwitzen in der Tat so etwas wie Leben zu haben.

Der letzte Postillon

Als das Entsetzen über das »dampfschnaubend Tier« geschwunden war, blieb der Jammer der Romantiker: »Bald ist, soweit die Menschheit haust/Der Schienenweg gespannt/Es keucht und schnaubt und stampft und saust/Das Dampfroß rings durchs Land./Und wiederum in fünfhundert Jahr/Weiß der Gelahrteste nicht/Zu sagen, was ein Hauderer war,/Was Fuhrmanns Recht und Pflicht«,

klagt Josef Victor von Scheffels »Letzter Postillon«. Was ein Hauderer war, ist jetzt schon vergessen; auch die gelehrte Brockhaus-Enzyklopädie des 20. Jahrhunderts weiß es nicht zu sagen. Der letzte Postillon, der »Zeit des Paßgangs und des Trabs« nachtrauernd, hat mit der Eisenbahn auch den Anfang anderer Technik gesehen:

»Jetzt rennt der Dampf, jetzt brennt der Wind,/Jetzt gilt kein Früh und Spat/Die Sonne malt und blitzgeschwind/Briefschreibt der Kupferdraht«,

und mit der Malerei der Sonne ist nichts anderes gemeint als die Fotografie.
In der Trauer über das Verlorene lag Mißtrauen gegenüber dem Neuen. Für die anderen, die mit der Eisenbahn in eine bessere Zeit fahren wollten, hatten die Dichter bestenfalls ein Schulterzucken und schlimmstenfalls apokalyptische Visionen. Der eine, der dem Romantischen auf ganz besondere Weise verhaftet war, als Karikaturist der Romantik, hatte Spott; Heinrich Heine ließ »Pferd und Esel« über die Eisenbahn nachsinnen:
»Uns Pferde tötet die Konkurrenz/Von diesen Dampfmaschinen –/Zum Reiten, zum Fahren wird sich der Mensch/Des eisernen Viehes bedienen./Und kann der Mensch zum Reiten uns,/Zum Fahren uns entbehren –/Ade der Hafer! Ade das Heu!/Wer wird uns dann ernähren?«
Doch dem anderen Vertreter der Zurückbleibenden,
»Dem Esel bleibt zu jeder Zeit/Sein sicheres Dasein beschieden./Der Himmel verläßt seine Esel nicht./Die ruhig im Pflichtgefühle,/Wie ihre frommen Väter getan,/Tagtäglich traben zur Mühle«,
womit Heine zugleich der überlebten Romantik einen Satirenstrick drehte.
Dichterworte konnten die Eisenbahn und alles, wofür sie Speerspitze war, nicht bremsen, geschweige denn stoppen. Auch Grillparzer, Österreichs Klassiker, stimmte zwar denen zu, die da klagten:
»Es sei der Geist in unsern Tagen/In seinem tiefstem Recht verletzt./Und wahrlich, sieht man bunt sich's regen,/Das Dampfgerät auf Eisenwegen,/Die Spindel, die von selbst sich dreht,/Den Einklang unsichtbarer Hände,/Man schaudert und man glaubt am Ende,/Daß still der Puls des Lebens steht.«
Und in Peter Roseggers Erzählung »Als ich zum ersten Mal auf dem Dampfwagen saß« stottert der Pate: »Behüt' uns der Herr, daß wir das Teufelszeug anschauen.« Aber die profane Welt ließ sich von der Eisenbahn und ihrem Tempo immer weiter mitreißen. 1840, als zur Eröffnung der Strecke Berlin – Potsdam der Zug die sensationelle Höchstgeschwindigkeit von 40 km/h erreichte, hatten in deutschen Landen 550 km Schienen gelegen. Goethes vielzitierter Satz, den Eckermann am 23. Oktober 1828 notierte, darf hier nicht fehlen: »Mir ist nicht bange, daß Deutschland nichts eins werde; unsere guten Chausseen und künftigen Eisenbahnen werden schon das ihrige tun.« 1845 lagen 2200 und 1850 rund 7500 km Schienen, zur Jahrhundertwende mehr als 50 000 km. Seine größte Ausdehnung übrigens erreichte das deutsche Schienennetz 1917 mit fast 65 000 km.

Der Pfiff der Lokomotive

In den sogenannten Einigungskriegen, die zur Bildung des Deutschen Reiches führten, war Moltke der erste Stratege, der die Eisenbahn perfekt zu nutzen verstand. Die Eisenbahnabteilung des Großen Generalstabs wurde alsbald die hohe Schule militärischen Genies; Ludendorff ging aus ihr hervor. Im Zweiten Weltkrieg, in den verschneiten Steppen Rußlands, war schließlich der Pfiff der Lokomotive, der einst den Romantikern so schrecklich »wild« in den Ohren geklungen hatte, nicht selten das Rettungssignal für eine geschlagene, fliehende Truppe. Und nicht zu verdrängen: »Fahrplanmäßig« fuhren Züge nach Auschwitz. »Oh, Erdenphosphor, Gas und Dampf«, hatte der letzte Postillon ahnungslos, ahnungsvoll geklagt.
Der erste Poet, der keine Furcht hatte, »Daß Poesie entsetzt nun fliehen werde,/Auf schnurgerader Eisenbahn entjagen«, war Anastasius Grün. Seine »Poesie des Dampfes« wurde 1837 im Wiener »Morgenblatt für die gebildeten Stände« gedruckt. Er verhöhnte die Romantiker, die »auf krummen Holperstegen« das »edle Roß mit Gebiß und Stang« geknebelt halten wollten, und sah in der Eisenbahn Feuer und Eisen »zu einträchtigen Wirken für die Freiheit« verbunden. Vier Jahre vorher hatte Friedrich List sein verheißungsvolles Programm vorgelegt: »Über ein sächsisches Eisenbahnsystem als Grundlage eines allgemeinen deutschen Eisenbahnsystems«, das zur Klammer Deutschlands werden sollte. Sein poetischer Propagandist wurde der Deutsch-Ungar Karl Beck, der in den

Schienen »Hochzeitsbänder« und »blankgegossene Trauringe« der deutschen Länder erblickte und gegen die Philister, die Spießbürger, wetterte, die ihr Geld der Eisenbahn vorenthalten wollten. Die Papiere der Aktionäre waren für ihn »ausgestellt auf Deutschlands Einheit«. Prosaisch jedoch darf man feststellen, daß mit den Eisenbahnen zunächst ungeheure Gewinne gemacht wurden. In England wurde Robert Stephenson, der Lokomotivenkonstrukteur, der erste Ingenieur-Millionär, in Pfund Sterling. Als er 1859 starb, wurde er, wie sonst Könige und Feldherren, in der Westminster-Abtei beigesetzt. In allen Staaten blühte die Eisenbahn-Spekulation.
In Deutschland empörte sich der Lyriker Theodor Bergmann:
»Hei! Da fliegen sie von dannen/Auf den schmalen Eisenschienen,/Kaufleut', feile Fabrikanten/Mit verklärten Wuchermienen.«
Er sah »Gewimmer, Geflimmer auf den Bahnen«; und »Dies Gewimmer? dieses Stöhnen?/Ach, es sind die Schmerzenslaute/Jener Armen, deren Stärke/Dieses Riesenwerk erbaute .../Auf den Schienen dies Geflimmer?/Ach, es sind Millionen Thränen.«
Man fuhr Erster, Zweiter, Dritter und, darin allerdings spottbillig, Vierter Klasse. Die Eisenbahn dampfte, anders als die französischen Intellektuellen es erwartet hatten, nicht in die Gleichheit; aber sie ließ den Fahrgästen in den verschiedenen Klassen dämmern, daß soziale Gleichheit, schon deshalb, weil man sich im selben Zuge fortbewegte, vielleicht doch keine Utopie sei. Kein wandernder Handwerksbursche brauchte mehr im Staub der Straße hinter der Kutsche zurückzubleiben.

Wille aus Eisen und Stahl

Abgesehen davon, daß die Eisenbahn nun zum Gegenstand von Romanliteratur aller Art wurde, wandten sich die Poeten jedoch weniger der sozialen Frage als dem Mythos des »entfesselten Dampfes« zu, der Emanuel Geibel an das promethische Feuer gemahnte. Gottfried Keller spannte die Lokomotive als »Feuerdrache« ein, der im Eliaswagen die Begeisterung des Dichters höher trägt. Der Dichter-Ingenieur Max Eyth sah in ihr »Wille aus Eisen und Stahl« verkörpert. Doch auch »Tand, Tand ist das Gebilde von Menschenhand«; Theodor Fontane ließ den Edinburger Zug, der »trotz Nacht und Sturmesflug« kommt, auf der Brücke am Tay ins Verderben stürzen, wobei er, wie 1911 in einem Aufsatz über die Eisenbahn in der Dichtung der Oberlehrer Fritz Breucker aus Altona bewundernd erläuterte, »die harten, scharfen Linien der Maschinengegenwart umrahmt mit den formlosen Nebeln einer hexenerfüllten Vergangenheit«. Auch jener Oberlehrer stellte noch die Frage, ob die Eisenbahn »schon« hineingehöre in die Poesie.

Das ferne Rasseln der Züge

Die Dichter und ihre Richter taten sich schwer, dem Rattern der Räder ein Lied abzulauschen. Aber die Eisenbahn, die den späten Romantikern so entsetzlich durch die Idylle lärmte, hatte da längst für neue Romantik gesorgt; und einer der ersten, die ein einfaches, schönes Lied vernahmen, war ein Freund von Mörike, Friedrich Theodor Vischer:
»Jetzt schnaube nur, Dampf, und brause!/Jetzt rolle nur Rad, und sause!/Es geht nach Hause, nach Hause!/Du kannst nicht jagen, o Wagen,/Wie meine Pulse mir schlagen!/Zur Geliebten sollst Du mich tragen!«
Und wie die Eisenbahn endlich einfuhr in feinste, reine Lyrik, dafür ist wiederum Fontane ein Zeuge; er schildert »Drei Gräber« in der Mark Brandenburg, auf ihnen
»Blumen und Aschenkrüge,/Vorüber in Ferne rasseln die Züge,/Still bleibt das Grab und der Schläfer darin, –/Der Wind, der Wind geht drüber hin.«
Nichts stört da mehr, nichts wird zerrissen, im Gegenteil, das ferne Rasseln der Züge nimmt der Stille alles Bedrückende fort. Kein Postillon, von Scheffel nicht und nicht einmal von Lenau, hätte einem Grab einen besseren Gruß entbieten können.

Alexander Rost

Menschen, Güter, Nachrichten und neuerdings auch Energie zu befördern, ist die Aufgabe der Verkehrsmittel, die im allgemeinen aus einem Verkehrsweg und einem Verkehrsträger (Mensch, Tier, Wagen, Schlitten, Boot, Schiff, Flugzeug) bestehen. An dieser Stelle soll nur vom Weg gesprochen werden. Schon in der Frühzeit der Menschheit gab es ihn, z. B. in Form der Trampelpfade und der Saumpfade, der Feldwege sowie der Flüsse und der Küstengewässer. Alle diese Wege waren naturgegeben; sie sind weder im voraus von Fachleuten geplant noch unter Aufwand von Kapital und Arbeit angelegt worden. Später wurden auch schon Kunststraßen gebaut; berühmt wurden die Straßen der Römer, die sich in der Blütezeit des Römischen Reiches durch das ganze westliche Europa zogen. Sie waren den Bedürfnissen und Möglichkeiten eines marschierenden Heeres und seiner Reiterei angepaßt. Man konnte, wo nötig, kleine Bogenhalbmesser und größere Steigungen in Kauf nehmen und noch im Hügelland die Straßen kerzengerade über Berg und Tal führen. Höchstens im Gebirge gab es Trassierungsschwierigkeiten. Zum Ende des 18. Jahrhunderts wurde der Bau von Kunststraßen (und Kanälen) wieder in Angriff genommen. Aber erst die Eisenbahn, die ihrer Wesensart nach nur geringe Steigungen und große Bogenhalbmesser in ihrer Streckenführung vertrug, gab vor 150 Jahren den Anstoß zu einer verfeinerten Kunst der Trassierung.

Zum Eisenbahn-Unterbau zählen alle festen Anlagen einer Eisenbahnstrecke, die unterhalb der Schwellenkante liegen: das »Planum«, der ganze Erdkörper mit allem Drum und Dran wie Wegübergänge, Seitengräben mit der Entwässerung, Einschnitte und Dämme, Stützmauern, Schneezäune, Steinschlag- und Lawinen-Sicherungen und dergleichen, sowie Kunstbauten, also Brücken, Viadukte und Tunnel. All dieses gab es auch schon im Straßen- und im Wasserbau, jedoch in viel kleineren Dimensionen. Die hohen Anforderungen, die der Eisenbahnbauer damals an die Linienführung der Strecke stellen mußte, fielen in eine Zeit, in der sich die Bau-(wie auch die Maschinen-)Technik aus einer Kunst der alten Baumeister und Mechaniker zu einer Wissenschaft der Bau-(und Maschinen-)Ingenieure entwickelt hat.

Schon in der Frühzeit und im Mittelalter hat der Mensch Brücken gebaut, um Bäche, Flüsse oder Schluchten zu überqueren. Als Baustoffe verwendete er Holz, Bruch- oder Ziegelsteine und seit dem vorigen Jahrhundert auch Schweiß- oder Flußeisen, vorübergehend auch Gußeisen. Schon die Römer kannten die Gewölbetechnik; ein schönes Beispiel ist der uns erhalten gebliebene Pont du Gard in der Provence. Schiffbrücken und weitgespannte Holzbrücken waren seit Jahrhunderten Meisterwerke der Schiffbauer und der Zimmerleute. In Nordamerika ist Holz als Brückenbaustoff viele Jahrzehnte auch für Eisenbahnbrükken über tief eingeschnittene Flußtäler verwendet worden, in Deutschland nur für Behelfsbrücken und in den beiden ersten Jahrzehnten. Die erste Elbebrücke bei Wittenberge im Zuge der Magdeburg–Wittenberger Eisenbahn, 1851 gebaut, war ein 1030 m langes Bauwerk aus hölzernen Howeschen Trägern mit Spannweiten bis zu 56,5 m. Die beiden einzigen Eisenbahnschiffbrücken der Welt befanden sich in Deutschland, nämlich bei Maxau und Speyer. Sie standen über 70 Jahre in Betrieb, später allerdings mit eisernen statt hölzernen Kähnen, aber immer noch mit hölzerner Brückenfahrbahn.

Sollte früher eine Straße ein Flußtal überqueren, so wurde sie den einen Hang hinunter –, über den Fluß und den anderen Hang wieder hinaufgeführt. Sie konnte sich mit kleinen Bogenhalbmessern und größeren Steigungen dem Gelände anpassen. Das konnte die Eisenbahn nicht, sie mußte von Kuppe zu Kuppe den Taleinschnitt direkt überschreiten. Hier hat der Bahnbau bisher unbekannte Entwicklungsmöglichkeiten für den Massivbrückenbau geschaffen. Man denke beispielsweise an die beiden mehrstöckigen Gewölbebrücken der Sächsisch-Bayerischen Eisenbahn über das Göltzschthal und das Elsterthal, beide 1851 dem Betrieb übergeben, die erste 574 m lang und 80 m hoch über dem Talboden, mit 19 Öffnungen, die zweite 279 m lang, 70 m hoch, mit neun Öffnungen, beide bei 30,6 m größter Spannweite. Oder man denke an die zahlreichen prächtigen Natursteinbrücken der Rhäthischen Bahn!

Der Eisenbrückenbau steckte zu Beginn des Eisenbahn-Zeitalters noch in den Kinderschuhen. Seine steile Entwicklung, zusammen mit der des allgemeinen Stahlbaus (Bahnsteighallen), verlief parallel zum großartigen Wachstum des Eisenbahnnetzes. Nach Stephensons Röhrenbrücke bildeten sich zwei Hauptformen aus: die Balkenbrücke aus vollwandigen Blechträgern für kürzere, die Parallelträger-Fachwerkbrücke für längere Überbauten. Später schlossen sich die verschiedensten Formen von Bogenträger-Brücken an. Das Fachwerk, zuerst ein engmaschiges Netzwerk, wurde mit der Zeit weitmaschiger, bis zum einfachen Dreiecksverband hin. Meilensteine der Entwicklung waren die ältesten der großen Strombrücken, so die 1857 dem Betrieb übergebenen Nogat- und Weichselbrücken der Preußischen Ostbahn und die 1862 eröffnete Mainzer Rheinbrücke der Hessischen Ludwigsbahn.

Wo örtliche Gegebenheiten es nicht erlauben, die Eisenbahnbrücke über ein schiffbares Gewässer so anzulegen, daß ihre lichte Höhe auch größere Schiffe durchläßt, ist man gezwungen, eine Dreh-, Klapp- oder Hubbrücke zu bauen. Brücken dieser Art sind schon seit Jahrhunderten im Zuge von Straßen vorgesehen worden. Die besonderen Schwierigkeiten und Sicherheitsbedingungen des Eisenbahnbetriebs haben aber zu Ausführungen der für Bahnen bestimmten, beweglichen Brücken geführt, die sich durch Größe, Belastbarkeit und Durchbildung der einzelnen Bauelemente wesentlich von den Straßenbrücken unterscheiden.

Wenn der Bau einer Brücke über eine Wasserstraße nicht mehr durchführbar ist, dann kann an ihre Stelle – sozusagen als fahrende Brücke – das Fährschiff treten, ein Dampfer oder ein Dieselschiff, das auf seinem Hauptdeck eine Anzahl Gleise (oder auch nur eins) trägt, die eine Reihe von Eisenbahnwagen, auf dem Deck fest verzurrt, aufnehmen können. Die ersten Eisenbahnfähren hat die Nordbritische Eisenbahn 1852 über den Firth of Tay in Dienst gestellt. In Deutschland folgte man bald nach; allein am Bodensee und am Rhein gab es ein Dutzend Fährbetriebe. Heute ist der wichtigste der deutsch-dänische im Zug der Vogelfluglinie über den Kleinen Belt.

Die alten Straßen mußten (und konnten es sich dank ihrer Anpassungsfähigkeit an das Gelände auch leisten) Bergnasen, die sich ihnen in den Weg stellten, durch eine Schleife umgehen und Bergrücken, sei es im direkten Anstieg, sei es mit Hilfe einer Serpentinen-Trasse, überschreiten. Den nicht so anpassungsfähigen Eisenbahnen war dies häufig nicht möglich. Wo sie einen Hügel nicht durch einen tiefen Einschnitt bewältigen oder einen Berg nicht durch künstliche Linienverlängerung, z. B. durch Ausfahren eines Seitentals, erklimmen konnten, mußten sie ihn durch einen Tunnel – wie man die durch den Berg gebauten Stollen für die neuen Bahnen nannte – durchqueren. Gänge, Stollen, Flöze, Galerien und Schächte, allesamt künstliche Aushöhlungen des Bergs zum Abbau und zur Förderung von Erz und Kohle und zur Abführung der Bergwässer, waren schon lange aus dem Bergbau bekannt. Es ist daher selbstverständlich, daß man die ersten Tunnel von Bergleuten durchschlagen ließ. Aber bald entstand eine eigene Tunnelbaukunst und Tunnelbau-Industrie. Wie bei den großen Brückenbauvorhaben, so mußten vor den Tunnelmündern der großen Gebirgstunnel umfangreiche Werkplätze für die Unterkünfte, Speisehäuser, Krankenhäuser der Mineure und ihrer Hilfstruppen, Kessel- und Maschinenhäuser für die Maschinen in den Werkstätten und zum Antrieb der Pumpen und Kompressoren für die Wasserabführung aus dem Tunnel und zur Drucklufterzeugung geschaffen werden. Die Druckluft wurde in großen Mengen zum Antrieb der Bohrhämmer und anderer Werkzeuge vor Ort, zur Bewetterung und für die Versorgung der Druckluftlokomotiven gebraucht, die die Arbeiter zur Arbeitsstelle brachten und den Ausbruch ins Freie schafften.

Die größten deutschen Tunnel sind: der 4400 m lange Zugspitztunnel der meterspurigen Bayerischen Zugspitzbahn, 1930 eröffnet; der 4203 m lange Kaiser-Wilhelm-Tunnel, der den Cochemer Krampen zwischen Cochem und Eller durchsticht und damit eine große Moselschleife abschneidet, 1879 dem Betrieb übergeben; der 3575 m lange Distelrasen-Tunnel zwischen Schlüchtern und Flieden, der, 1914 fertiggestellt, die betriebshemmende Spitzkehre in Elm der Strecke Frankfurt – Bebra beseitigt hat; der 3169 m lange Fahrnautunnel der Strecke Schopfheim – Säckingen, seit 1890 in Betrieb; der 3100 m lange Brandleite-Tunnel zwischen Gehlberg und Oberhof im Thüringer Wald, seit 1884 in Betrieb; und der 3040 m lange Krähberg-Tunnel zwischen Schöllenbach und Hetzbach im Odenwald, 1882 fertig geworden. Der längste Eisenbahntunnel Europas ist mit 19,8 km der Simplontunnel, der längste der Welt mit 22 km ein 1978 in Betrieb genommener Tunnel in Japan.

Der Eisenbahn-Oberbau

Die Streifenbahn, so könnte man sie vielleicht nennen, die primitivste Vorgängerin der Eisenbahn, war schon im Altertum bekannt: zwei gepflasterte oder mit Steinplatten belegte Streifen, in die Straßenfahrbahn im Abstand der Räder eingebettet. Dieses »Gleis« konnte von allen Fahrzeugen, die seiner Spurweite entsprachen, benutzt und an jeder Stelle befahren oder verlassen werden; es bedurfte also keiner Weichen oder anderer Hilfsmittel zum Gleiswechsel. Die dem heutigen Eisenbahngleis eigentümliche Zwangsführung der Fahrzeuge durch die Spurkränze der Räder fehlte noch. Das Streifengleis des Altertums, jahrhundertelang vergessen, tauchte vor dem Jahre 1600 im Erzbergbau des Elsasses, des Harzes und Sachsens wieder auf; bald sorgt dann ein »Spurnagel«, eine Führungskante an den hölzernen Schienenbohlen oder schließlich das Spurkranzrad auch für die Spurbindung. Die Zwangsführung der eisernen Räder auf den geglätteten Holzbohlen, die bald von gegossenen, dann von gewalzten eisernen Schienen abgelöst werden sollten, wurden kennzeichnend für die Eisenbahn, die sich dadurch von allen anderen Landverkehrsmitteln unterscheidet. In der Spurbindung liegen die Stärken und die Schwächen der Schienenbahn begründet. Die niedere Reibungsziffer zwischen Stahlschiene und stählernem Radreifen ergibt den kleinsten Zugwiderstand aller Landfahrzeuge; die zur Fortbewegung der Gewichtseinheit aufzuwendende Maschinenleistung beträgt bei den üblichen Geschwindigkeiten nur etwa ein Fünftel gegenüber der auf der Straße notwendigen. Die auf der Schiene mögliche Zugbildung erlaubt große Lasten – auf den nordamerikanischen Bahnen um 20 000 t, in Europa bis zu 4000 t – und große Menschenmassen bis zu 2000 Personen und mehr in einer Beförderungseinheit (in einem Zug) mit verhältnismäßig hoher Geschwindigkeit zu befördern.

Umgekehrt gestattet die Spurbindung und die technisch bedingte Notwendigkeit, die Eisenbahnstrecke mit kleineren Neigungen und größeren Bogenhalbmessern anzulegen, als sie für die Straße möglich und üblich sind, der Schiene nicht die feine Verästelung, wie sie die Straße erlaubt; das Eisenbahnfahrzeug kann daher nur ein »Linienverkehrsmittel« sein, während das Straßenfahrzeug ein »Flächenverkehrsmittel« ist. Daraus erklärt sich u. a. die Überlegenheit des Kraftwagens in der Verkehrsbedienung auf kleinere Entfernungen – soweit es sich nicht um Massenverkehr handelt.

Weiterhin gestattet die Bindung an das Gleis nicht das auf der Straße, auf dem Wasser oder in der Luft mögliche Kreuzen und Überholen nach Bedarf, sie erfordert vielmehr zu diesem Zweck besondere bauliche Einrichtungen, umfangreiche zusätzliche Sicherungsmaßnahmen und ein ausgeklügeltes Betriebsvorschriftenwerk. Dafür entfallen beim Schienenfahrzeug alle Gefahren, die aus Schäden an der Steuerung oder ihrer falschen Handhabung erwachsen könnten.

Schließlich wirkt sich die oben schon erwähnte niedere Reibung zwischen Rad und Schiene dahin aus, daß die Bremswege auf der Schiene oft unangenehm lang werden; zur Beherrschung der sich daraus ergebenden Gefahren sind besondere, den anderen Verkehrsmitteln unbekannte Maßnahmen erforderlich.

Um die Wende vom 18. zum 19. Jahrhundert begann

die Schienenbahn das Dunkel und die Enge der Kohlenflöze und der Erzstollen zu verlassen und ihr Arbeitsfeld auch im Tageslicht zu suchen: auf den Zechen- und Hüttenbahnen der Britischen Inseln, wo man daran ging, die Schächte mit den nächsten Kanal- oder Seehäfen zu verbinden. Der bisherige Fuhrwerktransport über schlechte Straßen wurde um so schwieriger und unwirtschaftlicher, je mehr mit dem Aufblühen der Industrie die Beförderungsmengen zunahmen. Unter Tage hatten zum Schieben oder Ziehen der »Hunte« der Mensch oder das Pferd ausgereicht, über Tage trat jedoch, seit Trevithick 1803 die erste »locomotive-mashine« gebaut hatte, der Dampfwagen langsam an die Stelle der Zugtiere. Dies hatte seine Auswirkungen auf den Oberbau. Die hölzerne Fahrbahn, die den höheren Achslasten des Dampfrosses nicht mehr gewachsen war, mußte endgültig den gewalzten Schienen aus Puddel-, Schweiß- und schließlich Flußstahl weichen. Zur Grundlage der Schienen verwendete man Steinwürfel oder hölzerne Längs- oder Querschwellen. Eine Zwischenform war die Brückenschiene, eine Art U- oder hutförmiges Profil, das auf hölzernen Längsschwellen befestigt war. Diese waren ihrerseits auf Querschwellen gelagert, die gleichzeitig der Spurhaltung dienten. Auch der Steinwürfel-Oberbau bedurfte besonderer Spurhalter – meistens Querschwellen die alle zwei bis drei m zwischengelegt wurden. Beim reinen Querschwellen-Oberbau, der sich bald überwiegend durchsetzte, konnte man auf besondere Spurhaltungsmittel verzichten.

An Schienenformen, von denen die Brückenschiene schon erwähnt ist, tauchten bald überwiegend die Doppelkopfschiene und die Breitflußschiene auf. Diese, heute ausschließlich in Gebrauch, ist nach dem englischen Ingenieur Vignoles benannt. Er hat sie zwar nicht erfunden, ihm gebührt aber das Verdienst, sie aus Nordamerika nach Europa eingeführt zu haben. Im britischen Einflußgebiet schraubte man auf die Schwellen gußeiserne Schienenstühle auf, in denen die Doppelkopfschienen durch Holzkeile festgelegt wurden. In den anderen Ländern wurden die Schienen mit oder ohne Unterlagsplatten auf die Schwellen gestellt und durch Schienennägel, Schwellenschrauben, Klemmschrauben oder anderes »Kleineisenzeug« festgehalten. Neuerdings bevorzugt man, weil sie sich nicht so leicht lösen können, federnde Verbindungsmittel, wie Spannbügel oder Spannplatten.

In der Frühzeit stießen die Schienen im Längsverband stumpf aneinander, wurden aber bald durch zweiseitig zwischen Kopf und Fuß eingelegte Laschen miteinander verschraubt. Heute werden die Schienen häufig auf große Längen durchgehend miteinander verschweißt. Weil die früher vorgesehenen Stoßlücken nicht mehr vorhanden sind, die bei sommerlichen Temperaturen eine gewisse Verlängerung der Schiene zuließen, müssen die nunmehr entstehenden Wärmespannungen vom gesamten Gleiskörper – Schienen, Schwellen und Schotterbettung – aufgenommen werden. Wegen ihres hohen Gewichts eignen sich besonders Beton- und Spannbetonschwellen zum Einbau in geschweißte Gleisabschnitte. Neben ihnen verwendet man aber immer noch Holz- und seit fast hundert Jahren auch Stahlschwellen.

Die alten Gruben- und Zechenbahnen hatten die verschiedensten Spurweiten, sie lagen isoliert; ein Wagenübergang von der einen zur anderen war daher nicht möglich, so daß auf einheitliche Spur kein Wert gelegt wurde. Als George Stephenson 1825/30 die beiden ersten Bahnen des öffentlichen Verkehrs baute und in Betrieb setzte, Stockton – Darlington und Liverpool – Manchester, da wählte er 1435 mm Spurweite. Die Angaben widersprechen sich, warum dieser Wert gewählt wurde. Die erste Vermutung, er sei nur im metrischen Maßsystem unrund, weil er aus dem englischen Fuß-Zoll-System umgerechnet sei, trifft nicht zu, denn auch für die Briten sind 4′8½″ unrund. Die technische Autorität von Vater und Sohn Stephenson war weltweit so groß, daß die Normalspur 1435 mm in fast ganz Europa, in Nordamerika und Nordafrika überwiegt, aber auch noch vereinzelt in anderen Gebieten vorkommt.

Ein Spurkranz-Fahrzeug kann sein Gleis nicht verlassen, ohne besondere Einrichtungen (Gleisverbindungen) zu Hilfe zu nehmen. Drei Arten sind gebräuchlich: die Weiche (früher auch als Wechsel bezeichnet), die Drehscheibe und die Schiebebühne. Die Weiche besteht aus der beweglichen Zungenvorrichtung an der Spitze und dem Herzstück, hinter dem die beiden auseinanderstrebenden Zweiggleise sich trennen. Je nach der Lage der Zungen wird das Fahrzeug in den linken oder den rechten Weichenzweig geleitet. Bei den alten Schleppweichen liefen die beiden Mutterstränge im Zungenbereich nicht durch; die Zungen legten sich stumpf vor je zwei der vier Verzweigungsstränge. Kam dann ein Fahrzeug von der nicht eingestellten Weichenseite her angefahren, mußte es unweigerlich entgleisen. Bei den heutigen Weichen werden die Mutterstränge durchgeführt; ein von hinten im nichteingestellten Strang anrollendes Fahrzeug verschiebt mit seinen Spurkränzen die falsch liegenden Zungen (»schneidet sie auf«), ohne daß ein Schaden an der Zungenvorrichtung oder am Rad entsteht. Diese Weichen wurden daher »Sicherheitsweichen« genannt. Außer den einfachen Weichen, deren Stammgleis gerade verläuft, gibt es Bogenweichen, Doppelweichen sowie einfache und doppelte Kreuzungsweichen. Diese dienen hauptsächlich dazu, eine größere Zahl parallel liegender Gleise untereinander zu verbinden. Die Weichenstraße wird so viel kürzer, und ein Zug, der das ganze Gleisbündel überquert, wird nicht in jedes Zwischengleis ein- und dann wieder ausgelenkt, wie es bei einer Aneinanderreihung von einfachen Weichen der Fall wäre.

Die Weiche hat den großen Vorzug, von geschlossenen Zügen befahren werden zu können und das – bei entsprechend großen Krümmungshalbmessern – auch mit hohen Geschwindigkeiten durch den krummen Strang. Schiebebühnen und Drehscheiben haben diese Möglichkeiten nicht; das aufgefahrene Fahrzeug muß während des Drehens der Drehscheibe oder während der Querverschiebung der Schiebebühne stillstehen. Die Drehscheibe, häufig im geometrischen Mittelpunkt der Rund- oder Ring-Lokomotivschuppen angeordnet, hatte in der Zeit des Dampfbetriebs zwei Aufgaben: die Lokomotiven auf die radial auf die Scheibe zulaufenden Schuppengleise zu verteilen und die Schlepptenderlokomotiven für die Rückfahrt um 180° zu drehen. Die elektrischen und Dieselfahrzeuge bedürfen des Drehens nicht mehr. Vereinzelt hat man, wo der Platz dazu ausreichte, Gleisdreiecke oder Wendekurven zum Drehen angelegt; sie haben den Vorteil, auch Wagengruppen oder ganze Züge drehen zu können. Für die heute meistgebauten rechteckigen Lokomotivhallen ist die Drehscheibe nicht mehr nötig, man kann die parallelen Hallengleise auch über eine Weichenstraße zusammenfassen.

Strecken und Bahnhofsanlagen

Die baulichen Anlagen der Eisenbahn werden eingeteilt in Anlagen der freien Strecke und Anlagen der Bahnhöfe.

Die freie Strecke umfaßt den Streckenabschnitt zwischen den Einfahrsignalen benachbarter Bahnhöfe. Sie besteht aus dem Unterbau, aus dem Gleis, im elektrischen Betrieb der Fahrleitung, den oberirdischen oder verkabelten Telegrafen-, Telefon- und Blockleitungen und den »Abteilungszeichen« der Kilometrierung. Wege und Straßen, die nicht »schienenfrei« über die Bahn oder unter ihr durchgeführt werden, kreuzen die Strecke niveaugleich; zum Schutz der Fußgänger, Reiter und Fahrzeuge werden, je nach der Verkehrsbelastung der Straße und der Bahn, Hinweisschilder, Andreaskreuze, Blinklichtanlagen oder Voll- oder Halbschranken verwandt. Während Blinklichter oder Halbschranken über Gleiskontakte vom fahrenden Zug (in Bahnhöfen auch über Schlüsselkontakte durch Betriebsbeamte) gesteuert werden, müssen die Vollschranken, die die Straße beidseitig von der Strecke abtrennen, noch von Schrankenwärtern oder -wärterinnen bedient werden. Diese werden (außer durch den Fahrplan) durch telefonisches Abmelden jedes Zuges von Bahnhof zu Bahnhof zum Schrankenschließen aufgefordert. Das melodische Abläuten durch das weithallende Siemenssche Streckenläutewerk ist leider in Deutschland abgeschafft, aber in der Schweiz noch zu vernehmen. Haltepunkte, das sind einfache Perso-

nen-Abfertigungsstellen, die nur aus Bahnsteig, einer Stationsnamenstafel und vielleicht einem Schutzhäuschen bestehen, zählen zur freien Strecke, ebenso Block- und Abzweigstellen.
Das gilt auch für Anschlußstellen, deren abzweigendes Gleis zu einem Privatanschluß (Fabrik, Steinbruch, Zeche) führt, oder für öffentliche Güterladestellen, die mit nur einer Weiche an die Strecke angeschlossen sind. Deckungsstellen sind durch Signale gesicherte Gefahrenstellen der freien Strecke, z. B. vor beweglichen Brücken oder vor schienengleichen Kreuzungen mit Feldbahnen oder Straßenbahnen.
Wenn der Laie vom Bahnhof spricht, meint er meistens das Empfangsgebäude. Dieses wird vom Architekten gestaltet und vom Verkehrsdienst (kommerzieller Dienst) und von den Reisenden, häufig auch vom Betriebsdienst benutzt. Für den Eisenbahn-Ingenieur sind am Bahnhof viel wichtiger das Gleisfeld und die betriebs-, bau- und signaltechnischen sowie die maschinentechnischen Anlagen. Die Bahnhöfe werden nach ihrer Verkehrsbedeutung eingeteilt in solche I. bis IV. (auch V.) Klasse, dann in Bahnhöfe schlechthin (also mit vollem Personen- und Güterverkehr), in Personen-, Güter-, Rangier- oder Verschiebebahnhöfe (in Österreich: Verschubbahnhöfe), ferner (selten) in Betriebs- und Abstellbahnhöfe, in Zechen- und Hafenbahnhöfe; schließlich nach ihrer baulichen Anlage in Kopf- und Durchgangsbahnhöfe, diese mit den Sonderformen Keilbahnhof, Inselbahnhof und Turmbahnhof. Beim Durchgangsbahnhof liegt das Empfangsgebäude meist neben, selten quer über oder unter den Streckengleisen, beim Kopfbahnhof (Sackbahnhof) liegt es vor den an Prellböcken endenden Strekken-(und weiteren Haupt-)gleisen.
Der normale (»Wald- und Wiesen«-)Bahnhof besteht aus den durchgehenden Hauptgleisen, das sind die Streckengleise; den anderen Hauptgleisen, das sind die Kreuzungsgleise im eingleisigen und die Überholungsgleise im zweigleisigen Betrieb sowie die Güterzug-Ein- und Ausfahrgleise; und aus den Nebengleisen (Lade-, Rampen-, Aufstell-, Schuppengleise und das zum Rangieren so wichtige Ausziehgleis); aus den Weichenverbindungen, den Stellwerken, dem Empfangsgebäude und anderen Dienstgebäuden, den Bahnsteigen mit ihren Zugängen, dem Güterschuppen mit Ladestraße, Rampe und Zufahrtswegen und früher, als im Zug noch kein WC vorhanden war, der »Retirade«. Wo Lokomotiven stationiert waren oder wendeten, kamen noch der Lokomotivschuppen mit Drehscheibe, Wasserturm und Wasserkran, Bekohlung und das Übernachtungsgebäude hinzu.
Der Keilbahnhof ist eine Bahnhofsform, die früher gern dort verwendet wurde, wo eine Strecke von A sich in B in zwei – meist gleichwertige – Zweige nach C und D teilte. Die Züge sollten von A nach C und A nach D durchfahren. Das Empfangsgebäude wurde in den Winkel zwischen den beiden Zweigstrecken gestellt. Ein gutes Beispiel ist der Bahnhof Wunstorf, wo die beiden Strecken Hannover – Bremen und Hannover – Hamm sich trennen.
Beim Inselbahnhof steht das Empfangsgebäude der Länge nach zwischen den Gleisen, an mindestens einem Bahnhofsende befinden sich Verbindungsgleise zwischen den parallelen Gleisbündeln beider Bahnhofsseiten. Die Inselform wurde dort bevorzugt, wo zwei verschiedene Verwaltungen einen gemeinsamen Bahnhof benutzten. Man konnte die Betriebsanlagen diesseits und jenseits des Empfangsgebäudes säuberlich trennen, in diesem selbst aber die Abfertigungs- und Warteräume zur Bequemlichkeit des Publikums zusammenlegen.
Turmbahnhöfe, die in zwei Ebenen angelegt sind, kommen in den Kreuzungspunkten zweier Strecken der Stadt-, Hoch- und Untergrundbahnen vor, z. B. Westkreuz in Berlin oder Sternschanze in Hamburg. Aber auch im allgemeinen Eisenbahnnetz finden sich gelegentlich Turmbahnhöfe: so Dülmen, wo die Strecke der Dortmund–Gronau–Enscheder Eisenbahn über die Linie Essen – Wanne – Bremen der Köln–Mindener Eisenbahn hinwegführt.
Rangierbahnhöfe sind die selbständigen großen Betriebsanlagen zum Auflösen, Um- und Neubilden der Güterzüge. Sie nehmen viel Raum ein und liegen daher weit im Vorfeld der großen Eisenbahnknoten. Ein

vollständiger Rangierbahnhof besteht aus folgenden Gleisgruppen: Einfahr-, Richtungs-, Stations- und Ausfahrgruppe, dazu kommen Verkehrs- und Umfahrgleise, das Bahnbetriebswerk mit Lokomotivhalle, einer kleinen Wagenwerkstätte und den Versorgungseinrichtungen, Dienstgebäude, Stellwerke usw. Der Arbeitsgang im Rangierbahnhof sieht so aus: Der Güterzug fährt in ein Gleis der Einfahrgruppe ein. Die Lokomotive verläßt mit dem Gepäckwagen (wenn noch vorhanden) und einer etwaigen Spitzengruppe (Wagen, die nicht ablaufen dürfen; Vorrangwagen, die besonders behandelt werden) den Zug, die Abdrücklokomotive setzt sich hinter den Zug, der nun über den Ablaufberg (»Eselsrücken«) abgedrückt wird.

Vor dem Scheitelpunkt werden die Kupplungen, die schon in der Einfahrgruppe »langgemacht« worden sind, mit einer Entkupplungsgabel oder einem Holzprügel getrennt. Die Wagen laufen nun unter dem Einfluß der Schwerkraft den steilen Berg hinunter in eine Balkengleisbremse, in der ihnen soviel von ihrer Geschwindigkeit wieder abgenommen wird, daß sie, in das ihrem Ziel entsprechende Richtungsgleis frei laufend und notfalls im Tal nochmals durch Hemmschuh oder weitere Gleisbremsen verzögert, mit einem unschädlichen Stoß an die bereits im Gleis stehenden Wagen anlaufen. Die Richtungsgruppe in einem größeren Bahnhof umfaßt 48 oder mehr, in Einzelfällen sogar über 100 Gleise. Die Weichen der Verteilzone sind straff gebündelt und werden automatisch über Schienenkontakte und isolierte Schienenabschnitte durch die ablaufenden Wagen umgestellt, nachdem die einzelnen Ablaufwege vorher einem Ablaufspeicher eingegeben oder an Hand des Wagenzettels (der Wagenliste) des Zuges in einen Prozeßrechner eingegeben worden sind.

Zielreine Eingruppenzüge können aus der Richtungsgruppe direkt ausfahren, wenn hier die dazu notwendigen Einrichtungen – Bremsprüfanlage, Ausfahrstraßen und Ausfahrsignale – vorhanden sind. Sonst müssen sie in die Ausfahrgruppe vorziehen, aus der auch die Mehrgruppenzüge abfahren, die vorher in der Stationsgruppe (Nachordnungsgruppe) oder in den talseitigen Spitzen der Richtungsgleise vorsortiert worden sind.

Das eben geschilderte Rangiersystem ist das eines Flachbahnhofs. Dieser kann einseitig oder zweiseitig sein. Hier liegen zwei Anlagen nebeneinander, die eine beispielsweise in Richtung West-Ost, die zweite aber in Richtung Ost-West. Es befinden sich dann am Westkopf die Einfahrgruppe aus W des W-O-Systems und die Ausfahrgruppe nach W des O-W-Systems nebeneinander, am Ostkopf ist es umgekehrt. Das Betriebswerk, die Packwagen- und die Ausbesserungsgruppe sowie das Bahnhofs-Dienstgebäude sind selbstverständlich beiden Systemen gemeinsam. Nun gibt es aber Verkehrsströme, die aus einer O-Richtung in eine andere O-Richtung oder aus einer W-Richtung in eine zweite W-Richtung gerichtet sind. Die Wagen dieses »Eckverkehrs« müssen dann aus der Richtungsgruppe des einen in die Einfahrgruppe des anderen Systems gebracht werden, aus der sie wie die eingefahrenen Züge wieder abgedrückt werden.

Der zweiseitige Flachbahnhof ist früher viel gebaut worden, z. B. Hamm, Mannheim, Seelze, weil in diesen Verkehrsknoten die nötige Tagesleistung, 3000 bis 5000 Wagen, in einer einseitigen Anlage mit den alten Ablaufverfahren nicht erreicht werden konnte. Heute bietet die neue Technik auch in der einseitigen Anlage eine ausreichende Leistungsfähigkeit, z B. in Maschen 7000 Wagen täglich. Die großen Gefällbahnhöfe, die verständlicherweise nur einseitig gebaut werden können, so Nürnberg oder Braunschweig, können 3000 und 5000 Wagen täglich behandeln.

Das Signalwesen

Als 1835 die erste öffentliche Lokomotiv-Eisenbahn in Deutschland ihren Betrieb aufnahm, stand die elektrische Nachrichtentechnik auf den allerersten Stufen ihrer Entwicklung. Die Gleisanlagen der Bahnhöfe waren recht bescheiden, die wenigen Weichen ortsbedient. Schiebebühnen und Drehscheiben, ebenfalls ohne mechanischen Antrieb, spielten gegenüber heute eine wesentlich bedeutendere Rolle; sie wurden damals auch in die von Zügen befahrenen Hauptgleise eingebaut. Abhängigkeiten der Signale, soweit solche vorhanden, untereinander und mit den Weichen und anderen Gleiswechseleinrichtungen bestanden nicht. Die Sicherheit des Zugbetriebs beruhte ausschließlich auf der Zuverlässigkeit des Personals und der pünktlichen Einhaltung des Fahrplans. War dieser gestört, dann wurde die sichere Durchführung des Betriebs schnell problematisch. Denn welche Schwierigkeiten bereitete es damals, den Ausfall eines Zuges, die Verlegung einer Kreuzung oder Überholung oder das Verkehren eines Sonderzugs den beteiligten Bahnhöfen und den Bahn- und Schrankenwärtern rechtzeitig und unmißverständlich mitzuteilen!

Es gab dafür nur einige recht primitive Hilfsmittel, so das Horn, mit dem man sich die Meldungen von Posten zu Posten »zublies«, und den optischen Telegrafen. Dieser, bereits 1792 von den Brüdern Chappe erfunden, bestand aus einem hohen Holzmast mit mehreren Flügeln, deren Stellungs-Kombinationen sowohl die einzelnen Buchstaben des Alphabets als auch besonders vereinbarte fahrdienstliche Anfragen und Meldungen ausdrücken konnten. Eine zuverlässige Abgabe und Aufnahme der Zeichen hatte eine nicht zu große Entfernung der Stationen und klares Wetter zur Voraussetzung. Der optische Telegraf war daher nur zeitweise brauchbar.

Von der Witterung und von der Entfernung unabhängig wurde man erst, als etwa 1850 der Morsetelegraf und das Streckenläutewerk in den Eisenbahndienst eingeführt wurden. Diese beiden technischen Einrichtungen waren bis zur Schaffung des elektrischen Streckenblocks die Mittel, die in Deutschland zur Regelung des Zugverkehrs auf der freien Strecke zur Verfügung standen; auf ihren bald in strenge, fast rituelle Formen gebrachten Meldungen, insgesamt als »Zugmeldeverfahren« bezeichnet, beruht teilweise heute noch die fahrdienstliche Ordnung auf der Strecke.

Etwa zur selben Zeit sah man sich in England wegen des dort schon viel dichteren Eisenbahnverkehrs genötigt, an besonders wichtigen und betrieblich schwierigen Stellen die Bedienung der einzelnen Weichen an Ort und Stelle aufzugeben und für größere Bezirke in besonderen Stellwerken zu zentralisieren. Die erste deutsche Bezeichnung des Stellwerks, nämlich »Zentralapparat«, erinnert noch an diese Entstehungsgeschichte, bei der mehr die Absicht, die persönliche Sicherheit der zwischen den Gleisen sich bewegenden Weichenwärter zu erhöhen und die Betriebsabwicklung zu beschleunigen, Pate gestanden hat, als der Gedanke, durch mechanische Abhängigkeiten auch eine bessere Sicherung für die Züge zu erreichen. Doch machte man dann von der Möglichkeit, die sauber auf der Hebelbank nebeneinander aufgereihten Weichen- und Signalhebel durch Verschlüsse und Sperren voneinander abhängig zu machen, selbstverständlich bald Gebrauch. Damit war das erste Grundgesetz der Signaltechnik, die Signalabhängigkeit der Weichen, in die Praxis eingeführt: Es darf und kann das Signal für einen Zug nur auf »Fahrt« gestellt werden, wenn alle für die Zugfahrt in Betracht kommenden Weichen in die dafür vorgeschriebene richtige Lage gebracht und darin verschlossen sind. Dabei handelt es sich nicht nur um die Weichen, über die der Zug selbst hinüberfährt, sondern auch um die »Schutzweichen« in den Nachbargleisen, die, falsch gestellt, eine Zug- oder Rangierfahrt zur Unzeit in das Fahrgleis unseres Zugs leiten könnten. Ferner müssen alle »feindlichen Signale« für andere Zugfahrten, die die unsrige gefährden könnten, auf »Halt« verschlossen und etwa vorhandene besondere Flankenschutzeinrichtungen wie Gleissperren, Entgleisungsweichen usw. in der schützenden Stellung festgelegt sein.

Das zweite Grundgesetz des Eisenbahn-Signalwesens bezieht sich auf die Zugfolge. Nur unter einfachen Verhältnissen, wie sie meist bei Straßen- oder Feldbahnen vorliegen, ist ein Fahren »auf Sicht« möglich. Sobald Geschwindigkeiten und Zuggewichte zunehmen, müssen im Hinblick auf den langen Bremsweg solche Abstände zwischen zwei Zügen eingeführt werden, daß deren Beachtung auf den Augenschein hin nicht mehr dem Lokomotivführer des zweiten Zuges überlassen werden kann. Die Abstands-Überwachung muß ortsfesten Betriebsstellen übertragen werden. Das Fahren auf Zeitabstand – ein Güterzug darf einem Personenzug nach fünf Minuten, ein Personenzug einem Güterzug nach 15 Minuten folgen usw. – oder auf Zwischenraum – z. B. müssen mindestens zwei Bahnwärterabschnitte zwischen zwei aufeinanderfolgenden Zügen liegen – hat daher später das Fahren auf Sicht abgelöst, bis schließlich, beginnend schon vor 100 Jahren, das Fahren im Raumabstand, das noch heute gilt, eingeführt worden ist. Dabei darf sich in einem, in der Regel durch Hauptsignale begrenzten Streckenabschnitt, dem »Blockabschnitt«, immer nur ein einziger Zug befinden, worunter hier auch ein Triebwagen oder eine leer fahrende Lokomotive zu verstehen ist.

Auf diesen beiden Grundregeln: Signalabhängigkeit und Zugfolge im Raumabstand, hat sich das moderne Eisenbahnsicherungswesen aufgebaut, wobei die Verbindung zum Zug in der Regel durch optische Signale hergestellt wurde. In den ersten Jahren waren dies Flaggen und bunt geblendete Handlaternen, die in England von »Polizisten« (police men), später »Signalmännern« (signal men), in Deutschland von Bahn- oder Streckenwärtern hochgehalten wurden. Die ersten ortsfesten Signale waren rotgestrichene Scheiben, rund oder viereckig, auf etwa 1,5 bis 2 m hohen Pfosten drehbar angeordnet. Wenn sie ihre schmale Kante dem Zug zuwandten, dann war die Strecke frei. Diese Wendescheiben haben in Frankreich bis in unsere Tage hinein auch als Hauptsignale eine große Rolle gespielt; in Deutschland wurden sie seit 1890 als Vorsignale gebraucht, jedoch als Klappscheibe. Als Hauptsignal führte man bei uns schon seit etwa 1860 das aus dem Chappeschen optischen Telegrafen entwickelte Mastsignal ein mit aufziehbaren Signalkörben (wie häufig auch in der Schiffahrt) oder Signalflügeln (Signalarmen), zuerst »Semaphor« genannt, das durch die Eisenbahn-Signal-Ordnung (ESO) von 1875 einheitlich für das Deutsche Reich vorgeschrieben wurde. In fast allen europäischen Ländern, in Nordamerika und im gesamten britischen Einflußbereich wurde das Flügelsignal als Hauptsignal (Bahnhofsabschluß-, Block-, Deckungssignal) eingeführt. Die Signalflügel weisen in Mitteleuropa und Nordamerika nach rechts, sonst überwiegend nach links; immer gebietet die waagerechte Lage »Halt«, die Neigung um 45° nach oben oder – teilweise in Großbritannien – nach unten »Freie Fahrt«. Wo zwei- und dreiflügelige Signale vorhanden sind, bedeuten zwei oder drei Flügel in Fahrstellung die Fahrerlaubnis in eine andere, meist abzweigende Fahrstraße, verbunden mit Geschwindigkeitsbeschränkung. Nachts zeigen die Flügelsignale (und auch die Scheibensignale mit Hauptsignalcharakter) ein rotes Licht (oder auch zwei) für »Halt«, ein gelbes Licht (oder dessen Kombination mit Grün) für »Abzweigung« (Geschwindigkeitsbeschränkung) und ein grünes Licht für »Fahrt«. Das war nicht immer so; in der Frühzeit galt Weiß, vereinzelt sogar Rot, für »Frei« und Grün für »Langsam«.

Die guten Erfahrungen, die britische Bahnen mit den neuartigen Stellwerken der Signalbauanstalt Saxby & Farmer gemacht hatten, was sich auch in Deutschland langsam herumgesprochen hatte, bewogen den Oberbaurat Dr. Scheffler der Braunschweigischen Staatsbahn, sich mit dem englischen Werk in Verbindung zu setzen und eine Stellwerksanlage für den Bahnhof Börßum zu bestellen. Sie wurde in Lizenz von S & F durch die Cölnische Maschinenbauanstalt in Bayenthal geliefert, ebenso eine zweite für den Güterbahnhof Stettin. Da besonders dieses Stellwerk »erhebliche Mängel« aufwies, entschloß sich Scheffler, zwei weitere für Börßum und Jerxheim direkt aus England zu beziehen.

Bei Siemens & Halske, schon seit 1850 eng mit der Eisenbahntechnik durch den Morsetelegrafen und das Streckenläutewerk verbunden, wurde 1870 durch Frischens Erfindung des »Blockfelds« ein weiterer wichtiger Schritt zur Sicherung des Zugverkehrs getan. Das Blockfeld ist, kurz gesagt, ein Schloß (oder ein Verschluß), das, meist paarig verwendet, an einer Stelle verriegelt und später von einer anderen Stelle aus wieder entriegelt werden kann. Das Verriegeln geschieht durch Drücken der Blocktaste rein mechanisch, das Entriegeln durch Wechselstromimpulse, die in einem Induktor erzeugt werden, der durch eine Hand-

kurbel betätigt wird. Die Blockfelder stellen über Blocksperren die Abhängigkeiten zum Stellwerk her. Alle Blockfelder einer Betriebsstelle werden zum Blockwerk zusammengefaßt, das an einem Ende auf die Hebelbank aufgesetzt wird. Mit dem Bahnhofsblock werden die signaltechnischen Abhängigkeiten zwischen den Stellwerken, mit dem Streckenblock die Abhängigkeiten zwischen den Bahnhöfen, Blockstellen und Abzweigstellen hergestellt.
Im Jahre 1914, im Höhepunkt der Entwicklung der »alten« Signaltechnik, sah die sicherungstechnische Ausstattung eines mittleren Durchgangsbahnhofs etwa folgendermaßen aus: In der Befehlsstelle, häufig mit einem Stellwerk, dem Befehlsstellwerk, vereinigt, befand sich der Fahrdienstleiter, dem der Fahrdienst auf dem Bahnhof und den angrenzenden Streckenabschnitten in eigener Verantwortung oblag. An technischen Hilfsmitteln standen ihm zur Verfügung: der Bildfahrplan und sonstige Fahrplanbehelfe, das Zugmeldebuch, die Morseverbindungen und meist auch schon der Streckenfernsprecher zu den benachbarten Betriebsstellen, das Streckenläutewerk und der Bahnhofsblock zu den abhängigen Stellwerken. In diesen wiederum befanden sich die Hebelbänke mit Weichen-, Riegel-, Gleissperren-, Fahrstraßen- und Signalhebeln und das Blockwerk mit den Blockfeldern des Stationsblocks (Befehls-, Zustimmungs-, Fahrstraßenfeldern) und des Streckenblocks (Anfangs-, End-, und – bei eingleisiger Strecke – Erlaubnisfeldern). Ein- und Ausfahrsignale waren durch Doppeldrahtzug mit den Stellwerkshebeln verbunden, in Norddeutschland auch die Weichen, während sie in Süddeutschland durch Gestängeleitungen an die Weichenhebel angehängt waren. Die Auflösung der Ausfahrtstraße und die Rückstellung des Ausfahrtsignals (über eine elektrische Signalflügelkupplung) übernahm in der Regel damals schon der Zug selbst durch seine letzte Achse beim Befahren eines Schienenkontakts und eines isolierten Schienenabschnitts. Wo die Stellentfernungen der mechanischen Übertragungsmittel (Drahtzug und Gestänge) es zuließen, konnten die beiden Endstellwerke auch durch ein Mittelstellwerk ersetzt werden. In Süddeutschland wurde dies gern durch ein Kurbelwerk ersetzt, das häufig auf dem Bahnsteig vor dem Fahrdienstzimmer aufgestellt war. Elektromechanische und Druckluftstellwerke, damals »Kraftstellwerke« genannt, baute man seit der Jahrhundertwende besonders für große Anlagen, wobei in den elektrischen Hebelwerken bereits neben den mechanischen elektrische Verschlüsse und zunehmend auch selbsttätige Gleisfreimeldeanlagen vorhanden waren. Tageslichtsignale und der automatische Streckenblock werden seit 1910 auf den U- und S-Bahnen angewandt, auf den Fernbahnen in Amerika schon früher, in Europa erst in den dreißiger Jahren.
Das Gleisbildstellwerk, vor 40 Jahren in Deutschland eingeführt, ist ein rein elektrisches Stellwerk, das die signaltechnischen Abhängigkeiten nur über Signalrelais herstellt. Der Stelltisch enthält ein verzerrtes Bild des Gleisplans, in den die Stellelemente (Drucktasten oder Kipphebel) und die Sinnbilder für die Signale geographisch richtig angeordnet sind. Gleise und Weichen werden abschnittsweise ausgeleuchtet, wobei Weiß ein freies Gleis, Gelb ein Gleis mit eingestellter Fahrstraße und Rot das vom Zug oder abgestellten Fahrzeugen besetzte Gleis darstellt. Knoten- und Streckenstellwerke umfassen den gesamten Stellbereich eines Eisenbahnknotens oder einer ganzen Strecke; das Streckenstellwerk Nürnberg beherrscht die ganze Strecke zwischen Nürnberg und Regensburg. Die Entwicklung der Stellwerkstechnik ist noch nicht zu Ende; daß hier auch ein elektronischer Prozeßrechner eingesetzt werden kann, darauf wurde schon bei der Schilderung der neuen Ablauftechnik hingewiesen.

Dampftriebfahrzeuge

Auf den alten Bergwerksbahnen schoben Menschen oder zogen Pferde die Grubenwagen. Auch auf den ersten Überlandstrecken, die der Beförderung der Kohle von den englischen Zechen zu den Häfen dienten, wurden noch Zugtiere verwendet. Nicht anders war es auf den beiden ersten dem öffentlichen Personenverkehr dienenden Bahnen im Gebiet des

damaligen Deutschen Bundes, der Linz–Budweiser »Holz- und Eisenbahn« (1825/32) und der Pferdebahn Prag – Lana (1828/31).
Die Dampfmaschine, die aus der atmosphärischen »Feuermaschine« Newcomens (1712) über die Wattsche Niederdruckmaschine (1776) erst in einer 100jährigen Entwicklung zu ihrer unbeschränkt brauchbaren Form, damals Hochdruckmaschine genannt, gefunden hatte, hat raum- und gewichtsmäßig nicht vor 1800 die Grenzen erreicht, die Voraussetzung für den Einbau auf einem Fahrzeug waren. Die schon früher von Cugnot (1770), Murdock (1781) und Trevithick (1797) gebauten Straßendampfwagen hatten keinen Erfolg; sie sind mehr als Entwicklungsmodelle denn als Fahrzeuge für den praktischen Gebrauch zu werten. Erst Trevithick gelang es 1801/03, maschinentechnisch brauchbare Dampfwagen zu bauen, die sich aber der schlechten Straßen wegen nicht durchzusetzen vermochten. Es lag daher für Trevithick nahe, seine bewährte Fahrzeugmaschine auf Schienen- statt Straßenräder zu setzen. So entstand 1803 die erste Lokomotive, die auf der Werkbahn einer Eisenhütte in Südwales in Betrieb genommen wurde. Sie wog zehn t, erreichte eine Geschwindigkeit von 26 km/h und konnte einen Zug, bestehend aus fünf Wagen mit 43 t Gesamtgewicht, über eine 15,6 km lange Strecke mit scharfen Krümmungen, Steigungen von 1:50 und mangelhaftem Oberbau befördern. Leider hielten die gußeisernen Schienen der Lokomotivlast nicht auf die Dauer stand; die Lokomotive mußte nach fünf Monaten stillgesetzt werden und tat nach Umbau in eine ortsfeste Dampfmaschine noch jahrzehntelang ihren Dienst – ein Beweis dafür, daß dieser Erstling in seiner Art wohlgelungen war.
Trevithick ließ sich durch den ersten Mißerfolg nicht entmutigen und baute 1805 bis 1808 noch mehrere »Lokomotiv-Maschinen«. Auch andere Ingenieure wagten sich nun an diese Aufgabe, unter ihnen 1811 Blenkinsop, dessen Entwurf zwar als Fehlentwicklung bezeichnet werden muß, der aber hier deshalb erwähnt sei, weil er das Vorbild zu den beiden ersten in Deutschland gebauten Lokomotiven schuf. Blenkinsop war nämlich dem damals weit verbreiteten, durch Trevithicks Erfolge eigentlich schon praktisch widerlegten Irrtum verfallen, die Reibung zwischen glatten Triebrädern und glatten Fahrschienen reiche nicht aus, um eine nennenswerte Zugkraft auszuüben. Daher bildete er die Fahrschienen auf ihrer Außenseite als durchgehende Zahnstange aus und ließ zwei von der Dampfmaschine in Umdrehung versetzte Zahnräder darin eingreifen. Die glatten Lokomotivräder dienten nur zum Tragen und Führen, nicht zum Antrieb des Fahrzeugs.
Im Mansfeldischen wurde 1785 die erste deutsche »Feuermaschine« aufgestellt, der drei Jahre später eine zweite in Oberschlesien folgte, um deren Beschaffung sich der damalige Oberbergrat, nachmalige Staatsminister Freiherr vom Stein, selbst eingehend gekümmert hat. Auch die beiden ersten in Deutschland gebauten Lokomotiven waren für die Bergwerksverwaltung bestimmt. Die Kgl. Eisengießerei in Berlin erhielt 1815 den Auftrag dazu; sie wählte als Vorbild den verfehlten Zahnstangenentwurf von Blenkinsop. Dies war nicht der einzige Grund des Mißerfolgs. Mangelnde Erfahrung wird dazu beigetragen haben, daß die beiden Maschinen – eine für Oberschlesien, eine für das Saarkohlengebiet bestimmt – am Bestimmungsort in keinerlei Weise in Betrieb gesetzt werden konnten. Sogar die Spurweite paßte bei einer Lokomotive nicht.
Im Jahre 1815 erbaute George Stephenson, damals Maschinenmeister einer Kohlengrube zu Killingworth, seine erste Lokomotive, der erst nach jahrelangen Pausen vereinzelt weitere folgten, bis es ihm dank seiner Zähigkeit und seiner Fähigkeiten, aber auch dank der Unterstützung durch seinen begabten Sohn Robert gelang, die Lokomotive etwa 1830 zu einer Vollkommenheit und Betriebssicherheit zu entwikkeln, die ihr den Siegeszug über die ganze Erde erlaubte und ihm den Ehrennamen »Vater der Eisenbahn« einbrachte.
In Deutschland dagegen sind nach dem entmutigenden Berliner Anfang auf 2½ Jahrzehnte keine weiteren Bemühungen um einen eigenen »Dampfwagenbau«

bekannt geworden. Die am 7. Dezember 1835 eröffnete bayerische Ludwigseisenbahn mußte daher ihre erste Lokomotive, DER ADLER, aus England beziehen.
Der ADLER weist bereits alle wesentlichen Bestandteile der Dampflokomotive auf: den Kessel, bestehend aus Stehkessel mit Feuerbüchse, Langkessel mit den Heizrohren, Rauchkammer mit Blasrohr und Schornstein; das Lauf- und Tragwerk, bestehend aus einer Treibachse, umschlossen von je einer Laufachse dahinter und davor, im Symbol: »1A1«, den Achslagern, Tragfedern und dem Rahmen mit Zug- und Stoßvorrichtung; das Triebwerk, bestehend aus zwei innen unter der Rauchkammer liegenden Zylindern, den beiden Kreuzköpfen, den Treib- und Kuppelstangen und der Steuerung, die der Dampfverteilung dient; schließlich die Armaturen, wie Regler und Speisepumpe, und den Führerstand.
Der im Kessel erzeugte Dampf setzt, durch seinen Druck den Kolben im Zylinder vor sich herschiebend, den Kurbeltrieb an den Treibrädern in Bewegung. Der Dampf wird in sinnvoller Weise durch Schieber und Steuerung immer zum richtigen Zeitpunkt vor und hinter den Kolben geleitet und nach getaner Arbeit durch den Schornstein ins Freie entlassen, wobei er noch, aus dem Blasrohr strömend, zur Anfachung des Feuers auf dem Rost ausgenutzt wird. Das taktmäßige Hin und Her des linken und des rechten Kolbens ergibt über den Kurbeltrieb die ununterbrochene Drehbewegung des Rades. Die beiden Treibkurbeln sind um 90° versetzt, damit nicht beide Triebwerke gleichzeitig auf dem »toten Punkt« stehen können. Andernfalls könnte die Lokomotive in gewissen Stellungen nicht anfahren.
Hinter der Lokomotive befand sich ein zweiachsiger Vorratswagen für Brennstoff und Wasser, der »Tender«.
Die mit dem ADLER begonnene Lieferung englischer Lokomotiven nach Deutschland währte in größerem Umfang etwa 15 Jahre. Dann war die unterdessen ins Leben gerufene deutsche Lokomotivindustrie schon so leistungsfähig geworden, daß die englischen Einfuhren allmählich abflauten und endlich ganz aufhörten.
Die erste betriebsfähige Lokomotive aus einem deutschen Werk ist die SAXONIA, die nach den Plänen von Prof. Schubert 1838 von der Aktienmaschinenfabrik Übigau (bei Dresden) für die Leipzig–Dresdener Eisenbahn geliefert worden ist. Es war eine B1, also eine Lokomotive mit zwei angetriebenen, »gekuppelten« Achsen und einer hinteren Laufachse.
Im anschließenden Jahrfünft verlegten sich zwei Dutzend deutscher Maschinenfabriken auf den Lokomotivbau, einen angesichts der vielen bevorstehenden Bahnbauten anscheinend aussichtsreichen Erwerbszweig. Aber die Voraussetzungen für einen anhaltenden Erfolg – günstige Lage zu Kohle und Stahl, ein geschickter Arbeiterstamm, ausreichende Kapitalreserven, um auch ein oder zwei magere Anlaufjahre zu überstehen, schließlich eine tüchtige Leitung, die einen Grundstock an Erfahrungen und Kenntnissen im Lokomotivbau mitbrachte – waren nicht überall gegeben. Rund ein Dutzend Firmen ging wieder ein, oder sie wandten sich anderen Arbeitsgebieten zu, nachdem sie nur wenige »Dampfwagen« gebaut hatten.
Die deutschen Lokomotivfabriken, die in der Blütezeit der Dampflokomotive, etwa 1840 bis 1945, größere Bedeutung gewannen, waren Borsig, Orenstein & Koppel, Schwartzkopff und Wöhlert in Berlin, Linke-Hofmann in Breslau, Hartmann in Chemnitz, Hohenzollern und Rheinmetall in Düsseldorf, Hagans in Erfurt, Schichau in Elbing, Krupp in Essen, die Maschinenfabriken in Eßlingen, Grafenstaden und Heilbronn, Hanomag in Hannover, Jung in Jungenthal, Henschel in Kassel, Humboldt in Köln, Union in Königsberg, Maffei und Krauss in München sowie Vulkan in Stettin.

Elektrische Triebfahrzeuge

Das Bestreben, den elektrischen Strom zum Fortbewegen von Fahrzeugen zu benutzen, reicht bis in die ersten Zeiten des Eisenbahnwesens zurück. Erst die Entdeckung des dynamo-elektrischen Prinzips durch Werner v. Siemens 1867 und die darauf fußende Erfindung der Dynamomaschine erlaubte, jederzeit so starke elektrische Ströme und damit Leistungen zu erzeugen, daß sie auch für den Antrieb von Schienenfahrzeugen in Betracht gezogen werden konnten. Auf der Berliner Gewerbeausstellung 1879 wurde die erste elektrische Lokomotive vorgeführt, ein Schmalspurfahrzeug mit nur drei PS Leistung und sieben km/h Geschwindigkeit. Der Gleichstrom von 125 V Spannung wurde ihm durch die (sonst nur bei der Londoner U-Bahn und bei Spielzeugeisenbahnen benutzte) mittlere dritte Schiene zugeführt.

Dieser Erfolg veranlaßte die Firma Siemens, sich mit Projekten elektrischer Bahnen auch für den öffentlichen Verkehr zu befassen, wobei bereits der Gedanke einer Hochbahn für die Reichshauptstadt auftauchte. Im Jahre 1881 wurde die erste elektrische Strecke für den Personenverkehr zwischen (Berlin-) Groß Lichterfelde Ost und der Hauptkadettenanstalt in Betrieb genommen. Das Gleis war noch auf eigenem Bahnkörper verlegt; im übrigen hatte die Bahn straßenbahnähnlichen Charakter. Der Triebwagen, der in Größe und Aufbau dem Pferdebahnwagen der Zeit entsprach, wurde durch einen Motor von nur fünf PS Leistung angetrieben; immerhin konnte er auf gerader ebener Strecke 40 km/h Geschwindigkeit erreichen. Zur Strom-Zu- und Ableitung dienten die beiden Fahrschienen (wie ebenfalls bei den Miniaturbahnen heute üblich); um einen Kurzschluß über die Radsätze zu vermeiden, mußten die Radscheiben aus Holz angefertigt werden.

Die erste elektrische Stadtschnellbahn im heutigen Sinn wurde 1890 als »Röhrenbahn« in London in Betrieb genommen; die Züge wurden noch von Lokomotiven gezogen. Es folgten die Chicagoer Hochbahn, und, als erste auf dem europäischen Festland, die Untergrundbahn in Budapest, 1900 die Pariser »Métro« und 1902 die ersten Teilstrecken (um das Gleisdreieck) der Berliner Hochbahn, der heutigen »U-Bahn«. Ein Jahr später wurde der elektrische Betrieb auf der Staatsbahnstrecke Berlin Potsdamer Ringbahnhof – Lichterfelde Ost eingerichtet, der Vorgängerin der Berliner »S-Bahn«. Diesem war 1900/01 schon ein Probebetrieb zwischen Berlin und Zehlendorf vorausgegangen.

Alle diese Stadt- und Vorortbahnen wurden mit Gleichstrom von 500 bis (später) 1000 bis 1200 V Spannung betrieben; zur Stromabnahme diente fast überall eine dritte Schiene außerhalb der Fahrschienen, die von Stromabnehmerschuhen der Triebfahrzeuge bestrichen wurde.

Die Fahrdrahtspannung einer Gleichstrombahn war begrenzt durch die verhältnismäßig niedrige Arbeitsspannung der Fahrmotoren. Daher konnte man bei den mit Gleichstrom betriebenen Fernbahnen in den ersten Jahrzehnten höchstens 1500 V Spannung anwenden. Das bedeutet aber für längere Bahnen einen beträchtlichen Spannungsabfall und entsprechende Verluste, denen man nur durch verhältnismäßig viele Speisepunkte, d. h. teure Unterwerke entlang der ganzen Strecke, begegnen kann. Das lohnt sich nur bei hochbelasteten Bahnen. Sobald man über den Bereich der Straßen- und städtischen Bahnen hinausging, war es daher von Anbeginn an das Bestreben der Fachleute, zu höheren Spannungen zu kommen, um damit die Leistungs- und Übertragungsverluste in erträglichen Grenzen zu halten.

Wenn man von der schweren und einen schlechteren Wirkungsgrad aufweisenden Umformung durch einen umlaufenden Motor-Generator absah, dann ließ sich eine hohe Fahrdrahtspannung nur über einen Transformator mit der den Fahrmotoren zuträglichen niedrigeren Spannung kuppeln. Dies setzt aber die Anwendung des Wechselstroms voraus. Für den heute nur noch in Betracht kommenden einphasigen Wechselstrom gab es leider in den ersten Jahrzehnten des elektrischen Betriebs keinen brauchbaren Bahnmotor; daher erstreckten sich die Anstrengungen der Fachleute in erster Linie auf den dreiphasigen Wechselstrom, den Drehstrom. Für diesen war bereits in den neunziger Jahren ein einfacher, robuster und auch für den Fahrzeugantrieb geeigneter Motor entwickelt worden. Die ersten Drehstrom-Lokomotiven wurden 1899 auf der schweizerischen Burgdorf–Thun-Bahn in Betrieb genommen. Es waren Zweiachser (B). Eine dieser Lokomotiven steht jetzt im Deutschen Museum in München. Dieser Drehstrombetrieb hat sich besonders

in Italien noch jahrzehntelang halten können.
Als sich um die Jahrhundertwende erstmals das Bestreben bemerkbar machte, den Rahmen der auf der Schiene bisher üblichen Geschwinndigkeit zu sprengen, bildete sich 1901 die Deutsche Gesellschaft für elektrische Schnellbahnen, der neben Vertretern der Eisenbahnverwaltung einige Großfirmen des Elektromaschinen- und des Fahrzeugbaus und deren Banken angehörten. Die Gesellschaft rüstete die Militärbahnstrecke zwischen Marienfelde und Zossen mit einer dreipoligen seitlichen Fahrleitung aus; die Fahrleitungsspannung betrug 10 000 V, die Frequenz 55 Hz. Siemens und die AEG stellten je einen sechsachsigen Triebwagen. Die vier Achsmotoren konnten zusammen kurzzeitig 2000 kW = 2700 PS leisten. Am 27. Oktober 1903 wurde die damals unerhörte Geschwindigkeit von 210,2 km/h erreicht.
Unterdessen hatte sich die Erkenntnis durchgesetzt, daß der Drehstrombetrieb auf die Dauer für größere Eisenbahnnetze nicht in Betracht kommen könne. Denn er hatte zwei große systembedingte Nachteile: die zweipolige Oberleitung, die schwer, teuer und über Weichen und Kreuzungen sehr verwickelt ist, und die starre Drehzahlbindung des Synchronmotors, die nur wenige Geschwindigkeitsstufen (bei den neueren italienischen Lokomotiven zum Beispiel: 37, 50, 75 und 100 km/h) zuläßt. Die Entwicklung eines Einphasen-Wechselstrommotors, dessen Eigenschaften den betrieblichen Forderungen der Eisenbahnzugförderung entgegenkamen, hatte unterdessen gewisse Fortschritte gemacht, so daß man es wagen konnte, 1903 bis 1905 mit zwei vierachsigen Triebwagen einen Wechselstrom-Versuchsbetrieb auf der vier km langen Berliner Vorortstrecke Niederschöneweide – Spindlersfeld einzurichten. Als Fahrdrahtspannung wurde 6000 V, als Frequenz 25 Hz gewählt. Erstmals wurde hier die Vielfachaufhängung des Fahrdrahts ausgeführt. Anschließend ging die Preußische Eisenbahnverwaltung zu einem größeren Wechselstrom-Versuch über, indem sie die seit Jahren unter Betriebsschwierigkeiten leidende Hamburger Stadtbahnstrecke zwischen Blankenese und Ohlsdorf für den elektrischen Betrieb einrichtete. Die 27 km lange zweigleisige Bahn wurde mit 6000 V Wechselspannung bei 25 Hz Frequenz aus dem bahneigenen Kraftwerk in Altona gespeist. Dieser Wechselstrombetrieb blieb bis zur vollständigen Umstellung der Hamburger S-Bahn auf Gleichstrom im Jahr 1955 bestehen.
Die ersten Wechselstrom-Vollbahnstrecken der deutschen Staatsbahnen wurden 1911/12 abschnittsweise in Betrieb genommen: in Baden die Wiesentalbahn Basel – Zell und die Wehrtalbahn Schopfheim – Säckingen; in Bayern die Strecke Mittenwald Grenze – Garmisch-Partenkirchen – Griesen Grenze; in Preußen die Strecke Dessau – Bitterfeld, zusammen rund 100 km Fernbahnen. Während des Krieges 1914/18 wurden die Arbeiten eingestellt, teilweise sogar die Fahrleitung zurückgebaut, um daraus das kriegswichtige Kupfer zu gewinnen. Nach dem Krieg nahm die Deutsche Reichsbahn die Bauarbeiten wieder auf; 1940 hatte das elektrisch betriebene Reichsbahnnetz, die S-Bahnen in Berlin und Hamburg inbegriffen, rund 3650 km Länge erreicht.
Die ersten Lokomotiven für den elektrischen Fernbetrieb im Deutschen Reich waren in ihrem Aufbau noch vom Dampflokomotivbau beeinflußt; an die Stelle des Kessels traten ein großer Triebmotor oder zwei Motoren, der Transformator, ein ölgefeuerter Heizkessel für die noch für Dampfheizung eingerichteten Züge und die Schaltgeräte. Das Drehmoment der Motoren wurde durch einen Schrägstangenantrieb auf Blindwellen oder direkt auf Triebachsen übertragen und mit Kuppelstangen auf die Kuppelachsen weitergeleitet. Nur ein kleiner Teil der ersten Lokomotiven wies den schon im Straßenbahnbetrieb bewährten Tatzlagerantrieb auf. Besonders die Stangenlokomotiven hatten an mancherlei Entwicklungskrankheiten zu leiden, unter denen die Schüttelschwingungen im Resonanzgebiet der Stangenkinematik zu schweren Schäden führten. Als Antriebsmotor setzte sich der Reihenschlußmotor durch, der den zuerst auch eingesetzten Winter-Eichberg-Motor, den Repulsionsmotor und den Dérimotor rasch verdrängte.
Die zweite Generation an elektrischen Lokomotiven,

die in den zwanziger Jahren von der Reichsbahn in Dienst gestellt wurden, schließt sich noch eng an die erste an. Der Stangenantrieb herrscht noch vor, der Heizkessel fehlt aber schon, weil jetzt die Züge schon elektrisch über eine Transformator-Anzapfung der Lokomotive geheizt werden. Ein steigender Teil des Reisezug-Wagenparks mußte daher mit den Einrichtungen für Dampf- und elektrische Heizung ausgerüstet werden.
Die dritte Gruppe an Reichsbahn-Elektrolokomotiven bringt nun den vollständigen Übergang zum Einzelachsantrieb, abgesehen von einer C-Rangierlokomotiv-Reihe, für die es beim einfachen Stangenantrieb bleibt. Dabei traten erstmals auch die Achsfolgen 1 Co 1 und Co Co auf. Der Einzelantrieb der Radsätze wurde nun überwiegend nicht mehr durch die Tatzlagerbauart verwirklicht, sondern über elastische Getriebe, die zwischen die im Hauptrahmen gelagerten Motoren und die angetriebenen Achsen geschaltet werden. Bei der Reichsbahn verwendete man dazu den Buchliantrieb, später den Federtopfantrieb von Westinghouse-AEG-Kleinow. Unter den neuen Schnellzuglokomotiven befanden sich erstmals eine Anzahl 1 Do 1 mit 4000 PS Stundenleistung und 150 km/h Höchstgeschwindigkeit und einige mit 5500 PS und 180 km/h.
Unter den in dieser Zeit in geringer Zahl beschafften Sonderformen waren die 1Bo+Bo1-Gleichstromlokomotiven mit Heizkessel, bestimmt zur Bespannung der Fernzüge im Berliner S-Bahnbereich, die (A1A)(A1A)-Rangiermaschinen mit Gleichstrom-Antriebsmotoren, gespeist entweder aus einer Akkumulatoren-Batterie oder direkt über einen Gleichrichter aus der Wechselstrom-Fahrleitung (die Lokomotive kann daher auch nicht überspannte Rangier- und Abstellgleise befahren), schließlich die Bo Bo-Tatzlager-Maschinen für den Versuchsbetrieb auf der Höllentalbahn mit Einphasenstrom in Landesfrequenz, ein Versuch, an dem sich auch die Französischen Nationalbahnen beteiligt haben mit dem Erfolg, daß dort ein elektrisches Bahnnetz mit 25 000 V Fahrdrahtspannung und 50 Hz Frequenz entstanden ist.

Der Zweite Weltkrieg versetzte auch dem elektrischen Bahnbetrieb schwere Schläge. In Deutschland hatte seine Weiterentwicklung hinter den Erfordernissen der Kriegführung zurückstehen müssen, während im Ausland, besonders in der vom Krieg unmittelbar verschonten Schweiz, die Technik des Baues elektrischer Triebfahrzeuge weitere Fortschritte gemacht hatte. Dort war die laufachslose Lokomotive mit einem Drehgestell-Laufwerk, ähnlich dem der D-Zug-Wagen, auch für hohe Geschwindigkeiten durchgebildet worden. Neben gutem Bogenlauf und geringem Leistungsgewicht versprach sie niedrigere Beschaffungs-, Betriebs- und Unterhaltungskosten. Günstige Ergebnisse mit den neuen Baugrundsätzen auch in Österreich, Frankreich, Belgien und den Niederlanden bewogen die Deutsche Bundesbahn, ihre neuen Lokomotiv-Entwürfe auf die gleiche Grundlage zu stellen. So wurden seit 1952 fünf neue Bo Bo-Lokomotiv-Serien in Dienst gestellt: drei für Schnellzüge (die heutigen Reihen 110, 111 und 112), eine für gemischten Dienst (139/140) und eine für leichte Züge und Nebenbahnen (141) sowie drei Co Co-Gattungen, zwei für Güterzüge (150 und 151) sowie eine für TEE- und IC-Züge (103), überwiegend mit der Siemens-Gummi-Ringfeder-Übertragung. Von den beiden stärksten seien noch einige Daten genannt: die Reihe 103 ist 112 t schwer, leistet 8750 PS und kann 200 km/h Geschwindigkeit erreichen, die 151 wiegt 118 t, leistet 8150 PS und hat 120 km/h Höchstgeschwindigkeit. Die genannten Baureihen (103, 110 bis 112, 139 bis 141, 150 und 151) bestimmen heute schon, zusammen mit den älteren Bo Bo (144/145), weitgehend den laufachslosen Triebfahrzeugpark der Bundesbahn. Zu diesem zählen auch wieder einige Sonderlokomotiven, die Zweifrequenz- und die Mehrsystemlokomotiven für den grenzüberschreitenden Verkehr an der deutschen Westgrenze, wo die Bundesbahn-Stromart (15 000 V, 16⅔ Hz) mit der niederländischen (Gleichstrom 1500 V), der belgischen (Gleichstrom 3000 V) und der französischen (Wechselstrom 25 000 V, 50 Hz) zusammenstößt. Es handelt sich um Bo Bo-Maschinen verschiedener Bauart.

Im verflossenen Jahrzehnt hat die Elektrotechnik, soweit die Zugförderung betroffen ist, weitere Fortschritte gemacht (Mischstrommotoren, Halbleitertechnik, Leistungselektronik). Damit ist ein Wunschtraum der Ingenieure der Erfüllung nahe: die Abkehr vom unterhaltungsaufwendigen Kommutator-Motor der bisherigen Einphasentechnik, der durch den kommutatorlosen Drehstrommotor ersetzt wird.

Dieseltriebfahrzeuge

Von den drei Hauptarten der neuzeitlichen Kraftmaschinen, die zur Zeit für den Antrieb von Schienenfahrzeugen in Betracht kommen, nämlich der Dampfmaschine, dem Elektromotor und der Verbrennungskraftmaschine, steht letztere nach der Zeit ihrer Erfindung an zweiter, nach dem Zeitpunkt ihrer Verwendung im Eisenbahnbetrieb aber an letzter Stelle. Dies ist in zwei Eigenschaften begründet, die ihr wesenseigen sind: in ihrer Drehmomentcharakteristik, die von der Zugkraftcharakteristik eines Eisenbahntriebfahrzeugs wesentlich abweicht, und – ein Grenzfall der erstgenannten Eigenschaft – dem Unvermögen, aus dem Stand heraus anzufahren. Der Otto- und der Dieselmotor können unterhalb einer bestimmten, in ihrem Arbeitsverfahren begründeten Drehzahl keine Leistung abgeben, sie bedürfen im Gegenteil der Leistung einer anderen Kraftmaschine, um von der Drehzahl 0 auf die Arbeitsdrehzahl hinaufgefahren zu werden. Will man Verbrennungsmotoren zum Antrieb von Schienen-(oder auch Straßen-)Fahrzeugen verwenden, so muß man sie von den Fahrzeugrädern trennen und mit fremder Kraft anwerfen; ferner muß man zur Anfahrt und zur Geschwindigkeitsregelung ein schaltbares Getriebe zwischen Motor und Rädern anordnen.

Der Verbrennungsmotor wurde in den Jahren 1860 bis 1867 von Lenoir, Otto und Langen für Gasbetrieb, 1885/86 von Daimler und Benz für den Betrieb mit leicht zu verflüchtigenden Brennstoffen (Benzin, Benzol) und schließlich 1893/97 von Diesel für den Schwerölbetrieb entwickelt. Der Gas- und der Benzinmotor, heute zusammengefaßt unter der Bezeichnung Ottomotor, bedürfen einer besonderen (in der Regel elektrischen) Zündeinrichtung, während der Dieselmotor ohne diese arbeitet.

Der Gasmotor ist auf der Schiene schon Ende der neunziger Jahre verwendet worden, allerdings nur bei Straßenbahnen. So besaßen die Dessauer Straßenbahn, ein Tochterunternehmen der Deutschen Kontinental-Gasgesellschaft in Dessau, seit 1894 und die Hirschberger Talbahn seit 1897 eine Anzahl Gastriebwagen, deren Motoren mit Flaschengas gespeist wurden. Neuerdings haben auch Hüttenbetriebe, in deren Fertigungsgang große Gasmengen anfallen, Rangierlokomotiven mit Hochdruckspeichergas in Dienst gestellt. Auf Eisenbahnen des öffentlichen Verkehrs hat der Gasmotor nur in den Notzeiten des Zweiten Weltkriegs eine gewisse Rolle gespielt, als Triebwagen und Kleinlokomotiven vorübergehend vom Benzin- oder Dieselölbetrieb auf Flaschen- oder Generatorgasbetrieb umgestellt wurden.

Der Benzinmotor von Daimler und Benz war nach den Absichten seiner Erfinder ausdrücklich für den Fahrzeugantrieb entwickelt worden. Wenn dabei auch in erster Linie an die Ausrüstung von Straßenfahrzeugen gedacht war, konnte es doch nicht ausbleiben, daß man bald auch eine Erweiterung des Anwendungsbereichs für die neue Kraftmaschine auf der Schiene suchte. Schon vor der Jahrhundertwende hatte die Daimler-Motoren-Gesellschaft in Cannstatt zusammen mit der Maschinenfabrik Eßlingen eine regelspurige Motorlokomotive mit einem Zahnrad-Übersetzungsgetriebe gebaut, die man heute als Kleinlokomotive bezeichnen würde, und vom Jahre 1900 an besaßen die Württembergischen Staatseisenbahnen fünf zweiachsige Benzin-Motorwagen mit je 44 Sitzplätzen. Der Motor von 30 PS Leistung war unter einer Haube im Fahrgastraum untergebracht; er mußte vom Wageninneren aus mit einer Handkurbel angeworfen werden. Zwischen Motor und Treibachse war ein mechanisches Zahnradgetriebe geschaltet; die vier Gänge ergaben 7,5/13/23 und 32 km/h Fahrgeschwindigkeit.

Nur wenige weitere »Motorwagen« wurden bis zum

Kriegsausbruch 1914 gebaut, einzelne schon mit Dieselmotoren oder mit elektrischer Übertragung. Nach Kriegsende setzte sich der Triebwagen langsam im Eisenbahnbetrieb durch, wobei der Dieselmotor immer mehr den Benzinmotor und der dieselelektrische Antrieb bald das mechanische Zahnrad-Wechselgetriebe verdrängte. Auf der Jahrhundertausstellung der deutschen Eisenbahnen in Nürnberg 1935 bot sich ein guter Überblick über den Entwicklungsstand vom einfachen Nebenbahntriebwagen bis zum Schnelltriebwagen Bauart FLIEGENDER HAMBURGER, mit dem die Deutsche Reichsbahn an die Spitze der Weltentwicklung trat. In vier Jahren wurde das erste systematisch aufgebaute Fernschnellzugnetz im Deutschen Reich eingerichtet, vorwiegend mit Hilfe der dieselelektrischen, dieselhydraulischen und dreier rein elektrischer Schnelltriebwagen. Mit dem Kriegsausbruch 1939 brach die Entwicklung brüsk ab, nahm in den fünfziger Jahren aber nochmals einen Aufschwung.

Eine Umwälzung für den Reisezugdienst auf Nebenbahnen brachte 1950 der Schienenomnibus, der die z. T. noch mit Güterbeförderung belasteten, langsamen lokomotivbespannten Reisezüge ablösen und den Verkehr beschleunigen und verdichten sollte. Der Triebwagen konnte allein oder mit Steuerwagen und Beiwagen fahren. Die einmotorige Serienausführung war mit der selbsttätigen Mittelpufferkupplung Bauart Scharfenberg ausgerüstet, die zweimotorige erhielt aber wieder die Regel-Zug- und Stoßeinrichtung, um auch einmal einen Güterwagen, Postwagen oder Kurswagen mitnehmen zu können. Wenn auch die nun bald 30 Jahre alten Fahrzeuge kaum den heutigen Anforderungen des Fahrgastes mehr entsprechen, so haben sie doch für manche ländliche Strecke das Überleben gesichert.

Sieht man von den schon in den dreißiger Jahren eingeführten Kleinlokomotiven und einigen Industrielokomotiven ab, so ist der Dieselmotor in den deutschen Lokomotivbau wesentlich später eingedrungen. Erst Ende der dreißiger Jahre wurden für die deutsche Wehrmacht zwei-, drei- und vierachsige Dieselmaschinen in größerer Zahl gebaut, die nach 1945 auch den Grundstock des Diesellokomotivparks der Bundesbahn bildeten. Die Maschinen eigneten sich allerdings nur für den Rangier- und leichten Nebenbahndienst. Viel früher, in den dreißiger Jahren, hatte in Nordamerika die Großdiesellokomotive begonnen, die Dampflokomotive zu verdrängen. Bei der Deutschen Bundesbahn wurden die ersten selbstentwickelten Diesellokomotiven für den mittleren und schweren Rangierdienst 1955, für den Schnellzugdienst 1954/56 in Betrieb genommen. Eine Eigenart der deutschen Diesellokomotiven stellt das Voithsche hydrodynamische Getriebe dar, während im Ausland überwiegend die elektrische Kraftübertragung bevorzugt wird.

Reisezugwagen

Im Gebiet des Deutschen Bundes, staatsrechtlich das damalige Deutschland, gab es bereits vor der Ludwigs-Eisenbahn, der ersten deutschen Lokomotivbahn, zwei »Holz- und Eisenbahnen« mit tierischer Zugkraft. Das waren die 1825 eröffnete Erste Österreichische Eisenbahn von Linz nach Budweis und die Pferdebahn von Prag nach Lana, die 1828 fertiggestellt worden war. Dies waren Bahnen auf eigenem Bahnkörper mit öffentlichem Personen- und Güterverkehr, die mit den späteren innerstädtischen Pferdebahnen zwar das Pferd als Zugmittel gemeinsam hatten, im übrigen aber »Eisenbahnen« im engeren Sinn und keine Straßenbahnen waren. Sie sind daher auch in den sechziger Jahren im allgemeinen dampfbetriebenen Eisenbahnnetz aufgegangen.

Auf diesen beiden Pferdebahnen liefen die ersten deutschen Personenwagen. Die Reisewagen der Linz–Budweiser und ähnlicher Bahnen waren nichts anderes als Postkutschen, denen man die Deichsellenkung genommen hatte; die Deichsel selbst blieb selbstverständlich zum Einspannen des Pferdes erhalten, konnte jedoch wahlweise für Vor- oder Rückwärtsfahrt an beiden Wagenstirnwänden befestigt werden.

Schon bei der bayerischen Ludwigseisenbahn erwies sich die Einzelkutsche als zu kleine Schieneneinheit; man setzte deshalb drei oder vier Kutschkästen auf ein

Untergestell. Diese so zwanglose und eigentlich selbstverständliche Entwicklung aus der Pferdekutsche, dem einzigen in Europa damals bekannten Landverkehrsmittel von einiger Bedeutung, hat den Eisenbahn-Personenwagenbau besonders in England, Frankreich und Norddeutschland bis in unsere Tage hinein bestimmt. Anders war es in Nordamerika. Ein befahrbares Straßennetz gab es dort nur in dem schmalen, dichtbesiedelten Streifen an der Ostküste. Tief ins Landesinnere hinein führten nur die großen Ströme und Binnenseen; entlang ihren Ufern waren auch die Siedlungen des weißen Mannes in das Land vorgedrungen. Das naturgegebene Landverkehrsmittel Nordamerikas waren daher die Flußdampfer. Sie taten bereits eine Generation ihren Dienst, als die ersten amerikanischen Eisenbahnen aufkamen.

Da den Amerikanern die geräumige Kajüte ihrer Raddampfer als das Personenfahrzeug schlechthin vorschwebte, kamen sie nicht auf den Einfall, lauter Kästchen oder Zellen nebeneinander zu setzen und so einen Wagen mit mehreren Querwänden und vielen Seitentüren zu schaffen, sondern sie stellten auch auf die Schienen einen langgestreckten Raum mit je nur einer Tür vorne und hinten, die auf eine kleine Einstiegsplattform hinausführte. Weil der so entstandene »Durchgangswagen« zu lang war, um wie die englischen »Abteilwagen« von vier, später auch sechs Rädern getragen zu werden, setzte man ihn auf acht Räder. Da aber die amerikanischen Strecken schärfere Kurven als die der Alten Welt aufwiesen, konnte man die weit auseinanderliegenden Radsätze nicht unverrückbar mit dem Untergestell verbinden. Man faßte vielmehr je vier Räder in einem kleinen Unterwagen zusammen und schob je einen solchen kleinen Wagen, der um einen Zapfen drehbar war, unter die beiden Enden des langen Personenwagenkastens. Damit war das Drehgestell und der vierachsige Drehgestellwagen erfunden.

Im Jahre 1835 gab es noch größere Standesunterschiede unter den Menschen als heute. Der Absolutismus, die Leibeigenschaft, der Zunftzwang, die vielen geistlichen und weltlichen Territorien – all diese Einrichtungen, die kaum überschreitbare Schranken zwischen den Menschen aufgerichtet hatten, lagen erst wenige Jahrzehnte zurück. Innerlich überwunden waren sie noch längst nicht. Adel, Geistlichkeit, Bürgertum, Militär, Bauern und der sich soeben herausbildende Stand des Industriearbeiters – sie alle lebten ihr eigenes Leben und waren durch Tracht, Auftreten, Erziehung, Sitten und Gebräuche voneinander geschieden. Die großen alten Vermögen, die sich in den vorangegangenen Jahrhunderten gebildet hatten, bestanden noch – mit wenigen Ausnahmen. Inflation und Währungsreform waren für die Menschen jener Zeit fremde, unverständliche Begriffe. Neue große Vermögen wuchsen mit der Entwicklung des industriellen Kapitalismus. Es war nicht verwunderlich, daß die damit gegebenen Standesschranken auch dem neuen Verkehrsmittel ihren Stempel aufdrückten. So entstanden die Wagenklassen, die in der unterschiedlichen Beförderungsgüte der alten Postkutsche – Extra-, Eil- und gewöhnliche Post; Kutsch- oder Decksitz, darüber hinaus noch die eigene »Equipage« – bereits ihre Vorbilder hatten.

Auf der Linz–Budweiser Bahn gab es zwei Klassen, außerdem noch die der Extrapost entsprechende »Extrafahrt«. Die bayerische Ludwigseisenbahn hatte bereits drei Klassen, einige der späteren Bahnen hatten sogar vier. So wurden u. a. auf der Taunuseisenbahn und der Badischen Staatsbahn vorübergehend vier Wagenklassen geführt. Allerdings verschwand die 4. Wagenklasse in Süddeutschland bald wieder, weil dort die Lebensauffassung und freiere Regierungsformen die Standesunterschiede weniger zum Ausdruck kommen ließen. Dagegen nahmen bald alle norddeutschen Bahnen die 4. Klasse an. Jedoch ist sie nie eine typisch preußische Einrichtung gewesen, vergleichbar dem Dreiklassen-Wahlrecht, wie bisweilen böswillige Zungen behauptet haben. Denn auch die russischen, rumänischen und manche Bahnen der englischen Kolonien hatten – und haben auch heute teilweise noch – eine 4. Klasse. In Deutschland ist die 4. Klasse 1928 aufgegeben worden, und seit 1956 gibt es in Europa nur noch zwei Wagenklassen.

Der altertümliche Abteilwagen (mit Außentüren an jedem Abteil) ist heute bestenfalls auf einigen Bergbahnen zu finden; neben dem Durchgangswagen mit Mittelgang hat sich der D-Zug-Wagen seinen Platz erobert. Er ist eine Erfindung Heusingers von Waldegg und erstmals 1873 an die Hessische Ludwigsbahn geliefert worden. Damals noch als Zweiachser und mit offenen Bühnen gebaut, setzte sich der Seitengangwagen, seit 1890 als Vierachser mit Drehgestellen, umbauten Plattformen und Faltenbalg-Übergängen ausgeführt, zuerst im Schnellzugsdienst durch. Im Zugverband mit den damals ebenfalls aufkommenden Schlaf- und Speisewagen stellt der D-Zug tatsächlich das »rollende Hotel« dar, unter den Verkehrsmitteln nur noch vergleichbar mit dem Überseeschiff. Die besten (und teuersten) Züge waren zwischen 1885 und 1935 die Luxuszüge der Internationalen Schlafwagengesellschaft; heute sind an ihre Stelle die Trans-Europ-Expreßzüge (TEE) und die Intercity-Züge getreten, deren Netz das ganze westliche Europa umspannt.

Güterwagen

Ursprünglich überwog, von den reinen Kohlenbahnen abgesehen, der Personenverkehr im Vergleich zum Güterverkehr (während es heute bei den meisten Bahnen umgekehrt ist). Es gab daher nur wenige »Frachtenwagen« bei den ersten deutschen Eisenbahnen: einige gedeckte Kastenwagen für das »Passagiergepäck«, aus denen sich später die Gepäckwagen entwickelten; einige Plattformwagen für Kutschen, die vornehme Leute auch auf Eisenbahnfahrten mit sich zu führen pflegten, und schließlich offene Güterwagen mit halbhohen Wänden.
Mit den drei einfachen Grundformen – dem offenen, geschlossenen und Flachwagen – kam man lange Zeit aus. Das Ladegewicht, ursprünglich 5000 kg, wurde für den Zweiachser langsam bis auf 25 000 kg, für den Vierachser auf 60 000 kg erhöht. Gleichzeitig wuchs der Wunsch der Verlader nach Spezialwagen, die den Eigenarten des Ladeguts besser entsprachen als die alten Normalwagen. So entstanden, um nur einige zu nennen: Bierwagen, Kesselwagen, Selbstentlader für Schüttgut, Behältertragwagen, doppelbödige Verschlagwagen zum Kleinviehtransport, Schemelwagenpaare für Langholz und Telegrafenstangen, Doppeldeckwagen zum Autotransport, Schwerlastwagen mit bis zu 32 Achsen und 500 t Ladegewicht und viele andere mehr. Schon zur Zeit der alten Staatsbahnen wurde deren Güterwagenpark vereinheitlicht (Verbandsgüterwagen), und heute hat der Internationale Eisenbahnverband (UIC) Standardwagen-Entwürfe für alle Mitglieder aufgestellt.
Umsetzwagen sind Güterwagen der verschiedensten Gattungen, die durch Auswechseln der Radsätze oder Drehgestelltausch auf den Spurwechselbahnhöfen gegen Rußland und Spanien auf Breitspurbahnen übergehen können; Fährbootwagen sind Güter- (und auch Personen-)Wagen, die zum Übersetzen auf die Fährschiffe nach England oder Skandinavien eingerichtet sind.

Dienstwagen

Der Baudienst, der Betriebsdienst, der Maschinen- und der Werkstättendienst einer großen Eisenbahnverwaltung – sie alle benötigen zur Erfüllung ihrer Aufgaben eine große Zahl von Bahndienstwagen, von denen hier nur die wichtigsten genannt seien: Inspektions- und Revisionswagen, Heizkesselwagen, Schneepflüge und Schneeschleudern, Mannschafts-, Arzt- und Gerätewagen für den Hilfszug, Unkrautvertilgungswagen, Schienenschleifwagen, Schotterwagen, Stopfmaschinenwagen und andere Sonderfahrzeuge für den Gleisbauzug, Wohnwagen, Werkzeugwagen, Beleuchtungswagen, Gas- und Heizölwagen, Turmwagen zur Fahrleitungsunterhaltung, Kranwagen, Profilmeßwagen, Tunnel-Untersuchungswagen, Eichwagen, Meßwagen für die Fahrzeug- oder die Oberbaukontrolle, Transportwagen für Schmalspur-Fahrzeuge, schließlich Rollböcke und Rollwagen zur Beförderung von Normalspur-Güterwagen über eine Schmalspurstrecke.

Erhard Born

15

16

17

Zug in der Royal George der Denver & Rio Grande Railway, deren Trasse 1883 fertiggestellt wurde. Die ursprüngliche Strecke war in Schmalspur (914 mm) ausgeführt, später wurde ein drittes Gleis für Normalspur (1435 mm) gelegt (14).

Die Manitou & Pikes Peak Railroad, die nach einem über 4000 m hohen Berg benannt wurde, mußte eine 250 Promille-Steigung überwinden. Umfangreiche Sprengungen waren nötig, um die Trasse für diese Zahnradbahn in die unwirtliche Felslandschaft legen zu können (15).

Die Ananas- und Zuckerrohr-Schmalspurbahn (914 mm) der Insel Oahu (Hawaii) befährt die Holzgitterbrücke über die Kuiaha-Schlucht (16).

Ein Dokument des vergangenen Jahrhunderts: Indianer versuchen, das unaufhaltsame Vordringen des »Feuerrosses« durch einen Angriff auf einen Zug der Union Pacific zu stoppen (17).

7

19

20

Die Vitznau-Rigi-Bahn, die 1871 fertiggestellt wurde, war die erste Zahnradbahn Europas (18, 19). Sie wurde von Niklaus Riggenbach geplant und führt von Vitznau am Vierwaldstädter See über Rigi-Kaltbad nach Rigi-Kulm. Die abgebildeten Loks mit stehendem Kessel wurden nur in den ersten zehn Jahren gebaut; hier der Bahnhof Vitznau um 1880 (18).

Die steilste Zahnradbahn Europas (480 Promille) wurde 1889 am Pilatusberg bei Luzern eröffnet. Die eigenartige Konstruktion des Dampfwagens findet sich sonst nirgends (20). Um Gewicht zu sparen, wurden Lokomotive und Personenwagen vereinigt. Heizer und Lokomotivführer fahren im talseitigen Führerstand, der Kondukteur steht auf der oberen Plattform.

21

22

23

24

Um die Jahrhundertwende machte die Entwicklung im Eisenbahnbau enorme Fortschritte: Während man um 1880 noch viele Loks ohne Führerhaus sah – hier ein Personenzug mit 1 B-Lok und Vorspann der französischen Ostbahn (23) –, waren sie bereits wenige Jahre später eine Selbstverständlichkeit. Aber nicht nur die 2 C-Lok der französischen Nordbahn, die bereits ein vorderes Drehgestell und ein Vierzylinder-Verbundsystem nach de Glehn-du Bousquet hat (24), und die stromlinienförmige Verkleidung der britischen IVAR ATLANTIC (22) dokumentieren die Entwicklung im Lokomotivbau, sondern auch die innengesteuerte englische 2 B. Sie konnte sogar während der Fahrt von einer zwischen den Schienen gelegenen Rinne mit einem Schnorchel Wasser aufnehmen (21).

Aber auch technische Pannen kamen vor: Als beim Einlaufen eines Schnellzuges in den Bahnhof Montparnasse in Paris die Westinghouse-Bremse versagte und die Lokomotive mit einer Geschwindigkeit von 30 km/h auf den Prellbock auffuhr, stürzte sie zehn Meter tief auf die Straße. Lokomotivführer und Heizer waren rechtzeitig abgesprungen (25).

DE L'OUEST
OUEST
721

III.
NOSTALGIE IN DAMPF

War das eine phantastische Zeit, die Zeit der Jahrhundertwende! Die Welt erlebte einen fast märchenhaften technischen und wirtschaftlichen Aufschwung. An die Eisenbahnen wurden Anforderungen gestellt, denen sie nur mit Mühe nachkommen konnten. Jedes Jahr brachte neue Lokomotivbauarten, immer stärkere, immer größere, und viele waren schon überholt und zu schwach, kaum daß sie das Herstellwerk verlassen hatten. So schnellebig war die Zeit. In der Neuen Welt entstanden Riesendampfloks, die man zu bauen noch vor wenigen Jahren für unmöglich gehalten hätte. Die Maschinen wurden so groß, man verlangte eine derart enorme Zugleistung, daß der Riesenkessel auf einem einzigen Triebwerk nicht mehr unterzubringen war: Es kam zur Triebwerksteilung, ja zur Verdreifachung! Mallet, der Erfinder der Verbundlok, hatte auch ein brauchbares, mehrteiliges Triebwerk entwickelt, das nun in Amerika wahre Triumphe feierte. Mallet-Loks haben in der Regel zwei Triebwerke, von denen das zweite fest im Hauptrahmen samt Kessel und Führerhaus liegt, während das erste Triebwerk beweglich und seitenverschieblich gelagert ist. Obwohl diese Lokomotiven eine sehr große Länge aufweisen, können sie doch wegen der Beweglichkeit der Triebwerke anstandslos normale Gleiskrümmungen durchfahren. Entwickelten die alten Maschinen der neunziger Jahre bestenfalls 900 PS, so war man Anfang des neuen Jahrhunderts bereits bei 2000 PS angekommen. Und diese Leistung verdoppelte sich wieder in den nächsten Jahren.

Um 1900 kam der elektrische Strom mächtig auf und erwies sich als ein höchst ernst zu nehmender Konkurrent für die Dampflok. Die Preußische Staatsbahn unternahm eine ganze Reihe Versuche mit neu entwickelten elektrischen Lokomotiven und Triebwagen, um eine brauchbare und tüchtige Motorbauart herauszufinden. Höhepunkt dieser Untersuchungen war das Jahr 1902. Die Firmen Siemens und AEG hatten Schnelltriebwagen entwickelt, welche auf der elektrischen Versuchsstrecke Marienfelde – Zossen Geschwindigkeiten von 210 km/h erreichten. Das war eine für die damalige Zeit derart unerhörte Leistung, daß die ganze Welt davon sprach. Der Siegeszug der Elektrolok zeichnete sich bereits ab, und es gab viele Stimmen, die der braven Dampflokomotive ein baldiges Ende voraussagten.

Nun, die Dampflok hat das Rennen nicht aufgegeben. 50 Jahre mußten erst noch ins Land gehen, ehe ihr die Puste auszugehen schien. Und das auch in der Hauptsache, weil die Elektrizität im Dieselmotor einen weiteren Bundesgenossen gefunden hatte. Gegen beide kam der Dampf nicht an.

Damals freilich war die Dampflok eben dabei, den Gipfel ihrer Entwicklung zu erklimmen und ihre letzten Reserven ins Treffen zu führen. Und in diesen Reserven waren immerhin noch genügend Überraschungen enthalten. Schon die Erfindung der doppelten Dampfdehnung im Jahre 1876 (Verbundmaschine) durch den Genfer Ingenieur Anatole Mallet brachte einen enormen Fortschritt in der Wärmewirtschaft der Lok. Dieser Erfolg verstärkte sich, als 1886 in Frankreich Alfred de Glehn die Vierzylinder-Verbund-Lok erfand. Schließlich waren es zwei weitere Neuerungen, welche das Bild der Lok endgültig formten: Die Erfindung der Dampfüberhitzung durch den Kasseler Zivilingenieur Wilhelm Schmidt im Jahre 1898 und die Erfindung der Seitenverschiebbarkeit von gekuppelten Achsen, die dem österreichischen Eisenbahningenieur Karl Gölsdorf im Jahre 1900 glückte. Die Dampfüberhitzung, bei welcher der im Kessel erzeugte Dampf vor Eintritt in die Zylinder in besonderen Heizröhrenschlangen auf eine Temperatur von über 300° erhitzt wird, machte endlich Schluß mit der Dampfverschwendung der alten Maschinen. Und die Erfindung Gölsdorfs schließlich ermöglichte, daß nun auch Loks mit vier, fünf, ja sechs gekuppelten Achsen anstandslos Gleiskrümmungen durchfahren konnten, was bisher schon bei drei Achsen auf erhebliche Schwierigkeiten gestoßen war und nur dadurch ermöglicht wurde, daß man die Achsen so dicht wie möglich aneinanderrückte und den Spurkranz der mittleren Achse schwächte.

Bereits 1888 hatte der Ingenieuer Richard von Helmholtz das nach ihm benannte Drehgestell erfunden, welches die vordere Laufachse und die erste Kuppelachse zu einer gemeinsamen, die Lok im Gleis führenden Einheit verbindet. Alle diese Neuerungen trugen in ihrem Zusammenwirken zu ein er nie gekannten Vollkommenheit der Lok bei, prägten aber auch das machtvolle äußere Bild.
Die Zossener Schnellbahnversuche kamen den allenthalben vorhandenen Wünschen nach Beschleunigung des Schienenverkehrs entgegen. 1892 waren die vierachsigen D-Zug-Wagen aufgekommen und hatten die Attraktivität des Reisezuges im Hinblick auf Laufruhe und Komfort wesentlich gesteigert. Der Kraftwagen steckte noch in den Kinderschuhen; wer verreisen wollte, blieb auf die Eisenbahn als schnellstes Landverkehrsmittel angewiesen.
Interessieren wir uns zunächst für unsere deutschen Bahnen, wobei wir bedenken müssen, daß die Bundesstaaten Preußen, Bayern samt der Pfalz, Sachsen, Württemberg, Baden, Mecklenburg, Oldenburg und Elsaß-Lothringen eigene Staatsbahnen besaßen, die erst 1920 in der Deutschen Reichsbahn aufgingen. Jedes Land mußte selbst mit den Problemen der Zeit fertig werden, entwickelte eigene Lokomotivbauarten und Wagen, die noch bis in die jüngste Vergangenheit für Vielfalt im Eisenbahnwesen gesorgt haben.
Doch die Initiative in puncto Schnelligkeit hatte bereits

Die badische II d, ein alter Renner von 1902.

1892 die Badische Staatsbahn ergriffen. Baden besaß relativ lange und gerade durchgehende Strecken. Denken wir nur an die Linie Karlsruhe – Basel, die, in der oberrheinischen Tiefebene verlaufend, geradezu zu Schnellfahrten verlockte. Die Badenser hatten nämlich sehr viel Ärger mit der anderen Rheinseite. Elsaß-Lothringen war 1871 im Frankfurter Frieden an das Deutsche Reich gefallen, die dortigen Eisenbahnen wurden dem Reich unterstellt und als »Reichseisenbahnen Elsaß-Lothringen« in gesonderte Verwaltung genommen. Die Regierung versuchte nun das Land in jeder Hinsicht zu fördern. Da verwundert es auch nicht, wenn der Nord-Süd-Verkehr von Holland nach der Schweiz vorzugsweise über die elsässischen Bahnen geleitet wurde. Das hat die Bewohner des »Muschterländles« arg verdrossen. Wenn sie weiter wettbewerbsfähig sein wollten, dann mußten sie schneller als die andere Rheinseite werden, damit der Reisende seinen Weg über die badischen Strecken nahm. Und sie schafften es. Im Jahre 1892 stellten sie ihre Schnellzuglok Klasse IIc in Dienst, einen Renner mit 2,10 m hohen Treibrädern, der mit Leichtigkeit 120 km/h schaffte. Die IIc, eine 2 B n2-Schnellzuglok, war damals die schnellste Dampflok Deutschlands und in ihren Formen zugleich eine der elegantesten.
Wenn die Männer bei der Karlsruher Direktion aber gedacht hatten, jetzt sei es ein für allemal geschafft, so hatten sie die Rechnung wieder ohne die Konkurrenz gemacht. Im Jahre 1898 stellten die Pfalzbahnen eine 2 B 1-Bauart in Dienst, die in Amerika den Namen ATLANTIC-TYPE führt. Das hat die guten Badenser erneut schwer gekränkt, sie schrieben kurz entschlossen einen Wettbewerb, ein Preisausschreiben, zur Erlangung der besten und schnellsten Dampflok aus.
In München bei der Firma I. A. Maffei hatte der Lokomotivkonstrukteur Anton Hammel eben von sich reden gemacht durch den genialen Wurf seiner Lokbauarten. Hammel ging ans Werk, legte der Direktion der Badischen Staatsbahn seinen Entwurf vor und erhielt den ersten Preis. Maffei bekam die Lok in Auftrag, und im Jahre 1902 war sie fertig, die Vierzylinder-Verbund-Lok der Klasse IId.
Die IId war damals die mächtigste Lok ganz Europas. Ihre Abmessungen waren so außerordentlich und erstmalig, daß sie das Erstaunen der gesamten Fachwelt hervorrief. Aus aller Welt kamen die Experten angereist, um diese gewaltigen Maschinen zu begutachten. Sie erreichten auf der Strecke Offenburg – Freiburg bei einem Höhenunterschied von 110 m Reisegeschwindigkeiten von 116 km/h.
Dann aber kam das Jahr 1903 und mit ihm der Tag, an dem ein Schnellfahrversuch angesetzt war. Wieder war es die Strecke Offenburg – Freiburg, auf welcher die IId ihr Können zeigen sollte. Wie der Sturmwind sauste die Lok mit ihren drei Wagen die Schienen entlang, ein Ereignis für die Zeitgenossen, das noch nicht dagewesen war. Als die Lok in Freiburg ankam, als die Meßergebnisse verglichen wurden, da schüttelten sich die Männer der Staatsbahn und der Firma Maffei die Hände: 144 km/h war die Lok gelaufen.

Stromlinienverkleidete Lokomotiven

Im selben Jahr, als die IId erschien, schrieb auch die Preußische Staatsbahn einen Wettbewerb aus zur Erlangung einer Lok, die 150 km/h fahren könne.
Allerlei Entwürfe gingen ein. Den ersten Preis erhielt der Gemeinschaftsentwurf des Oberingenieurs Kuhn von der Firma Henschel und des Oberbaurats Wittfeld. Und dieser Entwurf wiederum war so verblüffend in seiner Originalität, daß er nicht übergangen werden konnte. Die beiden auf Grund dieses Entwurfes im Jahre 1904 gebauten Loks besaßen nämlich als erste Maschinen der Welt – Stromlinienverkleidung!
Sie sah zwar noch etwas unfertig aus, man wußte noch nicht recht über die Strömungsverhältnisse des Windes Bescheid, es gab noch keinen Windkanal, wo man Versuche hätte anstellen können. Gerade deswegen aber ist diese Konstruktion so bemerkenswert. Eine weitere Neuerung war vorhanden: Der vorn liegende Führerstand. Dort bekam der Lokführer seinen Platz, während der Heizer hinten am Feuerloch verblieb. Ein Seitengang am Kessel entlang schuf die Verbindung zwischen beiden.

Die Loks sahen eigenartig aus. Die Eisenbahner hatten bald den treffenden Spitznamen: »Möbelwagen!«
Die Versuchsfahrten fanden am 1. und 2. Juli 1904 auf der bekannten Rennstrecke Marienfelde – Zossen statt. Aber die Loks enttäuschten. Sie hielten nicht das, was man sich von ihnen versprochen hatte. Das Dreizylinder-Verbund-Triebwerk war nicht recht gelungen. Über 137 km/h kamen sie nicht hinaus, und das war eben kein Rekord mehr.
Weil man aber gerade bei Schnellfahrversuchen war, probierte man gleich einmal alle vorhandenen preußischen Schnellzugloks aus, was sie wohl hergeben würden. Und siehe da, eine normale Schnellzuglok der Gattung S 7 hannoverscher Bauart schnitt mit 143 km/h glänzend ab.
Kaum vier Jahre nach Erscheinen der IId entstand eine weitere Rekordlokomotive, die Lok Nr. 3201 der Bayerischen Staatsbahn, Gattung S 2/6. Am 2. Juli 1907 erreichte sie auf der Strecke München – Augsburg mit einem Zug von vier D-Zug-Wagen knapp 155 km/h, für die damalige Zeit eine stolze Leistung. Auch äußerlich stellte diese Lok in ihrer schnittigen und eleganten Form mit ihrem durchbrochenen Barrenrahmen und den 2,20 m hohen Treibrädern eine technische Meisterleistung dar.

Rekordversuche in Europa und Amerika

Ein Blick auf besondere Leistungen des Auslandes. Im Jahre 1890 hatte eine französische Westbahnmaschine von sich reden gemacht, als sie zwischen Paris und Laroche 132 km/h erreichte. Viel erzählt wird auch von der Rekordfahrt der amerikanischen 2 B n2-Lok Nr. 999, die am 10. Mai 1893 zwischen Rochester und

Erste deutsche Lok mit Stromlinienverkleidung von 1904 – Spitzname »Möbelwagen«.

Buffalo 170 km/h erreicht haben soll. Der angebliche Rekord im Jahre 1905 durch die 2 B 1 n4v-Lok Nr. 7002, Klasse E2 der Pennsylvania-Railroad, die mit einem Wagenzug für zwei Minuten eine Geschwindigkeit von 204 km/h erreicht haben soll, gehört wohl ins Reich der Fabel. Man weiß bei derart alten Nachrichten aus den USA nie genau, ob es »Wild-West-Storys« sind, deshalb gilt für uns immer noch die Rekordfahrt der S 2/6.

Die IId-Lok war zwar unheimlich schnell, aber der einsetzende Verkehrsaufschwung in jenen Jahren so enorm, daß noch weit höhere Zugleistungen gefordert wurden. Im Jahre 1907 schaffte die Badische Staatsbahn eine Reihe 2 C 1-Schnellzugloks an, die ersten dieser berühmten Achsfolge in Deutschland. Die USA nennen sie PACIFIC-TYPE, man spricht auch in Europa hin und wieder von dieser Bezeichnung.

Diese Pazifik-Lok fiel insofern aus dem Rahmen, als sie im Gegensatz zu ihren Vorgängern kein Schnelläufer war, ihre Treibräder wiesen »nur« 1,80 m auf. Aus ihr wurde aber ein Jahr später in Bayern die schöne Schnellzuglok S 3/6 entwickelt. Diese ist auch kein Rennpferd, sollte es aber auch gar nicht sein, weil Bayern keine »Rennstrecke« besaß.

Zunehmende Schwierigkeiten bei der Beförderung schwerer Schnellzüge veranlaßten die Direktion der Badischen Staatsbahn, eine noch stärkere Maschine in Auftrag zu geben, die im Jahre 1918 von der Münchener Firma I. A. Maffei abgeliefert wurde und unter der badischen Gattungsbezeichnung IV h, später DR-Baureihe 18^3, in die deutsche Lokomotivgeschichte eingegangen ist. Ihre Leistungen waren beachtlich, Züge von 650 Mp Last vermochte sie in der Ebene noch mit 100 km/h Geschwindigkeit zu befördern. Bei Versuchen mit Lok 18 328 im Sommer 1933 wurden Geschwindigkeiten von 154 km/h erreicht. Vier Lokomotiven von den gebauten 20 Stück haben nach dem Zweiten Weltkrieg noch großartige Leistungen gezeigt. Bekannt geworden sind die Langstreckenfahrten bei 250 Mp Last mit Lok 18 323 am 24. April 1952 über 1073 km (Freilassing – Kiel) und mit Lok 18 319 am 27. März 1956 über 1069 km (Heide – Dachau).

Die bayerische S 2/6: Sie erreichte 1907 auf der Strecke München – Augsburg 155 km/h.

Das Personal mußte zweimal wechseln, die Lokomotiven haben die Fahrt anstandslos durchgehalten. Eine ähnliche Leistung hat die Lok 18 451 vollbracht, die von Hamburg-Altona nach München Hbf. über 820 km hinweg mit drei 26,4 m-Doppelstockwagen am 2. Mai 1951 ohne Ausschlacken gefahren ist. Sowohl diese Lok 18 451 als auch die badischen IV h-Lokomotiven sind für die Nachwelt erhalten geblieben: die Lok 18 314 in der DDR.

England ist das berühmteste Land der Langstreckenfahrten. Die Züge von London nach Edinburgh fuhren Strecken von 640 km ohne Halt. Dabei nahmen sie mit einem Schöpfrüssel während der Fahrt Wasser aus einer genau in der Mitte zwischen den Gleisen liegenden Rinne auf. Auf halber Strecke wechselte das Personal, das im ersten Wagen mitfuhr. Wagen und Lok waren nämlich durch einen Seitengang am Tender miteinander verbunden.

Selbstverständlich gab es in den USA viele Langstrekkenfahrten. Die Weiten des amerikanischen Raumes verführten ja gerade dazu, Züge und Loks auf langen Strecken durchlaufen zu lassen. Das Wassernehmen während der Fahrt war dort gang und gäbe. Die Maschinen der Northern-Pacific-Eisenbahn fuhren sogar 1973 km ohne Wechsel.

Der Fliegende Hamburger

Nach dem Ersten Weltkrieg war eine Zeitlang Ruhe in puncto Rekorde. Alle Bahnen hatten mit sich selbst genug zu tun und Mühe, den heruntergekommenen Oberbau wieder in Ordnung zu bringen. Die Kriegsfolgen lasteten schwer auf Deutschland, mußten doch viele Lokomotiven – und nicht die schlechtesten – auf Grund der Waffenstillstandsbedingungen an die ehemaligen Kriegsgegner abgegeben werden. Ende der zwanziger Jahre setzte dann die große Wirtschaftskrise ein, die aber auch etwas Positives mit sich brachte: Die Eisenbahnen machten sich Gedanken, wie sie ihre Leistungen attraktiver, schöner und vor allem – schneller gestalten konnten. Der Ingenieur Kruckenberg hatte in jenen Jahren einen Schienenzeppelin erfunden, der durch einen Propeller am Heck angetrieben wurde und mit Getöse über die Schienen brummte. Der Dieselmotor war im Kommen, und die Reichsbahn probierte eine Reihe Diesel-Schnelltriebwagen aus, von denen der Fliegende Hamburger wohl der berühmteste sein dürfte. Diese ganze Serie »Fliegende« brachte immerhin bis zu 205, der Kruckenbergsche Schienenzeppelin bis zu 230 km/h hinter sich. Als auffallende Parallele zu den Zossener Schnellbahnversuchen von 1902 ergab sich, daß die Dampflokbauer abermals von der Schnelligkeitswelle erfaßt wurden. Die braven Dampfrösser mußten wieder laufen, was das Zeug hielt.

Die Deutsche Reichsbahn nahm sich intensiv des Problems einer Schnellfahrlokomotive an. Aus einer Vielzahl von Entwürfen, welche die deutschen Lokomotivfabriken eingereicht hatten, wählte sie den Entwurf der Lokomotivfabrik Borsig, Berlin, aus und gab zwei Probelokomotiven in Auftrag. Damals kam die Stromlinienverkleidung sehr in Mode, man errechnete sich nach Versuchen mit Normallokomotiven der Baureihe 03 einen beachtlichen Gewinn an Geschwindigkeit. Die neuen Lokomotiven erhielten eine sorgfältig im Windkanal errechnete Stromschale.

Im Jahre 1935 waren sie fertig. Sie erhielten die Betriebsnummer 05 001 und 05 002, wohl die denkwürdigsten Loknummern der deutschen Eisenbahnen. Die Loks wiesen die Achsfolge 2 C 2 auf, das Triebwerk war dreizylindrig, die Treibräder besaßen das in Deutschland bisher noch nicht verwendete Maß von 2,30 m Durchmesser. Auch ihre sonstigen Abmessungen waren in vieler Hinsicht einmalig.

In den ersten Maitagen des Jahres 1936 wurden mit der Lok 05 002 eine Reihe von Meßfahrten im oberen Geschwindigkeitsbereich zwecks Feststellung der Bremswerte bei 180 km/h unternommen. Niemand konnte damals voraussehen, daß der 11. Mai zu einem der großen Tage in der deutschen Eisenbahngeschichte werden sollte. An diesem Tage war eine Meßfahrt mit einem 4-Wagenzug und 200 Mp Last von Hamburg nach Berlin vorgesehen. Der damalige Reichsverkehrsminister Dorpmüller saß als Fahrgast im Zuge.

Die Witterungsverhältnisse waren günstig, die Lok beschleunigte ausgezeichnet, beim Bahnhof Zernitz gelang es dem die Lok führenden Oberlokführer Langhans die 200 km/h-Marke zu überschreiten und über eine kurze Strecke hinweg 200,4 km/h zu halten. Das war Weltrekord. Man muß sich dabei vorstellen, daß sich die Räder der Dampflok 05 002 in der Sekunde 7,7mal um ihre Achse drehen mußten und dabei 57 m zurücklegten. Dabei ergaben die Messungen eine Zylinderleistung von 3745 PS, von denen am Zughaken aber nur 1815 PS nutzbar gemacht werden konnten. 1030 PS gingen durch Luft- und Laufwiderstände verloren, ein Zeichen für die Problematik solch schneller Fahrten mit einer kompletten Kraftmaschine, wie sie die Dampflok darstellt.

Die Rekordfahrt der MALLARD

Diese Rekordfahrt erregte seinerzeit Aufsehen in der Welt. Sie zeigte aber auch, daß es keine Schwierigkeit bereitete, mit Dampflokomotiven Schnellzüge bis zu einer Höchstgeschwindigkeit von 180 km/h zu befördern. Alle führenden Eisenbahnländer der Welt besaßen Dampflokomotiven, die derartige Geschwindigkeiten liefen. Besonderes Glück hatten die Engländer. Am 3. Juli 1938 erreichte eine Stromlinienlokomotive der Serie A-4 der London North Eastern Railway, die Lok MALLARD, eine Geschwindigkeit von 202,8 km/h. Auch diese Fahrt wurde vor dem Meßwagen geleistet, so daß die Leistung der 05 002 und der MALLARD die offiziell schnellsten der Welt sind.

Schnellste deutsche Dampflok Baureihe 05 um 1935. Sie erreichte 200,4 km/h.

Inoffiziell sind allerdings diese Fahrten in den USA überboten worden, besonders durch die 3 B B 3-Lok der Pennsylvania Railroad Klasse S-1. Diese Lok hat unfreiwillig eine ganze Reihe Geschwindigkeitsrekorde aufgestellt, weshalb ihr Einsatz, weil zu gefährlich, für den Reisezugdienst von der US-Bundesregierung verboten wurde. Sie hat es bis zu 240 km/h gebracht. Darüber hinaus schafften die Lokomotiven der Klasse J der Norfolk & Western Railroad, die T-1 der »Pennsy« und vor allem die NIAGARAS der New York Central Railroad, genau wie die Riesenlokomotiven anderer amerikanischer Bahngesellschaften, was außerhalb der USA unmöglich war, nämlich Züge von 1200 Mp Last – das sind 18 schwere Pullmanwagen – noch mit 160 km/h Geschwindigkeit zu befördern. Schnellste Züge der Welt waren vor dem Zweiten Weltkrieg die sogenannten HIAWATHA – SCHNELLZÜGE zwischen Chicago und Milwaukee/St. Paul, die – von 2 B 2 und 2 C 2-Dampfloks gezogen – streckenweise 200 km/h liefen.

Die deutschen 05er Loks – 1937 hatte sich noch eine dritte hinzugesellt – wurden nach dem Kriege von ihrer Stromschale befreit und bekamen das gewohnte Gesicht. Sie haben noch eine Reihe Jahre Dienst getan, bis 1958 das Todesurteil über sie gesprochen wurde.

Die stärksten Lokomotiven

Wer die schnellste Dampflok kennt, der ist auch neugierig, etwas über die stärkste zu hören.

Schnellste Dampflok der Welt war die 3 B B 3-Lok der Pennsylvania Railroad Klasse S-1.

Nun, zählen wir einmal die vier stärksten deutschen Dampfloks auf: Im Jahre 1913 stellte die Bayerische Staatsbahn – sie hat es gern mit den Rekorden – eine Lok mit geteiltem Triebwerk und acht gekuppelten Achsen in Betrieb, also in der Bauart Mallet. Es war dies die Gattung Gt 2x4/4. Sie war als Schiebelok gedacht für die nordbayrischen Steilrampen. Welch ein Koloß zu ihrer Zeit!

1917 schickte die Maschinenfabrik Esslingen eine Reihe Goliaths in die Welt. Die Klasse K der Württembergischen Staatsbahn. Die besaß sechs gekuppelte Achsen, war also eine 1 F-Lok. Jahrelang stand sie an der Spitze aller deutschen Kraftprotze. 1938 wurde sie nach Österreich abgegeben, um sich auf der Semmeringbahn richtig austoben zu können.

Als die Reichsbahn 1925 ihre Einheitsloks zu bauen begann, da mußte auch eine starke Güterzuglok dabei sein, die altbekannte und beliebte 44er. Besonders in der Ausführung von 1936 war sie gut gelungen. Die alte Lokgattung K, Baureihe 59, mußte den Lorbeer an die 44er abgeben. Diese sollte ihn aber auch nicht lange behalten. 1937 entstand bei der Reichsbahn die Güterzuglok Baureihe 45, die größte und stärkste deutsche Dampflok überhaupt. 1 E 1 h3 lauten ihre Kennzeichen. Vergleichen wir einmal die Dienstgewichte. Die bayrische Mallet-Lok wog 128 Mp, die 59er 108 Mp (ohne Tender natürlich), die 44er wiegt 110 Mp und unser Riese, die 45er, gar 126 Mp.

Wie bescheiden wirken diese jedoch, messen wir sie an den Lokomotivriesen der USA. Die größten Dampflokomotiven der Welt, die berühmten BIG BOYS der Union Pacific Railroad, wogen 350 Mp, also fast das Dreifache der deutschen BR 45. Dabei besaß die Bahn immerhin 25 Stück dieser Giganten mit der Achsfolge (2 D) D 2. Sie stellten durchaus keine Ausnahme dar. Die 45 Loks der Achsfolge (1 C) C 3 der Chesapeake & Ohio Railroad brachten 349 Mp Gewicht auf die Waage. Dabei müssen wir die Tender noch hinzurechnen, die bei den BIG BOYS nochmals 198 t wogen, 95 cbm Wasser faßten und 26 t Kohle mitführten. Der Tender der 45 faßt 38 cbm Wasser und 10 t Kohle. Natürlich besaßen diese Lokomotiven automatische Feuerungen, sogenannte Stoker-Feuerung. Denn diese Riesenroste mit Kohle zu beschicken, das ging über Menschenkraft.

Wie gesagt, das sind keine Einzelgänger, sondern nur einige auffallende Vertreter aus einem ganzen Riesengeschlecht. Nun läßt sich auf Lokomotiven mit zwei Triebwerken eine größere Leistung unterbringen als auf einer Lok der Regelbauart. Doch auch bei dieser gab es Superlative. Die größten Brocken fuhren auf den Gleisen der Pennsylvania-Eisenbahn, sie besaß 118 Loks der Achsfolge 1 E 2 mit dem stattlichen Gewicht von 261 Mp. Die 1 E 2 der Bessemer & Lake Erie-Eisenbahn wogen 238 Mp.

Vergleichen wir einmal die Länge. Die deutsche Güterzuglok der BR 45 war mit Tender 25,6 m lang. Die amerikanischen Riesen maßen fast mehr als 35 m. Entsprechend hoch sind auch die Zugleistungen dieser Giganten auf Rädern. Die normale Last eines Mallet-Riesen lag bei 10–12 000 Mp Zuggewicht. Güterzüge von 15 000 Mp Last gehören keineswegs ins Reich der Fabel. Die bereits 1918 gebaute (1 E) E 1-Type der Virginian Railroad soll sogar noch mehr gezogen haben. Später werden wir noch von Leistungen der BIG BOYS der Union Pacific Railroad hören.

15 000 Mp, eine gewaltige Zahl! Das sind 200 Stück vollbeladene vierachsige amerikanische Güterwagen oder über 300 deutsche D-Zug-Wagen oder 400 schwer beladene deutsche Güterwagen der Omm-Type, eine für uns Europäer kaum vorstellbare Leistung.

Es gibt die unmöglichsten Rekorde, es ist alles schon dagewesen.

Zum Beispiel gab es schon Loks mit drei Triebwerken. Die besaßen die Achsfolge (1 D) D (D 1)! Es gab auch schon 2 G 2-Loks! Da müssen wir die Finger zu Hilfe nehmen: A, B, C, D, E, F, G! 7 Kuppelachsen! 11 Achsen unter einem Rahmen. Das ist schon der reinste Tausenfüßer! F-Loks sind ja keine Seltenheit. Vor Jahren hat Frankreich nochmals eine 1 F gebaut, die Klasse 160 A. Auch wieder ein Außenseiter, nämlich eine »Sechszylinder-Verbund«-Lok! Aber es sind Rekorde der Vergangenheit. Sie leben alle nicht mehr,

diese Ungeheuer. Eine versunkene Welt! Die letzten dieser amerikanischen Riesen wurden noch in den Jahren 1946–48 gebaut. Zehn Jahre später waren sie alle schon wieder verschrottet.
So schnellebig ist unsere Zeit.

Technische Meisterwerke

Wir haben schon mancherlei über die beiden gefährlichen Gesellen gehört, die nach der Jahrhundertwende so mächtig aufgekommen sind und unserer guten Dampflok das Leben sauer gemacht haben: Elektrizität und Dieselmotor. Der Grund, warum beide sich so in den Vordergrund gespielt haben, ist einleuchtend. Technisch gesehen: Der Wirkungsgrad der Dampflok ist sehr schlecht, er liegt bei acht Prozent, günstigenfalls bei zehn Prozent. Das heißt also: Allerhöchstens zehn Prozent der in dem zugeführten Brennstoff Kohle enthaltenen Energie werden in Zugleistung umgesetzt, alles andere pufft zum Schornstein hinaus oder geht beim Dampferzeugungsprozeß verloren. Der Wirkungsgrad der E-Lok ist besser, der Dieselmotor liegt noch höher. Zahlen von 25 Prozent kommen bei diesen Antriebsarten heraus. Höherer Wirkungsgrad bedeutet größere Wirtschaftlichkeit. Diese wiederum drückt sich in gespartem Geld aus. Das ist eine einleuchtende Rechnung.
Doch die Dinge haben noch eine andere Seite. Als die Kohle billig, die Löhne für das Personal niedrig waren, da konnte der Schienenverkehr selbst mit den unwirtschaftlichsten Dampfloks noch rentabel betrieben werden. Diese Zeiten sind längst vorbei, die Kohlepreise haben eine Höhe erreicht, die selbst Elektrizitätswerke schaudern lassen. Von den Löhnen gar nicht zu reden. Gerade die Personalkosten fallen entscheidend ins Gewicht. Die Dampflok erfordert zwei Betreuer, Diesel- und Elektrolok geben sich mit einem Führer zufrieden. Nicht nur das, der Dampfbetrieb ist schmutzig, er zeigt unerfreuliche Begleiterscheinungen, Ruß, Dreck, platzraubende Vorratshaltung. Die Dampflok braucht viel Wartung, Kohlenbunker, Wasserkräne, Ausschlackgruben, Reparaturwerkstätten. Der halbe Bahnhof war ja nur zuliebe der Dampflokomotiven da. Es gehört wenig Phantasie zu der Erkenntnis, daß schon vom Personaleinsatz her die Dampflok den modernen Traktionsanlagen unterlegen ist. Freilich, nachdem auch die Ölpreise ins Uferlose zu klettern begannen, ist in den USA, deren Bahnen vorwiegend mit Dieselloks betrieben werden, die Frage aufgetaucht, ob man die Dampflok nicht zu früh abgeschafft habe. In dem Maße, wie das Öl teurer wird, in gleichem Umfang gewinnt der Dampf wieder an Wettbewerbsfähigkeit, wenn –, ja wenn er nicht überhaupt überholt wäre. Die Dampflok paßt einfach nicht mehr in unsere Zeit. Das ist zwar weder ein technischer noch ein wirtschaftlicher Grund. Aber die grobe, qualmende Dampfmaschine paßt nicht zu unseren chromblitzenden Straßenkreuzern, zu unseren Düsenflugzeugen, zu den Sputniks. In den USA ist die Dampflok verschwunden. Auch in Europa sind es nur noch wenige Exemplare, die das Ende einer Ära sichtbar verdeutlichen. Das führt zwangsläufig zu der Frage: Mußte es so sein, daß die Dampflok ins Hintertreffen geriet? Konnte nicht etwas getan werden, die Dampfkraft sozusagen modern zu gestalten? Hat man etwa versäumt, die Entwicklung voranzutreiben? Auf diese Fragen brauchen wir eine Antwort.
Nun, an Versuchen hat es wahrhaftig nicht gefehlt. Man hat alle möglichen Kesselkonstruktionen erfunden, man hat den Dampfdruck erhöht, aber letzten Endes nur feststellen müssen, daß es so, wie es bereits Stephenson gemacht hat, am besten ist. So sind denn immer wieder Lokomotiven altbewährter Konstruktion entstanden. Auch nach dem Zweiten Weltkrieg, als man noch einige Neubauten in Dienst stellte, blieb man bei dem alten Rezept.
Prüfen wir die Frage, welchen Stand die einzelnen Länder im Dampflokbau erreicht haben.
An der Spitze stehen die Vereinigten Staaten, wir erwähnten das schon, mit ihren Dampfgiganten. Die USA-Bahnen haben zweifellos an Leistung aus der Dampflok herausgeholt, was möglich war. Allerdings sind dort die Bahnverhältnisse günstiger, die USA-Bahnen sind nicht durch enge Vorschriften, wie die

deutschen Umgrenzungslinien, behindert. Vor allem aber, sie haben stärkere Schienen, die ganz andere Drücke aushalten. Der Achsdruck der deutschen Dampflok, das Gewicht, mit welchem eine Achse auf die Schienen drückt, beträgt 15 bis 22 Mp. Gleiche Achsdrücke haben auch die anderen europäischen Bahnen. Die USA-Loks hingegen weisen bis zu 36 Mp Achsdruck auf, da läßt sich schon allerhand Leistung unterbringen. Allerdings sind diese Drücke das Äußerste, was im Eisenbahnbetrieb möglich ist. Hinter diesen Gewichten, die ihre Ursache in den gewaltigen Kesselabmessungen haben, steckt natürlich auch der gehörige Mumm. Unsere deutschen Dampfloks leisten, je nach Bauart, zwischen 1000 und 2500 PS. Die USA-Dampfloks weisen durchschnittlich zwischen 5000 und 8000 PS Leistung auf.

Wir wollen es kurz machen: Die Dampflok herkömmlicher Bauart, also mit Stephenson-Kessel und Kolbenmaschine, ist in den USA hinsichtlich Größe und Leistung zur Grenze des Möglichen und Erreichbaren gebracht worden. Dabei sind alle technischen Erkenntnisse verwertet, Rollenlager in Achsen und Treibstangen, Verbrennungskammer im Kessel, Leichtbauweise, Rahmenschweißung usw. Eine Leistungssteigerung wäre also nur noch auf dem Wege über völlig neue Konstruktionen möglich.

Als Endstadium in der Entwicklung der amerikanischen Dampflokomotive gelten im allgemeinen die 27 NIAGARA-2 D 2-Schnellzuglokomotiven der New York-Central-Bahn, die 1945 erstmalig in Dienst gestellt wurden und als »ultimate perfection of the reciprocating steam locomotive in America« bezeichnet werden. Eine solche NIAGARA leistete 7000 PS in den Zylindern, besaß eine Höchstgeschwindigkeit bis zu 200 km/h und konnte mit ihrem riesigen achtachsigen Tender Tagesleistungen von 1100 km vollbringen. Dabei mögen die NIAGARAS nur die herausragenden Vertreter einer ganzen Reihe ähnlicher Loktypen sein, die bei vielen Bahnen in Dienst standen, denken wir nur an die schönen 2 D 2-Loks der Southern oder der Santa Fé-Eisenbahn. Die BIG BOYS schließlich der Union Pacific haben an Leistung aus der Dampflok herausgeholt, was nur denkbar schien. Sie vollbrachten übrigens die größte Leistung des Schienenverkehrs

BIG BOY, die größte Dampflok der Welt.

überhaupt. Ein BIG BOY war noch in der Lage, einen Güterzug von 650 vierachsigen Güterwagen mit 27 000 Mp Gewicht, der fast 10 km lang war, nach Anschieben in Gang zu halten. Dabei entwickelte er 8200 PS am Zughaken. Mit dieser einmaligen Loktype schließt die Entwicklung der Güterzuglokomotive ab.
Die europäischen Bahnen legten von jeher Wert auf große Wirtschaftlichkeit. Unter diesem Gesichtspunkt muß auch die deutsche Entwicklung gesehen werden, die durch den Bau von Einheitslokomotiven seit 1925 an große Traditionen anknüpfte. Deutschland blieb bei der auch in den USA üblichen Zweizylinder-Maschine und bevorzugte erst in den dreißiger Jahren das Dreizylinder-Triebwerk. Frankreich ist bis zuletzt das klassische Land der Vierzylinder-Verbundlokomotive geblieben, die dort zu bester konstruktiver Durchbildung gebracht werden konnte. Der berühmte französische Lokomotivingenieur André Chapelon hat bereits 1932 durch aufsehenerregende Umbauten älterer Loktypen aufgezeigt, was an Leistung in der Dampflok verborgen ist. Ihm war es vorbehalten, die besten Lokomotiven der Welt überhaupt zu schaffen, wobei wir unter »besten« die höchste Leistung bei größter Wirtschaftlichkeit verstehen. Es sind dies die 2 D h4v-Schnellzuglokomotiven Klasse 240 P der SNCF sowie der Einzelgänger 242 A 1, eine 2 D 2 h3v-Konstruktion. Beide Typen sind derart einmalig in ihrer Konzeption, daß man in ihnen mit Fug und Recht den Höhepunkt der Dampflok-Entwicklung in der alten Welt erblicken kann. Die 25 Lokomotiven der Klasse 240 P (Baujahr 1940–41) gelten samt ihren 12 Vorläufern der PO-Eisenbahn als die wirtschaftlichsten Dampflokomotiven, die es gegeben hat, sie nehmen es mit jeder Diesellok auf. Ein Beispiel aus der Fülle ihrer Leistungsbeweise: Am 31. Mai 1941 beförderte die Lok 240 P 5 einen Schnellzug von 17 Wagen, das sind 800 Mp Last, auf der 31,5 km langen Steigung zwischen Les Laumes und Blaisy mit Neigung von 1:188 bis 1:125. Die Lok hielt eine Geschwindigkeit von 107 km/h und entwickelte dabei 3190 PS am Tenderzughaken. Den Gipfel bei Blaisy durchlief sie noch mit 98 km/h und 3300 PS am Haken.

Auf dem Höhepunkt der Entwicklung

Gipfelpunkt der Lokomotiventwicklung ist die 242 A 1, gleichzeitig die größte Dampflok Europas. Sie entstand 1946 aus dem Umbau einer älteren Staatsbahnlokomotive. Sie war die einzige Lok Europas, die dauernd 4000 PS am Tenderzughaken entwickeln konnte. Bei 120 km/h und Zylinderfüllung von 60 und 40 Prozent leistete sie noch 3800 PS. Interessant, daß an ihr das Dreizylinder-Verbundtriebwerk eine nie vermutete Bewährungsprobe ablegte. Die 242 A 1 stellte selbst moderne E-Loks in den Schatten. Am 21. Oktober 1948 befuhr sie vor einem Schnellzug von 16 Wagen gleich 748 Mp Last die gleiche, oben schon bei der 240 P 5 genannte Steigung. Sie vermochte den Zug aus einem Halt am Fuße der Rampe so zu beschleunigen, daß er einen Kilomter vor dem Gipfel noch 101,4 km schnell war, entsprechend einer Leistung von 4250 PS am Haken. Wenn unsere Verkehrsexperten also die Dampflok abqualifizieren, dann zeigt das nur, von wie wenig Sachkenntnis sie getrübt sind.
Die englischen Bahnen schworen bis zuletzt auf Stephenson. England ist das Land der langen Zugläufe, die strahlenförmig von London aus in alle Landesteile gehen. Kein anderes Land hat Lokomotiven von so schönen glatten Formen, ganz im Gegensatz zu den deutschen Maschinen, die mit Rohrleitungen und anderen »Zutaten« äußerlich überladen scheinen.
Die Stromlinien-Dampfzüge London – Edinburgh legten die 644 km lange Strecke bei einem Zwischenhalt in sechs Stunden zurück und erreichten Reisegeschwindigkeiten von 106 km/h.
Große Dampfloks besaß auch die Sowjetunion, und vor den langen Schnellzügen der Transsibirischen Eisenbahn liefen mächtige 2 D 2-Lokomotiven.
Wollen wir nun noch betrachten, was man getan hat, die Dampflok über das von Stephenson überkommene Ideal hinaus zu vervollkommnen, sozusagen wettbewerbsfähig mit den Konkurrenten Diesel und Elektrizität zu machen.
Es hat nicht an Versuchen gefehlt. Man hat zuerst daran gedacht, die Kolbendampfmaschine durch die

Dampfturbine zu ersetzen, so, wie man es vom Schiffsmaschinenbau her bereits kannte. Schweden hat diesen Weg erstmals beschritten. In Deutschland bauten Krupp 1923 und Maffei 1926 Loks mit Turbinenantrieb. Nun, sie liefen nach einer Reihe Kinderkrankheiten nicht schlecht. Der Wirkungsgrad war besser als bei der Kolbenmaschine. Kurz vor Kriegsausbruch hatte man genügend Erfahrungen gesammelt, um zwei neue Lokomotiven zu bauen mit größeren, stärkeren Turbinen. Die Firma Krupp erhielt den Auftrag und machte sich an die Arbeit.
Da fielen die Bomben, die Kruppschen Werksanlagen wurden zerstört und mit ihnen die beiden im Bau befindlichen Loks, welche die Baureihenbezeichnung 09 erhalten sollten.
Auch im Ausland interessierte man sich für diese Antriebsart. Im Jahre 1944 stellte die Pennsylvania Eisenbahn eine Turbinenlok in Dienst, in puncto Größe natürlich wieder alles überragend, was bis dahin gebaut worden war. 264 t wog die Lok ohne Tender, sie leistete 6900 PS. Aber sie wurde zu einer Zeit gebaut, wo das Interesse am Dampf bereits nachließ und man sich anderen Antriebsarten zuwandte.
Nun, es müssen ja nicht unbedingt Turbinen sein. Die Firma Henschel rüstete eine alte Schnellzuglok, die 17 206, mit einem Hochdruckkessel von 60 atü aus. Indes, die Sache ließ sich doch recht kompliziert an, es waren allerlei besondere Einrichtungen nötig, um diesen hohen Dampfdruck für den Lokbetrieb nutzbar zu machen. Die Maschine ist gefahren, sie zeigte sich äußerst sparsam im Kohlenverbrauch, ihr Wirkungsgrad war ausgezeichnet. Was sich aber nicht gezeigt hat, war die Brauchbarkeit der ganzen Anlage im rauhen Betrieb. Es gelang nicht, dem Kessel, den Rohrleitungen, den Zylindern eine Konstruktion zu geben, die auf die Dauer dem hohen Druck standgehalten hätte. Die Lok ist eine Reihe Jahre gefahren, bis man sich müde repariert hatte.
Die Firma Schwartzkopff hat noch einmal den Versuch mit einem Höchstdruckkessel nach einem Vorschlag von Professor Löffler gemacht. Diesmal handelte es sich um eine völlige Neukonstruktion, eine 2 C 1 S-Lok, welche die Betriebsnummer H 02 1001 erhalten hat. Ihr Kessel arbeitete mit 120 atü Dampfdruck, sie bot eine Fülle von Neuerungen, die zum Teil sehr gut gelungen waren. In der Gesamtheit allerdings erwies sich die Lok als nicht brauchbar und mußte nach kostspieligen Versuchen wieder verschrottet werden.
Leider hat der Zweite Weltkrieg mit seinen andersartigen Anforderungen die Entwicklung in Bahnen geleitet, die nicht vorauszusehen waren. Noch zu Anfang des Krieges gab die DR Aufträge zum Entwurf von Dampflokomotiven für das erhoffte siegreiche Ende heraus, die das Bild des deutschen Lokomotivbaus wesentlich verändert haben würden. Hierhin gehören schließlich auch die Projekte für eine Lokomotive in Mallet-Bauart, bei welcher bisher nicht übliche Leistungen ausgeführt werden sollten. Der Krieg nahm jedoch eine Wende, die alle Pläne in die Schublade verbannte, zumal als das nackte Überleben auch für die deutschen Eisenbahner im Vordergrund stand.

Dann begann das große Dampfloksterben

Bei den Neubauten der deutschen Bahnen nach 1945 ging es in erster Linie um den Ersatz veralteter Lokgattungen und Verstärkung des noch betriebsfähigen Materials. In Gestalt der Baureihen 10, 23, 65, 66 und 82 stellte die DB brauchbare und wirtschaftliche Lokomotiven in Dienst, die den meisten Eisenbahnfreunden noch bekannt sind. Der sogenannte Strukturwandel verhinderte genau wie in den anderen europäischen Ländern die Weiterentwicklung. Auf solch schöne Leistungen, wie die Neubekesselung der BR 01, 01^{10}, 03^{10} und 18^{6} sei besonders hingewiesen. Die Lokomotiven haben dadurch erst nach Jahrzehnten die aus dem ursprünglichen Konzept erhoffte Leistungsfähigkeit erhalten. Bei der DR in Mitteldeutschland stellten die Umbauten der früheren Schnellfahrtenderlok 61 002 in eine normale Schlepptenderlok mit einer Höchstgeschwindigkeit von 180 km/h sowie die Umbauten der beiden Lokomotiven 19 015 und 19 022 Höhepunkte dar, die aber zugleich die Geschichte der Nachkriegs-Lokomotiventwicklung beenden.

Die Schnellfahrtenderlok der Baureihe 61.

Letzter Neubau der Deutschen Bundesbahn: Die stromlinienverkleidete 10 001.

Es gab noch eine Antriebsart, die hatten England und Frankreich schon einmal ausprobiert. Es war der Ersatz der Kolbenmaschine durch einen Einzelachsenantrieb wie bei der elektrischen Lok. Sagen wir es auf gut deutsch: Ersatz der Dampfmaschine durch den Dampfmotor. Das war völliges Neuland. Der Versuch in Frankreich war tastend gewesen, hatte aber gezeigt, daß eine derartige Konstruktion möglich war. Und nicht nur, daß sie möglich war, nein, sie bot auch Vorteile, die nicht von der Hand zu weisen waren: insbesondere für schnellaufende Maschinen fast vollständigen Massenausgleich, geringes Gewicht der ungefederten Bauteile, Schonung des Oberbaus, günstige Dampfverbrauchswerte durch kleine, schnellaufende Kolbenmaschinen und nicht zuletzt leichte Wartung, Zugänglichkeit und Reparaturmöglichkeit, wie wir es vom Kraftwagen her gewöhnt sind.
Es ist ein besonderes Verdienst der Kasseler Ingenieure Roosen und Barske, trotz der unvollkommenen Erfahrungen, die vorlagen, mutig den Schritt ins Neuland gewagt zu haben.
Aber der Bau dieser Lok – 1941, mitten in schweren Kriegsjahren wurde sie bei der Firma Henschel fertiggestellt – enthüllt auch die ganze Tragik der Idee: Sie kam zu spät. Es geht manchmal kurios zu in der Technik. Erst fehlen die Voraussetzungen, um einen neuen Weg einschlagen zu können. Und wenn man endlich so weit fortgeschritten ist, da lohnt es sich nicht mehr, die Zeit ist über die Erfindung hinweggeschritten. Und doch, wäre der Krieg nicht gewesen, vielleicht hätte der Einzelachsenantrieb vermocht, unserer Dampflok zu einer Wiedergeburt auf ganz bestimmten Gebieten zu verhelfen.
Die Lok unterschied sich äußerlich nicht wesentlich von ihren Schwestern. Sie besaß einen Kegelkessel der Reihe 44, war mit einer Stromlinienverkleidung versehen wie ihre Kolleginnen von den Baureihen 01^{10} und 03^{10}. Anders war das Triebwerk. Jede Treibachse besaß einen zweizylindrigen Dampfmotor, immer abwechselnd links und rechts. Die Zylinder der Motoren waren in V-Form angeordnet und wirkten auf einen gemeinsamen Kurbelzapfen.
Nun, wir wollen uns nicht in technische Einzelheiten verlieren. Die Lok wurde in Dienst gestellt und hat, von einzelnen Kinderkrankheiten abgesehen, die in sie gesetzten Erwartungen erfüllt. Der Krieg verhinderte allerdings eingehende Untersuchungen und die Beseitigung der noch vorhandenen Mängel oder, besser gesagt, die Verwertung der gewonnenen Erkenntnisse. Die Lok stand im Schnellzugdienst und fuhr teilweise Lasten von 650 Mp Gewicht. Auch ein Schnellfahrversuch wurde mit ihr unternommen. Sie erreichte 186 km/h bei vollendeter Laufruhe.
So tragisch wie ihr Bau in schwerster Zeit, wie ihre unvollkommene Erprobung, so tragisch ist ihr Ende. Im Jahre 1943 wurde sie dem Bahnbetriebswerk Altona zugeteilt. Anfang 1944 konnte sie nach Beschädigung durch Bombensplitter wieder instandgesetzt werden. Ein erneuter Bombentreffer im August 1944 war so schwer, daß sie abgestellt werden mußte. Die Amerikaner fanden sie bei ihrem Einmarsch in der Nähe von Göttingen stehen. Sie ließen sie bei der Firma Henschel wieder herrichten und brachten sie nach den USA. Dort wurde sie in mehreren Ausstellungen, u. a. in Fort Monroe, gezeigt, im Zugdienst aber, weil für amerikanische Verhältnisse viel zu leicht, nicht eingesetzt. Die letzte Nachricht haben wir aus dem Jahre 1951. Damals ist sie, ihrer Verkleidung beraubt, auf einem Abstellgleis bei Fort Eustis, Virginia, gesehen worden. Seit dieser Zeit verliert sich ihre Spur, sie soll um 1952 herum verschrottet worden sein.
Das ist das traurige Ende der deutschen Dampflok, welche die letzte Entwicklungsstufe seit Stephensons Tagen aufweist, eine Entwicklungsstufe, die zukunftsweisend hätte sein können, wenn nicht inzwischen das große Dampfloksterben angebrochen wäre und der unselige Krieg einen großen und endgültigen Schlußstrich unter jede weitere Entwicklung gezogen hätte.
Die Dampflokzeit, die um die Jahrhundertwende begann, die eine Welt in Erstaunen und Überschwang versetzte, die in Rekorden und Spitzenleistungen nie gekannten Ausmaßes gipfelte, die große Dampflokzeit – ist vorbei!

Karl-Ernst Maedel

03 298

28

29

Nach dem Zusammenschluß der verschiedensten Staatsbahnen zur Deutschen Reichsbahn am 1. April 1920 wurde vor allem darauf geachtet, die unübersehbare Fülle von Lokomotivtypen durch einheitliche Richtlinien und gleichartige Bauteile zu reduzieren. Die erste Einheitslok, eine Schnellzuglokomotive der Baureihe 01, ging 1925 in Betrieb. Für den Schnellzugdienst auf Strecken geringerer Belastbarkeit folgte 1930 die etwas leichtere, sonst aber weitgehend gleiche Baureihe 03 mit nur 17,5 t Achsdruck gegenüber sonst 20 t. Dieser Loktyp fuhr auch noch in den fünfziger Jahren. Hier überquert ein Eilzug, aus Richtung Osnabrück kommend, die Emsbrücke bei Westbevern (26).

Ideal für den Einsatz auf Strecken mit geringer Belastbarkeit war auch die Baureihe 50, eine 1 E-Güterzuglokomotive mit nur 15 t Achsdruck. Von ihr wurden seit 1938 und 3000 Stück gebaut. Als Schnellgüterzug-Lokomotive wurde auch die Baureihe 41 eingesetzt, hier in Doppeltraktion mit einer 50 1903 auf der Strecke Münster – Osnabrück (27).

Das Ende der Dampflokzeit war auch das Aus für einen ganzen Berufsstand – das Fußvolk des Schienenstrangs nahm Abschied von den ächzenden, keuchenden, zischenden, schwarzen und rußigen Schönheiten (28, 29).

Klassische Aufnahmen vom Altmeister der deutschen Eisenbahnfotografie, Carl Bellingrodt: Der Personenzug 1386, der für die Sonntagsausflügler im Sauerland zwischen Finnentrop und Olpe eingesetzt wurde, mit seiner T 12-Lokomotive, während der Fahrt über den alten Bigge-Stausee 1938 (30).

31

32

Der KARLSBAD-EXPRESS D 24 von Berlin über Leipzig und Hof nach München auf der 578 m langen und 88 m hohen Göltzsch-Brücke im Vogtland (31).
Auch in den dreißiger Jahren gab es regelmäßige Fährverbindungen nach Skandinavien. Ein D-Zug wird im Hafen von Saßnitz (Rügen) eingeschifft (32).
Ein heute vergessenes Denkmal alten Ingenieurgeistes ist die berühmte Rheinschiff-Brücke bei Speyer. Im Sommer 1934 rumpelt die bayerische Lokalbahnlokomotive 98 7502 mit dem mittäglichen Personenzug von Heidelberg über Schwetzingen nach Speyer über dieses Kuriosium aus vergangener Zeit (33).
Der Fern-D-Zug SCHWABENPFEIL auf dem Enzviadukt bei Bietigheim in voller Fahrt (34).

33

35

Begegnungen auf der »Schiefen Ebene« (35): Die berühmte Steilrampe der Bahnlinie Bamberg – Hof überwindet zwischen den Bahnhöfen Neuenmarkt – Wirsberg und Marktschorgast einen Höhenunterschied von 140 m. Zur Zeit ihrer Erbauung (1848) galt sie als eisenbahntechnische Pioniertat.

Auf dem Weg von Cheltenham nach London (Paddington Station) muß die HALL der Great Western Railway mit der Achsfolge 2 C in Richtung Swindon ebenfalls eine beträchtliche Steigung überwinden (37). Schwer arbeitet auch die französische Verbundlokomotive vor einem Schnellzug nach Paris (36).

Besatzung der Sächsischen V v 1004. Links der Lokführer (Meister), kenntlich an der Uhrkette. Aber auch der Heizer, mit der Hand am Regler, hat sich fein gemacht. Normalerweise trugen nur die Lokführer Schlips und Kragen (38).

39

)er Quick Silver auf der Hauptstrecke an der
nglischen Ostküste. Die A 4 Pacific ist strom-
nienverkleidet. Die ersten Lokomotiven mit
eilweise oder vollständig windschlüpfriger
'orm wurden 1904 von Henschel gebaut. In
len dreißiger Jahren gab es dann einen Boom
ür Konstruktionen dieser Art. Sie erwiesen
ich als durchaus wirtschaftlich, weil sie die
ffektive Zugkraft am Haken bis zu 48 Prozent
ei 140 km/h vergrößerten (39).

40

Wegen der Behinderung bei Wartung und Pflege wurden die Verkleidungen später fast durchweg wieder entfernt. Diese Aufnahme vom Merseyside Express aus den fünfziger Jahren (40) dokumentiert diese Entwicklung. Eine Jubilee mit der Achsfolge 2 C unter Volldampf auf der Strecke Liverpool (Lime Street) nach London (Euston).

41

Der berühmte Queen of Scots verläßt Edinburgh (Waverley) in Richtung London (Kings Cross). Dieser luxuriöse Zug führte in den fünfziger Jahren vorwiegend Pullman-Wagen mit sich (41).

Schokoladenbraun und cremefarben waren die Pullman-Wagen des Golden Arrow, der auf der Strecke London – Dover verkehrte. Es muß ein imposantes Bild gewesen sein, wenn die grasgrüne Lok der Britania-Klasse unter Volldampf ihren Weg nach Süden suchte (42).

Mannshoch waren die Treibräder der Pacific »25 Squadron«. Während der Wasserübernahme in Salisbury/Wiltshire werden die beweglichen Teile geölt. Erst dann kann der Battle of Britain seine Reise nach London

42

43

44

45

Es muß schon ein erhabenes Gefühl gewesen sein, wenn sich eine 03 in Bewegung setzte (44): Ein kurzer Pfiff, der Lokführer löst das Bremsventil, greift zum Sandstreuhebel und drückt den Reglerhebel langsam nach links. Dampf rauscht auf, ein Zittern läuft durch den stählernen Koloß – dann ein Ruck, eine riesige Dampfsäule fährt senkrecht zum Himmel.

Ein einsamer Pfeifton in der Nacht, der Geruch dampferfüllter Bahnsteige, der Anblick stampfender Lokomotiven – so sah die Romantik der Dampflokzeit aus. Die Realität war jedoch der Kampf mit verölten Treibstangen, überhitzten Führerständen (45), unzugänglichen Gleitbahnen und tonnenschweren Kohlenlasten (46).

46

Den Männern wurde das Letzte abverlangt (47). Doch wenn sie abends den Zug abkuppelten und in den Schuppen rollten, dann war alles vergessen.

47

48

Schon 1882 wurde in Griechenland die erste
Fernstrecke Piräus – Peleponnes in Meterspur
eröffnet, während erst 1916 Athen an das euro-
päische Eisenbahnnetz Anschluß fand. Der
Isthmus von Korinth bildet keineswegs die
einzige Schwierigkeit auf dieser Strecke zum
wichtigen Hafen Piräus. Hier passiert ein
Güterzug die Brücke über den Isthmus (48).

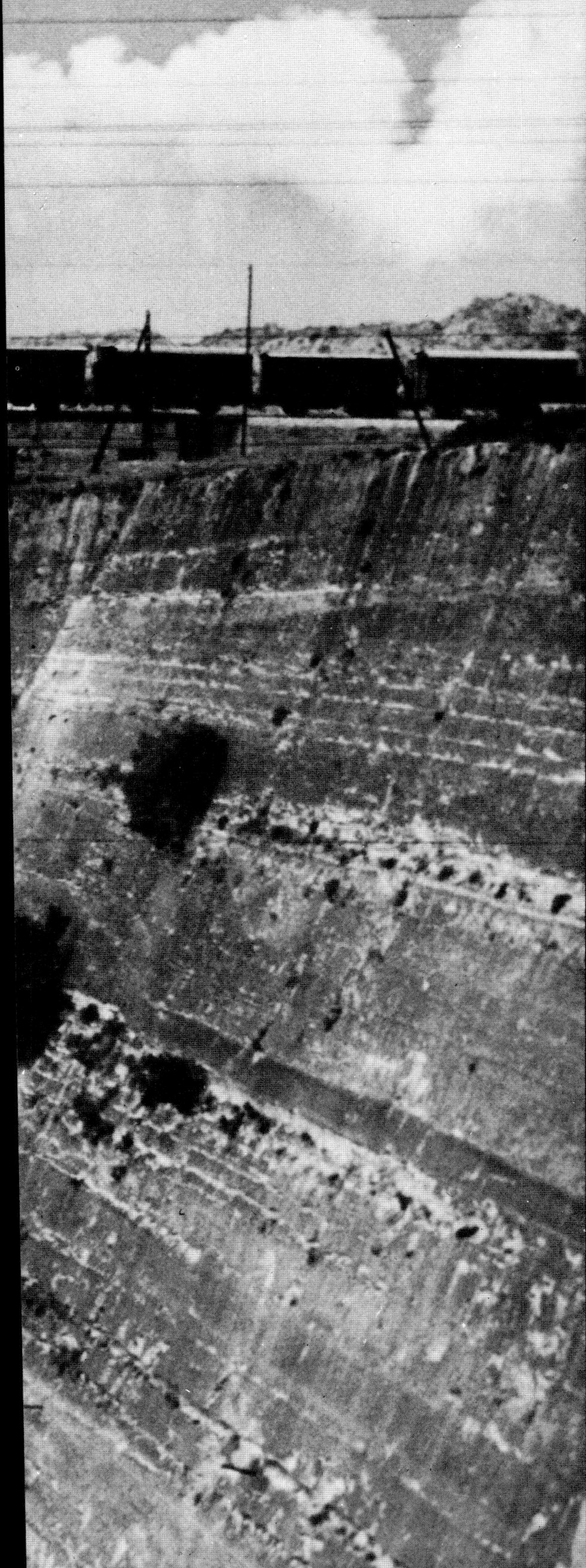

49

50

Die letzten Dampflokparadiese Europas finden wir in den Ländern Osteuropas. Aber auch dort sind die Tage des Dampfrosses gezählt. In Jugoslawien bestehen bei der Streckenmodernisierung zusätzliche Schwierigkeiten. Die Trassenführung ist fast überall einspurig, fünf ehemals isolierte Netze mußten zusammengeführt werden und das in der zerklüfteten Gebirgslandschaft Bosniens und der Herzegowina. Hier passiert ein Güterzug der JŽ die berühmte Steinbogenbrücke in Solkan (49).

Ein natürliches Verkehrshindernis stellt das Balkangebirge auch für Bulgarien dar. Die Haupteisenbahnlinien verlaufen daher nördlich oder südlich des Gebirges durch das hochgelegene Becken von Sofia. Die mächtigen Dreizylinderloks der Reihen 46 und 10 eignen sich prächtig zum Überwinden des Dragoman-Passes, der Jugoslawien mit Bulgarien verbindet. Wie so viele osteuropäische Lokomotiven, wurden auch diese Modelle bei Schwartzkopff in Berlin gebaut (50).

51

Geballte Kraft am Berg: Vier Loks vorn, unterstützt von einer fünften hinten, wuchten den FAST DENVER LIMITED über die 1:25-Steigung in den Wasatch Mountains, Utah (51).
Die größte Dampflokomotive der Welt bauten – wie sollte es anders sein – die Amerikaner: Der BIG BOY der Union Pacific Railrod (52) war in der Lage, einen Güterzug mit 27 000 t Gewicht nach Anschieben in Gang zu halten. 8200 PS am Zughaken mußte er entwickeln, um diesen zehn Kilometer langen Zug zu bewegen. Von 1941–1944 wurden 25 Einheiten gebaut. Die 548 t schwere Lok verbrauchte auf einer Strecke von 50 km bis zu 25 t Kohle. Mit diesem einmaligen Loktyp schloß die Entwicklung der Güterzuglokomotive ab.

52

53

54

Ein Land der Gegensätze: Zur Bewältigung der Schneemassen auf den tiefverschneiten Strecken Alaskas wurden bereits ab 1890 Schneeschleudern eingesetzt. Auf der Brücke über die Dead Horse-Schlucht konnten die Loks der White Pass and Yukon Railway eine kleine Verschnaufpause einlegen (53).
Früher waren die Hauptstrecken der New York Central, auf denen auch der berühmte TWENTIETH CENTURY LIMITED verkehrte, vierspurig ausgebaut. Doch diese legendären Eisenbahnstrecken existieren nicht mehr; übrig blieb ein zweigleisiges Skelett, auf dem dieser stromlinienverkleidete EMPIRE STATE EXPRESS gen Westen braust (54).

55

56

57

Eine der faszinierendsten Kleinbahnen dieser Erde ist die Darjeeling – Himalayan Railway. Sie wurde von 1878–81 gebaut. Die Trasse mißt vom heutigen Ausgangsbahnhof New Jalpaiguri bis Darjeeling 87 km. Die Steigung beginnt bei Sukna in 162 m Höhe, erreicht den Kulminationspunkt Ghoom mit 2258 m und senkt sich dann bis Darjeeling wieder auf 2076 m herunter. Nicht weniger als vier »Loops« und fünf »Reversing Stations« gibt es, also Kreisschleifen und Zickzack-Kehren. Hier ein Bild aus der Frühzeit dieser eindrucksvollen Strecke (55). Imposant auch die Kalka – Simla-Linie in Indien. Diese rund 100 km lange 762 mm-Schmalspurbahn weist 103 Tunnel mit bis zu 1,2 km Länge und Steigungen bis 1 : 33 auf. Die eigenwillige Steinbogen-Konstruktion der Brücke stammt offensichtlich aus der Pionierzeit des indischen Eisenbahnwesens (56).

In den weiten Ebenen Kasachstans hingegen war der Eisenbahnbau leichter. Hier kontrollieren asiatische Streckenarbeiter die Weichen auf der Strecke Alma Ata nach Semipalatinsk, nahe des Bahnhofs Aina-Boulak (57).

58

Dampf am Kap: Eine Doppeltraktion der Baureihe 15 AR (Achsfolge 2 D 1) mit dem Cape Town Mail. Der Zug führt 17 Wagen – einen weniger, als die Loks über den 1704 m hohen Bushmannshoek-Paß ziehen könnten (58).

59

Zwei doppeltbespannte Züge kreuzen sich bei Schoombie (59): Der East London – Cape Town Mail erwartet auf dem Ausweichgleis den Güterzug mit zwei 15 AR-Loks, damit er auf der einspurigen Strecke freie Fahrt bekommt.

60

61

Zwei Loks der Reihe GMAM mit den Achsfolgen 2 D 1+1 D 2 vor einem vollbeladenen Güterzug auf der 1:30-Steigung bei Claridge. Die Loks führen zusätzliche Wasserwagen mit, da man das Wasser lieber aus den mitgeführten Wagen als aus dem auf der Lok montierten Wassertank nahm, um das Reibungsgewicht nicht zu vermindern (60).

40 km Steigung sind noch zu überwinden für den Güterzug nach Kapstadt. Eine schwere GEA GARRETT (61) auf dem Weg zum Sir Lowry's Pass.

Das Umzimkulu-Tal in Natal ist überwunden – eine GF GARRETT auf dem Weg zum Knotenpunkt Donnybrook auf der Strecke Pietermaritzburg – Franklin (62).

Eine Doppeltraktion 15 AR auf der 1:60-Steigung in den Stormbergen. Diese Strecke wurde 1892 eröffnet (63).

Ein grandioser Anblick: Tief unten die rauschenden Wasser der Victoria-Fälle (Rhodesien) – hoch oben jagt eine Garrett mit dem Passagierzug in Richtung Kapstadt (64).

Auf der bergigen Strecke von Tzaneen nach Pietersburg: Eine 15 CA schnauft den Drakensberg in Transvaal mit dem täglichen Passagierzug hinauf (65).

65

IV.
DIE EISENBAHNEN EUROPAS

Den 7. Dezember 1835, also den Tag der Eröffnung der bayerischen Ludwigsbahn zwischen Nürnberg und Fürth, sehen wir allgemein als das »Geburtsdatum« der Eisenbahn in Deutschland an. Mit dem aus England importierten Dampfwagen DER ADLER und einem britischen Lokomotivführer unternahm man diesen ersten Schritt in eine neue Zeit; denn die schon seit 1815 zu verfolgenden Versuche deutscher Werkstätten, eine brauchbare Konstruktion aufzustellen, waren fehlgeschlagen. Zwischen Stockton und Darlington hingegen liefen schon seit 1825 die ersten Maschinen aus der Fabrik von George Stephenson, die mittlerweile beträchtliche Bestellungen aus dem In- und Ausland auszuführen hatte.
Doch die Einrichtung von Eisenbahnen war ja nicht nur eine Frage der Technologie, sie war zugleich mit ökonomischen und politischen Problemen eng verknüpft. In allen europäischen Ländern läßt sich zu dieser Zeit, also nach dem Ende der napoleonischen Kriege mit der Kontinentalsperre und ihren Handelshemmnissen, die Tendenz feststellen, aus dem Stadium der Manufakturen und des Handwerks überzutreten zur Stufe einer beginnenden Industrialisierung. Gußeisen und Dampfmaschine sind zwei Symbole dieser Entwicklung, durch welche die Trennung von Stadt und Land vertieft, die arbeitsteilige Produktion beschleunigt und endlich auch die Forderung nach Transportmitteln erhoben wird. Der Pferdewagen des Gewürz- und des Tuchhändlers hatte ausgedient, wenn es um die Distribution von massenweise hergestellter Ware gehen sollte, auch: wenn es um die Distribution von Ware an die Massen gehen sollte, und zugleich war eben die Erschließung neuer Märkte eine Voraussetzung für die Einrichtung von Massenproduktion.
Es darf angesichts dieser enormen wirtschaftlichen Bedeutung des Projektes Eisenbahn nicht verwundern, daß all die Pioniere, deren Namen von Friedrich List über Friedrich Harkort bis zu Joseph von Baader wir gern ehrfurchtsvoll als diejenigen einsamer Rufer in der Wüste nennen, auch Widersacher und Gegenspieler ohne Zahl hatten. Adel und Grundbesitz mußten sich, ihrer Rolle und ihren Interessen entsprechend, in der Mehrheit gegen die Pläne alerter Kaufleute und unternehmungslustiger Industrieller wenden, denn die Furcht vor dem Neuen ging Hand in Hand mit der Angst vor einer Veränderung des Bestehenden.
Idealistisch wäre die Auffassung, die Väter der Eisenbahn in Deutschland hätten auch nur eine Mark investiert in ihr Vorhaben ohne die Hoffnung, sie dabei reich verzinsen zu können. Doch wie war es um das Geldwesen damals überhaupt bestellt? An der Wasserkante zahlte man in Mark und Schilling, in Preußen und Mitteldeutschland mit Talern und Groschen, im Süden hingegen per Gulden und Kreuzer; hinzu kamen lokale Spezialitäten. Das System der Maße und Gewichte war nicht minder verworren. Von »Deutschland« ließ sich ohnehin nicht sprechen: Der Deutsche Bund war nur ein loser Zusammenschluß souveräner Staaten, zu dem außer Preußen und Österreich – dieses aber nicht mit allen Teilgebieten – weitere vier Königreiche, ein Kurfürstentum, sechs Großherzogtümer, sechs Herzogtümer, zehn Fürstentümer, vier Freie Reichsstädte sowie das dänische Holstein und die niederländischen Provinzen Luxemburg und Limburg zählten. Erst 1834 fielen mit dem »Deutschen Zoll- und Handelsverein«, dem freilich eine ganze Reihe norddeutscher Länder nicht beitraten, die Zollschranken.

Der Bann wird gebrochen

Diesem neuen, liberalistischen Geist entsprach denn auch die Verleihung des Privilegiums zum Bau einer ersten Strecke an die Nürnberg-Fürther Gesellschaft durch König Ludwig I. von Bayern. Nur durch die Emission von Aktien, deutliches Zeichen veränderter wirtschaftlicher Verhältnisse, konnten die für Grunderwerb, Bau und Betrieb der Bahn erforderlichen 175 000 Gulden zusammengebracht werden. Dabei war man noch so vorsichtig, nicht allein auf den Dampfwagen zu setzen, sondern ließ bis zum Jahre 1863 auch Pferde die Lasten ziehen.
Nicht nur durch den Erfolg der Ludwigsbahn, sondern

auch durch den allenthalben um sich greifenden Fortschrittsgeist, war nun der Bann gebrochen. 1837 ging der erste Abschnitt der Strecke von Leipzig nach Dresden, 1839 der Rest in Betrieb; zuvor, 1838, bereits die Bahnen von Berlin nach Potsdam, von Erkrath nach Düsseldorf und von Braunschweig nach Wolfenbüttel. Die letztgenannte Linie war die erste Staatsbahn, während allgemein die Regierungen wegen der Notwendigkeit von Anleihen zum Bau der Bahnen vor diesem Schritt zurückschreckten.

Bereits nach fünf Jahren, 1840, sind etwa 500 Streckenkilometer vorhanden; zugleich überschreiten die Eisenbahnen erstmals die Ländergrenzen, etwa zwischen Preußen und Anhalt oder zwischen Frankfurt am Main und Nassau. In Preußen regelte bereits ein Gesetz die Aufsicht des Staates über die Privatbahnen, gab diesen zugleich aber, wie zuvor den Chausseen, das Recht der Enteignung. Allmählich gelangten die in Berlin, Magdeburg, Leipzig, Braunschweig, Köln, Frankfurt am Main, in Baden und um Augsburg

entstehenden Netze miteinander in Verbindung; Altona und Breslau werden bald darauf neue Schwerpunkte. Gewaltigen volkswirtschaftlichen Einfluß hat die Aufnahme der Beförderung von Ruhrkohle mit der Eisenbahn, heizte man doch bis dahin, selbst in den Lokomotiven, mit englischen Brennstoffen, deren Preise der holländische Rheinzoll und der dänische Sundzoll zusätzlich in die Höhe getrieben hatten. Jetzt machte die Köln–Mindener Eisenbahn das Geschäft mit Berlin. Doch zugleich, nun für Jahrzehnte ein Kriterium, trachtete jedes Land und jede Bahn danach, den Verkehr so lange wie möglich innerhalb des eigenen Gebietes zu behalten. Preußen förderte, um nicht weiterhin auf das bis 1866 selbständige Hannover angewiesen zu sein, schon bald die Ost-West-Verbindung von Halle über Erfurt und Kassel durch Kurhessen nach Warburg, Altenbeken und Hamm. Vollends problematisch muß der Bau einer weiteren Linie erscheinen: der sich fast peinlich genau an die Landesgrenze anschmiegenden Bahn über Kreiensen, Holzminden und Altenbeken, die kaum zwei Jahre nach ihrer Fertigstellung, mit dem Untergang des Königreiches Hannover 1866, als beinahe überflüssig gelten konnte. Sie ist nur ein Beispiel von vielen. Schon entstehen die ersten Privatbahnstrecken! Auch mit dem Ziel, der Konkurrenz die Fracht wegzuschnappen, während gleichzeitig die Erschließung des preußischen und bayerischen Ostens, also Bromberg und Königsberg einerseits, Regensburg und Passau andererseits, nur mit Mühe privates Kapital zu interessieren vermag. Noch immer herrscht unter den Ländern keine Einigkeit darüber, ob Staatsbahnen oder Privatbahnen die größeren Vorteile böten. 1840 besaßen nur Braunschweig und Baden staatliche Eisenbahnen, doch bald darauf begannen Bayern, Württemberg und Sachsen mit der Verstaatlichung, nicht selten zur Rettung privater Bahnen aus Zahlungsschwierigkeiten. Preußen beschränkt sich demgegenüber zunächst auf eine kurze Strecke an der Saar sowie auf die militärisch bedeutende Westfälische Eisenbahn, während die 1850 übernommene Niederschlesisch-Märkische Bahn weiterhin staatlich geführt wird.

Schon 1845 waren in Deutschland 2300 km, zehn Jahre später gar 8290 km und vor Beginn des preußisch-österreichischen Krieges (Deutscher Krieg) von 1866 bereits 14 690 km Eisenbahnstrecke vorhanden. Inzwischen hatte sich längst eine deutsche Eisenbahnindustrie herausgebildet, aus deren klangvollen Namen hier nur Borsig und Henschel erwähnt werden sollen. Hartmann in Chemnitz, Kessler in Eßlingen und Maffei in München gehörten ebenso dazu, doch traten neben die »Hoflieferanten« der einzelnen Länder alsbald tatkräftige Wettbewerber. In Nürnberg legte Klett mit dem Bau eines Wagenwerkes den Grundstein zur Maschinenfabrik Augsburg-Nürnberg; bald darauf schossen Waggonfabriken wie Pilze aus dem Boden.

Eisenbahnboom

Wir haben nun den Deutsch-Französischen Krieg von 1870/71 mit seinen Auswirkungen auf das Eisenbahnwesen zu erwähnen. Zu Beginn dieses Krieges haben die deutschen Bahnen – etwa zur Hälfte privat, zur anderen Hälfte staatlich organisiert – rund 18 000 km Streckenlänge. Der Ausgang des bewaffneten Konfliktes beschert einen unvorstellbaren, kurzfristigen Boom in Sachen Eisenbahn. Die Gründerjahre sorgen für ein gewaltiges Verkehrsaufkommen, dieses wiederum ruft Streckenbauten, erbitterten Konkurrenzkampf – gegen die Staatsbahnen wie auch gegen andere Privatbahnen – und schließlich auch Bankrotte ohne Zahl hervor.

Bereits anläßlich der Reichsgründung hatte der Kanzler Bismarck die Vorstellung geäußert, nach den Erfahrungen während der Kriegszeit sollten alle deutschen Eisenbahnen in der Hand des Reiches zusammengefaßt werden, doch war sein Vorschlag bei den übrigen Ländern auf wenig Gegenliebe gestoßen.

In Preußen selbst schritt Bismarck indes zielstrebig voran auf dem Weg der Verstaatlichung aller Eisenbahnen von mehr als regionaler Bedeutung. Bis 1885 gingen fast alle noch privat betriebenen Bahnen ebenso wie die zuvor vom preußischen Staat betriebenen, aber

im Privatbesitz befindlichen Strecken in das Eigentum Preußens über. Erwähnenswerte deutsche Privatbahnen mit Besitz an Hauptstrecken finden wir nach dieser Zeit nur noch in Form der hessischen Ludwigsbahn (bis 1896) und der bayerischen Pfalzbahn (bis 1908), denn auch Bayern und Sachsen hatten um 1875 alle Verstaatlichungen vollzogen.
Die Statistik erhellt diesen Vorgang: Noch 1870 hatten in Preußen die Staatsbahnen nur ein Drittel der Gesamtstreckenlänge inne, 1879 beliefen sich demgegenüber die Längen der Staatsbahnen auf 6200 km, die der staatlich verwalteten Privatbahnen auf 3500 km und die der eigentlichen Privatbahnen auf 10 000 km. Ende 1885 besaß Preußen Staatsbahnen von 21 624 km und Privatbahnen von nur noch etwa 1650 km Länge. Die einzige Privatbahn mit Durchgangsverkehr war jetzt die Lübeck–Büchener Bahn, die erst 1938 in Reichsverwaltung überging.

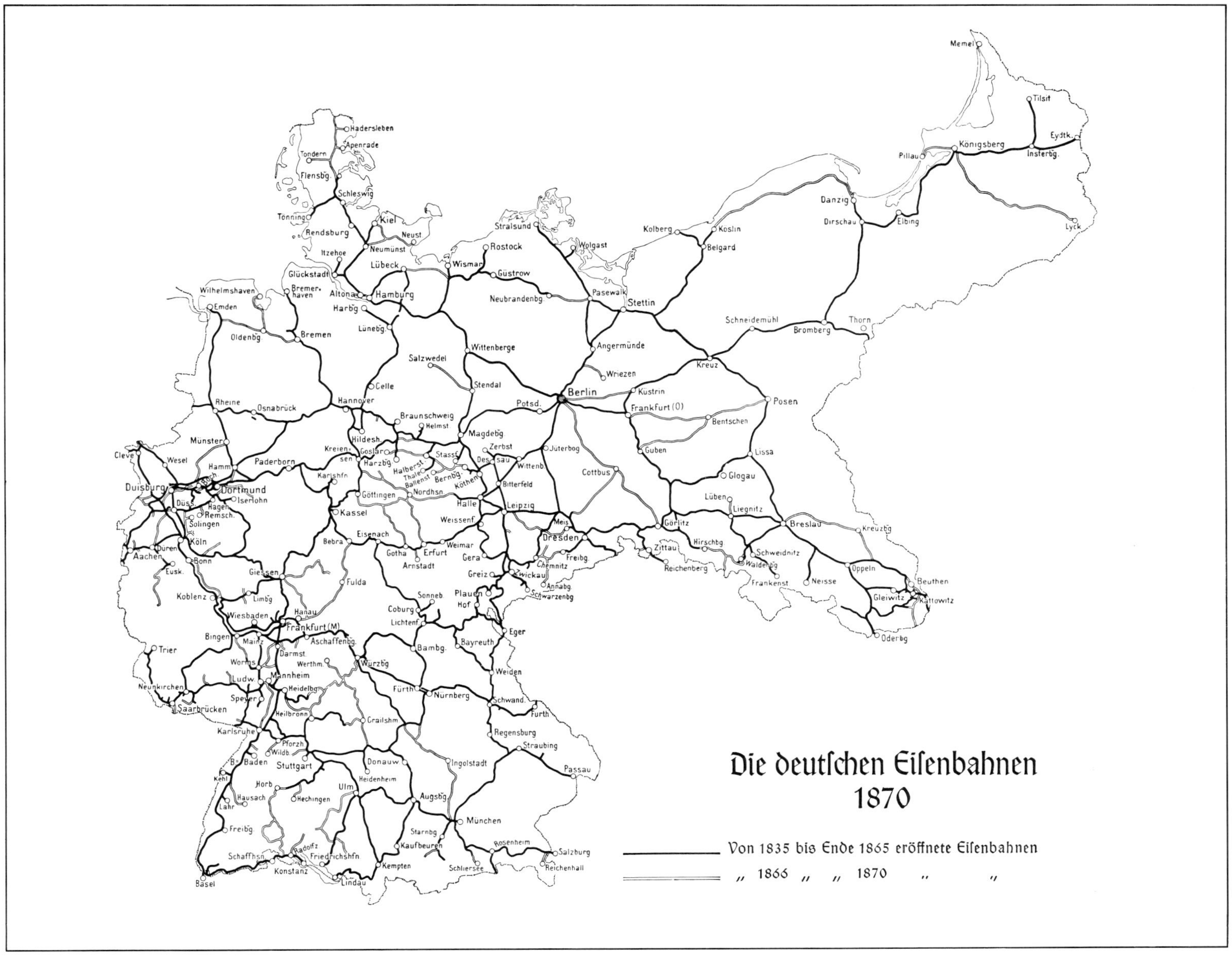

Diese Zahlen lassen aber zugleich das gewaltige Übergewicht Preußens unter den deutschen Eisenbahnen überhaupt erkennen, deren Gesamtlänge sich 1885 auf 37 650 km belief. Bis zum Ende des Ersten Weltkrieges sollte sich dieses Verhältnis weiter zugunsten Preußens verschieben.
In den nun folgenden Jahrzehnten rücken sich die einzelnen Staatsbahnen immer näher; Abkommen über die Wagenklassen und den Wagenaustausch schließen sich an. Ab 1904 gilt im Reich eine einheitliche Eisenbahn-Bau- und Betriebsordnung, die besonders die polizeilichen Ansprüche der Aufsichtsbehörden festlegt. Gleichermaßen erwähnenswert ist die rechtliche Etablierung von Nebenbahnen (Preußen) und Sekundärbahnen (Bayern), die es ermöglichen, die ländlichen Gebiete mit geringerem baulichem und administrativem Aufwand an die Hauptstrecken anzuschließen. Viel Romantik knüpft sich heute an diese Bahnen.
In Preußen macht die Einrichtung des zentralistischen Eisenbahnsystems erhebliche Fortschritte. Schon ab 1875 werden die Betriebsmittel, also Lokomotiven und Wagen, nach »normalisierten«, vereinheitlichten Zeichnungen beschafft, wenn auch gegen den Widerstand der lokalen Maschinenmeister. 1895 ist das Jahr der grundlegenden Reorganisation der preußischen Eisenbahnen; nun werden die Direktionen unter der Leitung eines Präsidenten eingerichtet, und eigentlich hat sich diese Struktur bis auf den heutigen Tag bei der Deutschen Bundesbahn erhalten.

Erhöhung der Leistungsfähigkeit

In den Jahren vor dem Ersten Weltkrieg verdichtet sich das Netz der deutschen Eisenbahnen von 46 560 km (1895) über 56 980 km (1905) auf 62 410 km (1915). Alte Veröffentlichungen sprechen vom weiteren inneren Ausbau des Netzes und von einer ständigen Erhöhung der Leistungsfähigkeit der Anlagen und Betriebsmittel, hinzu kam der Bau verschiedener »strategischer Bahnen«, deren Notwendigkeit sich aus dem Verlauf des Krieges von 1870/71 ergeben hatte.

In maschinentechnischer Hinsicht besonders bemerkenswert ist die Einführung der Verbundlokomotiven und sodann die der Heißdampfmaschinen. Erste Anwendung findet auch die Elektrizität im Eisenbahnwesen nach der aufsehenerregenden Vorstellung des elektrodynamischen Prinzips durch Werner von Siemens in Berlin 1879: Mit Drehstrom erreicht man auf der Militärbahn bei Berlin schon 1903 mehr als 200 km/h, mit Gleichstrom laufen allerorten Straßenbahnen und Untergrundbahnen, schließlich richten ab 1911 Preußen, Bayern und Baden ihre Versuchsbetriebe mit dem heute noch gültigen Wechselstromsystem von 15 000 V und $16\frac{2}{3}$ Hz ein. Gegenvorschläge in Bayern (S 2/6) und in Preußen (S 9) zeigen zwar ein weiteres Mal die Leistungsfähigkeit der Dampflokomotive, auf die auch für Jahrzehnte die planmäßige Zugförderung nicht verzichten kann, doch ist vielen Ingenieuren ab 1920 klar, daß die Zukunft der Elektrolokomotive gehören wird.
Demgegenüber liegt der Verbrennungsmotor, sowohl als Otto- wie auch als Diesel-Maschine, noch erheblich zurück, weil es vorerst nicht gelingt, eine verläßliche Kraftübertragung zwischen Motor und Radsatz zu installieren. Erste Triebwagen der Preußischen Staatsbahn bleiben Einzelstücke; zugleich experimentiert man in Württemberg, Bayern und Preußen mit Dampftriebwagen.
Am Aufmarsch des Jahres 1914 haben die deutschen Eisenbahnen ebenso großen Anteil wie an dem des Jahres 1870. Mit Kriegsbeginn erhält der Chef des Feldeisenbahnwesens diktatorische Vollmachten, er zieht Fahrzeuge und Menschen aus allen Bahnen heran. In Belgien etwa dienen die bayerischen Mallet-Lokomotiven der Gattung Gt 2 × 4/4, wahrhaftig keine einfachen Konstruktionen, zum Nachschub auf Steilstrecken, während die legendäre S 3/6 beim Maschinenamt Sedan läuft.
In der Heimat, besonders seit dem Beginn des »Hindenburgs-Programmes« zur Organisation der Rüstung, gerät das Eisenbahnwesen indes deutlich ins Stocken. Seit dem Winter 1916/17 werden deshalb alle Bahnen durch die Kriegs-Betriebsleitung gemeinsam

geführt. Als am besten geeignet für den Kriegsbetrieb erweist sich die simple preußische G 7, eine vierfach gekuppelte Zweizylinderlok, teilweise mit Verbundwirkung. Außerdem wird festgestellt, daß wegen des häufig wechselnden Personals der einheitlichen Ausstattung aller Führerstände besondere Bedeutung zukommt. All diese Überlegungen führen zur Konstruktion einer neuen, von allen Länderbahnverwaltungen gleichzeitig anzuschaffenden Kriegslokomotive der Gattung G 12, die ab August 1917 in über 1700 Exemplaren geliefert wurde. Sie hat indes auf das Kriegsgeschehen nur noch geringen Einfluß; ihre Hauptrolle besteht in der Vorbereitung des einheitlichen Maschinenwesens aller deutschen Eisenbahnen ab 1920.
Mehr als 25 600 km fremde Strecken werden verwaltet (9200 km auf dem westlichen, 12 400 km auf dem östlichen und 4000 km auf dem südöstlichen Kriegsschauplatz), mehr als 440 000 Mann, davon fast zwei Drittel Kriegsgefangene, versehen dort ihren Dienst.
Mit dem Kriegsende, dem Versailler Vertrag und dem Übergang des Deutschen Reiches in die parlamentarische Demokratie der Weimarer Prägung vollzogen sich mannigfache Veränderungen im Eisenbahnwesen. Zunächst sah der Waffenstillstandsvertrag die Abgabe von fast 8000 km Bahnstrecke, von 8264 Lokomotiven, 13 326 Personenwagen und 280 013 Güterwagen an die früheren Feindmächte vor, und wir wollen nicht verheimlichen, daß auch diese Reparationen den Grund gelegt haben zu mancherlei revanchistischen Gedanken folgender Jahrzehnte. Es sei nicht vergessen, daß diese Fahrzeuge nach dem Beginn des Zweiten Weltkrieges, als sie wieder in die Hand der Deutschen Reichsbahn gefallen waren, alsbald erneut mit deutschen Nummern versehen wurden.
Zweite wichtige Folge der Ereignisse des Jahres 1918 war jedoch, daß die verschiedenen Länderbahnen, den Bestimmungen der Weimarer Verfassung folgend, als einheitliches und selbständiges Wirtschaftsunternehmen verwaltet werden und per 1. April 1921 auf das Reich übergehen sollten. Der Zustand der abgewirtschafteten Bahnen und weitere innenpolitische Querelen führten schließlich dazu, daß bereits zum 1. April 1920 gegen eine Entschädigung von 39 Milliarden Mark die Eisenbahnen der Länder Preußen (34 443 km), Bayern (8526 km), Sachsen (3370 km), Württemberg (2156 km), Baden (1899 km), Hessen (1307 km), Mecklenburg-Schwerin (1177 km) und Oldenburg (681 km) vom Reich übernommen wurden. Insgesamt ergeben sich 53 560 km Betriebslänge der jungen Deutschen Reichsbahn.
Zu ihrer Verwaltung wird in Berlin das neue Reichsverkehrsministerium errichtet, dessen Etat einen Teil des allgemeinen Staatshaushaltes bildet. Die dringend notwendige Erneuerung des Rollmaterials und die Beschäftigung der vielen Kriegsheimkehrer im Eisenbahndienst sind die volkswirtschaftlichen Probleme des Tages, können jedoch von der Verwaltung nicht nach eigenem Gutdünken entschieden werden. Mit der Inflation und dem französischen Einmarsch in das Ruhrgebiet kommen weitere Schwierigkeiten auf die Eisenbahn zu.

Neue Initiativen

Weitere Versuche der Jahre 1923 und 1924, die Angelegenheiten der Eisenbahn besser zu regeln, werden durch die Auswirkungen der Reparationsverhandlungen und den Dawes-Plan überholt. Er sieht vor, daß die Reichsbahn als Pfand für die Reparationsverpflichtungen Deutschlands gegenüber der Entente zu dienen hat. Es wird deshalb die Deutsche Reichsbahn-Gesellschaft gegründet, die im Ausland Schuldverschreibungen über 11 Milliarden Goldmark ausgibt und diese fortan mit jährlich 660 Millionen Goldmark verzinst und tilgt. So kann der Sachwert der Reichsbahn doch Eigentum des Reiches bleiben, während die »Gesellschaft« den Betrieb führt. Ihr erster Generaldirektor wurde Rudolf Oeser, sein Stellvertreter ab 1925 und Nachfolger ab 1926 war Julius Dorpmüller.
In den nun folgenden späten zwanziger Jahren beginnt die Reichsbahn mit Initiativen auf vielen Gebieten, um Verkehr zu werben. Der RHEINGOLDZUG, Motortriebwagen für die Nebenbahnen, die Fortsetzung der

Elektrifizierung in Schlesien, Mitteldeutschland und Bayern – all dies sind Versuche, der aufkommenden Konkurrenz des Kraftwagens zu trotzen. Doch mit dem wirtschaftlichen Auf und Ab schwanken auch die dazu notwendigen Beschaffungen: Neue Einheits-Dampflokomotiven sind konstruiert, können aber ab 1925 nur allmählich eingeführt werden, weil in den fünf Jahren zuvor riesige Stückzahlen von Länderbahnmaschinen gekauft werden mußten, um die Lücken im Bestand zu stopfen und die Rüstungsarbeiter weiter zu beschäftigen. Im Waggonbau läßt sich der Übergang zur Ganzstahlbauweise beobachten, gleichfalls aber noch ohne die gebührende Verbreitung.
1930 brachte der Young-Plan das Ende der unmittelbaren Verpfändung an das Ausland und den Auszug der die einzelnen Staaten vertretenden Beamten aus dem Reichsbahn-Verwaltungsrat mit sich. Im Jahre 1932 führte das Abkommen von Lausanne zum Ende der Reparationszahlungen durch die Reichsbahn. Im gleichen Zeitraum, beeinflußt auch durch die Politik des Reichskanzlers Brüning, werden weitere Schritte der Reichsbahn nach vorn unternommen: Es kommt zum Bau des spektakulären FLIEGENDEN HAMBURGERS, zum Kauf weiterer Diesel-Schnelltriebwagen und Stromlinienlokomotiven, deren geringe Stückzahl dem allgemeinen Fahrplan zwar nur einige Glanzlichter aufsetzen kann, deren propagandistische Wirkung – im Guten wie im Bösen, für die Eisenbahn wie für den neuen braunen Staat – aber nicht unterschätzt werden darf. 1935, zur Jahrhundertfeier, werden sie in Nürnberg ausgestellt und in Form einer Parade internationalem Publikum vorgeführt; 1935 ist auch das Jahr der Eingliederung der saarländischen Bahnen in die Reichsbahn.
1937, mit Proklamationen Hitlers zu Reichsbank und Reichsbahn, werden alle Reparationsverpflichtungen abgesagt. Aus der bisherigen Reichsbahn-Gesellschaft wird wieder die Deutsche Reichsbahn, ihr Generaldirektor wird nun zugleich Reichsverkehrsminister.
Immer enger sind jetzt unsere Daten aus der Eisenbahngeschichte mit denen der hohen Politik verknüpft. 1938 wird Österreich annektiert, Reichsbahndirektionen in Linz, Villach und Wien werden errichtet. An die Einverleibung der Bahnen des Sudetenlandes schließt sich die Übernahme der Strecken im westlichen Polen und in Danzig an.
Wieder einmal befinden sich die deutschen Eisenbahnen im Krieg. Das Blitzkriegskonzept Hitlers hat ihnen nicht mehr die große Rolle zugedacht wie in den Aufmärschen von 1870 und 1914. Man setzt auf den Lastkraftwagen, bedient sich zwar in zahlreichen Fällen auch der leistungsfähigen Eisenbahn, doch fehlt es schon 1939 überall an Lokomotiven und Waggons. Ein Sofortprogramm, aus dem besonders die leichte Güterzugbaureihe 50 zu erwähnen ist, soll hier helfen, doch können die mit Rüstungsaufgaben beschäftigten Fabriken nicht so rasch die Versäumnisse der Kriegsplanung beheben.
Bis 1941 beruhigt sich die Lage wieder etwas, doch mit dem Angriff auf die Sowjetunion entstehen Nachschubwege von unvorstellbarer Länge. Auf den umgenagelten Gleisen stocken die Transporte, die empfindlichen deutschen Lokomotiven sind den winterlichen Frosteinbrüchen nicht gewachsen, hinzu kommen Ausfälle durch Kriegs- und Partisanentätigkeit. In großer Eile wird Anfang 1942 ein »Führerprogramm« zur Erzeugung von 15 000 Kriegslokomotiven aufgestellt. Unter Einschaltung aller Lokfabriken der besetzten Gebiete und weitgehender Beschränkung der Anzahl von Lokomotivtypen wird bis Mitte 1943 die Produktionskapazität der Industrie auf 500 Lokomotiven im Monat gebracht. Doch schon zu diesem Zeitpunkt muß das Ruder wieder herumgeworfen werden, denn der Panzerbau erhält nun Vorrang. Insgesamt sind etwa 7500 Kriegslokomotiven der Reihe 52 gebaut worden, die später in fast allen Ländern Europas in unterschiedlicher Anzahl verblieben sind. Demgegenüber hat die etwas schwerere Reihe 42 mit etwa 800 Exemplaren nur bescheidene Bedeutung erreicht.
Im Verlauf des Krieges war, auch durch die Treibstoffverknappung, die Eisenbahn bald der wichtigste Verkehrsträger für militärische wie zivile Aufgaben geworden. Für Minister Speer ergab sich die Erkenntnis, daß neben den Arbeitskräften und den Rohstoffen die

Transportmittel als dritte »Säule der Kriegswirtschaft« über den Ausgang des Konflikts entschieden, als die Alliierten mit systematischen Angriffen auf Bahnhöfe, Betriebswerke und Knotenpunkte das gesamte Eisenbahnwesen lahmlegten. Wohl konnten Risse im Netz immer wieder geflickt werden, doch blieben die Zerstörungen nicht ohne Einfluß auf die Leistungsfähigkeit von Eisenbahn und Rüstung.
Unvorstellbar waren die Schäden bei allen Eisenbahnen Europas im Jahre 1945. In Deutschland, nachdem auf lokaler Ebene der Betrieb wieder in Gang gekommen war, hemmten besonders die zerstörten Brücken den durchgehenden Verkehr. In der englisch-amerikanischen Bizone waren über 3500 km Gleis, 13 000 Weichen, 2472 Brücken, 1500 Stellwerke und 4700 Lokomotivstände unbrauchbar geworden. In der französischen Zone führte die Südwestdeutsche Eisenbahn ein Eigenleben; in der sowjetischen Besatzungszone machten besonders die Demontagen, denen vielerorts das zweite Gleis der Hauptstrecken zum Opfer fiel, von sich reden. In Berlin kam allmählich der Verkehr, in den Ruinen der Kopfbahnhöfe notdürftig aufrechterhalten, zum Erliegen, denn die Stadt war nicht mehr länger politischer, wirtschaftlicher und kultureller Mittelpunkt des ganzen Landes. Mit der Blockade von 1948 brach auch dieser Verkehr ab, und lange Jahre hat das Wort »Interzonenzug« für die Reise nach Berlin gestanden.

Die Deutsche Bundesbahn

1951 wurde auf dem Gebiet der Bundesrepublik die Deutsche Bundesbahn gebildet, zu deren wichtigsten Aufgaben neben dem Wiederaufbau die Anpassung an eine veränderte Verkehrsgeographie und an die rasche Entwicklung auf ihrem Markt gehörte. Jetzt erst brachte das Automobil die Eisenbahn wirklich in Bedrängnis, zwang die Schiene zu einem noch immer nicht abgeschlossenen Rückzug aus der Fläche, zur Umstellung vom Dampfbetrieb auf Schienenbusse, Diesel- und Elektrolokomotiven. Noch längst ist ein Ende für diesen Prozeß, der zugleich den Übergang von einer Verwaltung zu einem Unternehmen bedeutet, nicht abzusehen. Zugleich sollten wir uns davor hüten, allein einen unklaren Begriff vom »Defizit« der Bahn zum Erfolgsmaßstab dieser Bemühungen zu machen. Mit dem Abbau der nicht kostendeckenden Leistungen werden auch die bis jetzt noch rentablen Betriebszweige leicht untergraben. Es entspricht den Gesetzen der sozialen Marktwirtschaft, die Verluste aus gesellschaftlich notwendigen Aktivitäten mit dem Staatshaushalt zu decken.
Im Rahmen ihrer Möglichkeiten versucht die Bundesbahn durchaus, ihr Angebot zu verbessern. Mit der Herstellung von Neubaustrecken soll die jahrzehntelange Passivität auf diesem Gebiet durchbrochen werden, sollen einige historische Engpässe umfahren und höhere Geschwindigkeiten erreicht werden. Ob sie sich damit nicht zu weit nach vorn wagt in einem technologischen Konzept, das von stets ungebrochenem Wachstum ausgeht, vermögen wir heute kaum zu beurteilen.

Die Eisenbahnen der DDR

Langsamer, mitunter überlegter, dafür mit eigenen Problemen behaftet, ging die Entwicklung der Eisenbahnen in der DDR voran, die nach wie vor den alten Namen »Deutsche Reichsbahn« führen. Touristen aus dem westlichen Ausland strömen in jährlich wachsender Zahl ins Land, um die letzten planmäßigen Dampflokomotiven und auch die mit besonderer Liebe geführten »Traditionsbahnen« in reizvollen Fremdenverkehrsgebieten zu sehen. Sie treffen dort zugleich auf eine Bahnverwaltung, die gewaltige Anstrengungen beim Aufholen des durch die Demontagen bescherten Rückstandes und bei der Rationalisierung ihres Betriebes macht, die zugleich aber, wie sich aus dem Kauf von Diesellokomotiven in der UdSSR und in Rumänien oder aus dem verwirrenden Hin und Her bei ihren Elektrifizierungsvorhaben ergibt, in einem internationalen Planungszusammenhang steht, der nicht stets die optimale Bewältigung ihrer Aufgaben gewährleistet.

Alfred B. Gottwaldt

Die erste Eisenbahn auf österreichischem Boden war eine kleine Bahn, die nicht für den öffentlichen Verkehr bestimmt war. Um 1810 in einer Gesamtlänge von etwa 5,6 km fertiggestellt, hatte sie eine Spurweite von etwa 820 mm und diente dem Abtransport des Gesteins vom Erzberg nach dem Ort Eisenerz in der Steiermark. Sie wurde teils mit Menschen-, teils mit Pferdekraft betrieben. Ihre Existenz blieb auch den meisten Zeitgenossen unbekannt.
Österreich kann aber den Ruhm für sich in Anspruch nehmen, die erste Überlandstrecke auf dem Kontinent gebaut zu haben, allerdings auch als Pferdebahn: die Strecke Budweis – Linz – Gmunden. Kaiser Franz I. erteilte am 7. September das Privilegium zum Bahnbau, und der erste Abschnitt zwischen Budweis und Kerschbaum in Oberösterreich wurde am 30. September 1828 eröffnet – drei Jahre, nachdem in England die Bahn von Stockton nach Darlington mit Stephensons Lokomotive LOCOMOTION erfolgreich das Zeitalter der Dampfbahnen eingeleitet hatte. Die Strecke Budweis – Linz, ursprünglich für den späteren Betrieb mit Dampflokomotiven konzipiert, dann aber aus Kostengründen mit engen Kurven ausgestattet, wurde am 1. August 1832 fertiggestellt, und bis zum 1. April 1835 konnte die Strecke bis Gmunden in Betrieb genommen werden.
Wenn die Pferdebahn Budweis – Linz – Gmunden auch in ein neues Zeitalter wies: Bestand hatte sie keinen, weil sie mit unzulänglichen Mitteln unzulänglich ausgestattet wurde – ein österreichisches Schicksal. Am Ende des 19. Jahrhunderts verschwand sie von der Bildfläche, nachdem ihre Strecken teils neu trassiert, teils auch nur von 1106 mm auf Normalspur 1435 mm umgespurt worden war. Wenige kostbare Relikte sind noch in Österreichs Eisenbahnmuseum erhalten.

Der Eröffnungszug entgleiste

Anfangs wurden in Österreich Eisenbahnen aufgrund privater Initiativen gebaut. Das Bankhaus Rothschild erhielt am 4. März 1836 von Kaiser Ferdinand das Privileg zum Bau einer Bahn von Wien nach Krakau und weiter zu den Kohlengruben von Bochnia. Als erste Dampfbahn Österreichs wurde schließlich das Teilstück von Florisdorf bei Wien nach Wagram in der Länge von über 13 km eröffnet; die Kaiser-Ferdinands-Nordbahn nahm den Betrieb auf. Kurz darauf wurden die beiden Brücken über die Donau und das »Kaiserwasser«, die heutige Alte Donau, fertiggestellt, und Wien hatte am 6. Januar 1838 den ersten Bahnanschluß. Hin- und Rückfahrt kostete in der 1. Klasse 50 Kreuzer, in der 2. Klasse 30 Kreuzer und in der 3. Klasse 15 Kreuzer, aber noch konnte man nicht einfach am Bahnhof die Fahrkarte lösen. Reiselustige mußten ihre Fahrtausweise im voraus einige Tage vor der Fahrt in einem eigens in der Wollzeile in der Innenstadt eingerichteten Büro lösen und bezahlen; sie waren auf bestimmte Plätze ausgestellt.
Am ersten Betriebstag gab es auch gleich ein kleines Malheur: Der Eröffnungszug konnte vom Lokomotivführer auf der Rückfahrt in Wien nicht gleich zum Stehen gebracht werden, die Lokomotive und der erste Wagen bewegten sich übers Gleisende hinaus und kamen erst auf dem Erdreich zum Stillstand. Immerhin hatte ein bedeutsames Ereignis stattgefunden: Das erste Teilstück des Eisenbahnnetzes, das bis zur Jahrhundertwende praktisch das Verkehrsmonopol innehatte, war der Öffentlichkeit übergeben worden. Die Strecke in Richtung Krakau wurde weitergebaut und war am 1. August 1856 fertiggestellt, nachdem schon am 7. Juli 1839 die Flügelbahn nach Brünn ihrer Bestimmung übergeben worden war.
Clevere Grundstücks- und Aktienspekulanten hatten bald erfaßt, daß an den Eisenbahnen und der Gutgläubigkeit des Publikums zu verdienen war. Dem wollte der Staat mit dem am 19. Dezember 1841 erlassenen »Patent« entgegenwirken, das bestimmte, daß wichtige Eisenbahnen durch den Staat erworben und weitere wichtige Bahnlinien durch den Staat selbst erbaut werden konnten. So wurde die Strecke Wien – Gloggnitz mit den Flügelbahnen Mödling – Laxenburg und Wiener Neustadt – Katzelsdorf 1853 an den Staat

abgetreten, nachdem vom Staat der Beschluß gefaßt worden war, Wien mit dem wichtigen Seehafen Triest (damals zu Österreich gehörend) durch eine Bahnlinie zu verbinden. Die Strecke Wien – Gloggnitz war (noch unter privater Herrschaft) bereits am 5. Mai 1842 eröffnet worden, und am 21. Oktober 1844 wurde das Teilstück der Südlichen Staatsbahn zwischen Mürzzuschlag und Graz in Betrieb genommen.

Dazwischen klaffte allerdings eine Lücke: der Übergang über den Semmering. Carl Ritter von Ghega war der Mann, den das Schicksal ausersehen hatte, die erste Gebirgsbahn der Welt, eben jene über den Semmering, zu erbauen. Mit Hilfe von 15 Tunneln – der längste 1430 m, der kürzeste 13,5 m lang – und 16 Steinviadukten, teils in kühnen Bögen angelegt, wurde der Paß überwunden. Die Linie zählt noch heute zu einer der landschaftlich schönsten Strecken von Österreichs Bahnen. Am 22. Oktober 1853 war die Strecke zwischen Gloggnitz und Mürzzuschlag endgültig fertig, und der Betrieb wurde schließlich am 17. Juli 1854 aufgenommen.

Das Jahr 1854 war aber für das alte Österreich ein sehr kritisches. Infolge schlechter Finanzgebarung herrschte völlige Ebbe in der Staatskasse, und so mußte sich der Staat von zahlreichen in seinem Besitz befindlichen Unternehmungen trennen. Dazu gehörten nicht nur Bergwerke, Forstreviere, Domänen – sondern auch die bereits vom Staat in einer Länge von immerhin 924 km betriebenen Eisenbahnen.

Das Sequestrionsgesetz

Im Jahre 1874 leitete der Staat die zweite Ära des staatlichen Eisenbahnbaus in Österreich ein, es wurde mit dem Bau der Dalmatiner Staatsbahn begonnen: Die Hauptlinie führte von Spalato über Perkovič nach Siverič mit 83 km Länge und die Flügelbahn von Perkovič nach Sebenico mit 22 km Länge, am 4. Oktober 1877 war sie fertiggestellt. Am 14. Dezember 1877 wurde das »Sequestrionsgesetz« verabschiedet, damit wurden weitere Neubauten seitens des Staates sowie die Übernahme bereits bestehender Bahnlinien eingeleitet. Als erste kleine Bahn wurde die Nebenbahn Braunau–Straßwalchen in Oberöstereich und Salzburg verstaatlicht; die erste große Bahnlinie, die in den Besitz der kaiserlich-königlichen Staatsbahn (kkStB) überging, war 1879 die Kronprinz-Rudolf-Bahn. Im Jahre 1884 wurden folgende Bahnen von der kkStB übernommen: Kaiser-Franz-Josefs-Bahn, Kaiserin-Elisabeth-Bahn, Dux-Bodenbacher-Bahn, Eisenbahn Pilsen-Priesen, Prag-Duxer-Eisenbahn; 1885 folgten die Galizische Transversalbahn; 1892 die Galizische Carl-Ludwigs-Bahn; 1895 die Böhmische Westbahn und die Mährisch-Schlesische Zentralbahn; 1899 die Reichwald-Gablonz-Tannwalder-Bahn; 1907 die Kaiser-Ferdinands-Nordbahn; 1908 die Böhmische Nordbahn und schließlich 1909 die Österreichische Nordwestbahn, die Böhmische Kommerzialbahn und die Österreichische Staatseisenbahn-Gesellschaft (StEG), trotz ihres Namens eine Privatbahn. Unabhängig bis zum Zerfall der Monarchie 1918 (und teilweise darüber hinaus) blieben unter anderem die 1858 aus mehreren Linien entstandene Südbahn, die Aussig-Teplitzer-Bahn, die Kaschau-Oderberger-Bahn, die Buschtehrader Bahn, die Graz-Köflacher-Bahn und andere kleinere Linien. Neben der Übernahme wichtiger (und meist defizitärer) Bahnlinien im öffentlichen Interesse war eine weitere wichtige Aufgabe der österreichischen Eisenbahnverwaltung die Erschließung von noch nicht bestehenden, aber verkehrstechnisch wichtigen Verbindungen. Die wichtigsten dieser Projekte waren: die Arlbergbahn, die Tauernbahn, die Karawankenbahn, die Wocheinerbahn und die Pyhrnbahn.

Alle diese Bahnen wurden gebaut und überwanden bisher trennende Gebirge. Bis 1909 waren diese Strecken im wesentlichen fertiggestellt, und mit der Übernahme der großen Privatbahnen hatten die kkStB nunmehr ein Netz zur Verfügung, das dem damaligen Verkehrsaufkommen gerecht wurde. Ort und Gebiete, die abseits der Hauptbahnen lagen, wurden durch eine große Anzahl – 1910 waren es immerhin etwa 200 – normal- und schmalspuriger Neben- und Kleinbahnen bedient.

Berühmt wurde das Schmalspurnetz in Bosnien und der Herzegowina, das zur Zeit seiner größten Ausdehnung unter Einbeziehung von privaten Waldbahnen eine Ausdehnung von nahezu 2000 km erreichte.

Österreichische Bundesbahnen

Im Jahre 1918 ging die Herrlichkeit der österreichischen Bahnen zu Ende. Österreich wurde von Ungarn getrennt und bedeutende Gebiete mußten an die Tschechoslowakei, Jugoslawien, Polen, Rumänien und Italien abgetreten werden; einziger Gebietszuwachs war das zuvor zu Ungarn gehörige, aber vorwiegend deutschsprachige Burgenland. Die in Rest-Österreich verbliebenen Bahnen wurden am 12. November 1918 zur Deutsch-Österreichischen Staatsbahn, am 21. Oktober 1919 zu den Österreichischen Staatseisenbahnen und am 29. Juli 1923 zu den Österreichischen Bundesbahnen. Die in Österreich verbliebenen Linien der Südbahn wurden mit Wirkung vom 1. Juli 1924 an die Österreichischen Bundesbahnen angegliedert; selbständig verblieb die Graz–Köflacher Bahn sowie die teilweise den Ungarn gehörende Raab–Ödenburg–Ebenfurter Eisenbahn nebst einigen kleinen, teils schmalspurigen Linien (Zillertalbahn, Steiermärkische Landesbahnen, Stern & Hafferl und andere). Am 17. März 1938 wurden die Österreichischen Bundesbahnen in die Deutsche Reichsbahn eingegliedert und verblieben dort bis 1945, als es wieder eine »Österreichische Staatseisenbahn« gab, die allerdings bald wieder in »Österreichische Bundesbahnen« umbenannt wurde.
Von den im Jahre 1918 vorhandenen 7250 Dampflokomotiven der kkStB erhielten die Tschechoslowakei 2957, die Österreichischen Bundesbahnen 2001, die Polnischen Staatsbahnen 1420, die Italienischen Staatsbahnen 462 (wobei die Kriegsbeute nicht angerechnet wurde), die Jugoslawischen Staatsbahnen 189 und die Rumänischen Staatsbahnen 140 Lokomotiven. An Kriegsverlusten wurden 65 Lokomotiven gezählt, 16 Stück waren nicht mehr auffindbar. Die finanzielle Lage der Österreichischen Bundesbahnen konnte schlicht als katastrophal bezeichnet werden. Und dennoch regte sich bald der Wille zum Neuaufbau, zur Neukonstruktion von Lokomotiven und Wagen. Trotz oder wegen der wirtschaftlichen Schwierigkeiten wurde ein Elektrifizierungsprogramm entworfen. Wenn es auch noch bedeutende Neubauten von Dampflokomotiven gab, wie die wunderschöne Schnellzuglokomotive der Reihe 214, so wurde doch großes Augenmerk auf die Elektrifizierung – in erster Linie der Gebirgsstrecken – gelegt und diese auch durchgeführt. Bis 1938 war die Westbahnstrecke von Bregenz bis Attnang-Puchheim elektrifiziert, ebenso die Tauernbahn von Salzburg bis Spittal/Drau.
Durch die Eingliederung in die Deutsche Reichsbahn wurden diese Arbeiten gestoppt. Der 1939 ausbrechende Zweite Weltkrieg brachte schwere Zerstörungen an Schienen, Gebäuden und rollendem Material und 1945 zwar die Wiedererrichtung der Republik Österreich, aber auch die Teilung in vier Besatzungszonen und die Beschlagnahme von zahlreichen Lokomotiven besonders in der sowjetischen Besatzungszone. Erst 1955, nach dem endgültigen Abzug der allierten Besatzungsmächte, war wieder ein voll geregelter Betrieb nach Beseitigung der schwersten Kriegsschäden denkbar.
Bald setzte auch die Fortführung der Elektrifizierung der vorhandenen Strecken ein, und bis Ende 1978 waren etwa 50 Prozent der zirka 5800 km Bundesbahngleise elektrifiziert, auf denen allerdings nahezu 90 Prozent des gesamten Verkehrs abgewickelt wurden. Spät, aber doch nicht zu spät, begann man sich auch an den verantwortlichen Stellen daran zu erinnern, daß eigentlich die Bahn Vorrang bei der Beförderung von Schwertransporten haben sollte, und gerade in den letzten Jahren wurde besonders der Güterverkehr intensiviert, ohne daß dabei vergessen wurde, auch die Beförderung von Personen attraktiver zu machen. Neue, leistungsfähige Elektro-Lokomotiven wurden beschafft, darunter die modernsten Thyristor-Lokomotiven der Reihe 1044, und der Güter- und Personenwagenpark erneuert und modernisiert.

Richard Heinersdorff

In der Schweiz begann das Zeitalter der Eisenbahnen im Vergleich zu anderen europäischen Staaten verhältnismäßig spät und durch die Hintertür: Die französische Bahn überschritt bei St. Louis die Grenze und endete nach etwa 1,8 km im Bahnhof Basel auf schweizerischem Staatsgebiet. Der erste Zug kam am 15. Juni 1844 auf diesem Bahnhof an, der im Baseler Vorort St. Johann gelegen war. Die erste Bahnstrecke innerhalb der Schweiz war dann die von der Nordbahn gebaute Strecke zwischen Zürich und Baden, die allgemein als Spanisch-Brötli-Bahn bekannt ist; sie wurde am 9. August 1847 in Betrieb genommen. Das »Spanisch Brötli« ist ein Gebäck, das aus Baden kam und jetzt bereits in der Früh auf den Tischen wohlhabender Zürcher Bürger lag – die Bahn machte es möglich.

Der Beginn des Eisenbahnzeitalters hatte in der Schweiz deshalb so lange auf sich warten lassen, weil die Eisenbahnhoheit bei den 25 politisch unabhängigen Kantonen und Halbkantonen lag. Der Kantönligeist stand der Entwicklung eines leistungsfähigen Eisenbahnnetzes genauso im Weg wie die schwierigen geographischen Verhältnisse des Gebirgslandes Schweiz. Das sollte sich erst im Jahre 1848 ändern, als der Bundesstaat geschaffen wurde. Nun endlich verschwanden die Zollgrenzen an den Grenzen der Städte und Kantone mit ihren handelsfeindlichen Schlagbäumen, und die Schweiz wurde ein einheitliches Wirtschaftsgebiet.

Das Expropriationsgesetz vom Jahre 1850 ermöglichte die Enteignung von Grundstücken zugunsten des Bahnbaus, und damit war der erste Schritt zu seiner Förderung getan. In der Frage Privatbahnen oder Staatsbahnen entschieden sich die Schweizer zugunsten der ersteren, und das 1852 erlassene Eisenbahngesetz hatte den Grundsatz: »Der Bau und Betrieb der Eisenbahnen im Gebiet der Eidgenossenschaft bleibt den Kantonen beziehungsweise der Privattätigkeit überlassen.« Dem Bund (also dem Staat) blieb immerhin das Rückkaufsrecht vorbehalten, allerdings forderte er von den Privatbahnen eine einheitliche technische Normierung; diese betraf Spurweite (es wurde in der mittlerweile anerkannten Normalspur von 1435 mm gebaut), Kupplungen, Pufferhöhe und anderes.

Der Begriff »Privatbahnen« bedeutete nur, daß sie nicht vom Bund betrieben wurden; es gehörten dazu rein private, gemischtwirtschaftliche und rein kantonale Bahnen. Immerhin entstand als Folge des Eisenbahngesetzes ab 1852 und mit Hilfe von kantonalen Konzessionen in verhältnismäßig kurzer Zeit ein ziemlich dichtes Eisenbahnnetz. Seine Länge betrug 1861 bereits 1051 km, 1871 waren es 1439 km. Im Jahre 1872 kam es unter den bisher 16 Bahnen, an denen in starkem Maß auch ausländisches Kapital beteiligt war, zu einer Reihe Zusammenschlüssen, so daß zehn größere Linien übrigblieben. Die wichtigsten waren: die (von Basel gegründete) Centralbahn, die (von den Zürchern geförderte) Nordostbahn, (in den Kantonen St. Gallen und Graubünden entstandene) Vereinigte Schweizerbahnen, die Suisse Occidentale, die Berner Staatsbahn, die Jura Industriel und die Ligne d'Italie; letztere war in Richtung Italien gebaut und sollte später einmal (durch den Simplontunnel) an die italienischen Bahnen anschließen. Die südöstliche Schweiz besaß wegen der topographischen Gegebenheiten noch keine Eisenbahn, aber es waren Anschlüsse an die österreichischen, deutschen und französischen Bahnen gegeben. Ein wirklich rationeller Betrieb war auf diesen doch recht kleinen Eisenbahnnetzen nicht möglich. So mußte jeweils am Ende des Gleises einer Bahngesellschaft auch die Lokomotive gewechselt werden.

Die Gotthard-Bahn

Mittlerweile war der Bau der Gotthard-Bahn als eine der wichtigsten Verbindungen in Richtung Nord-Süd geplant worden, eine Erschließung dieser Linie unter kantonalen Auspizien war schon aus finanziellen Gründen kaum denkbar. So kam es zum Erlaß des Eisenbahngesetzes von 1872, das die Oberhoheit von den Kantonen nahm und auf den Bund übertrug, ab 1874 war die Bestimmung: »Die Gesetzgebung über den Bau und Betrieb der Eisenbahnen ist Bundessache« in die revidierte Bundesverfassung aufgenommen

worden. Die Gotthard-Linie – es standen auch andere zur Debatte – war nach Absprachen mit Deutschland und Italien, die an dieser Verbindung beide interessiert waren, beschlossen worden; beide Staaten leisteten auch beträchtliche finanzielle Zuschüsse: Deutschland 20 Millionen Franken und Italien 45 Millionen. Nach fast zehnjähriger Bauzeit – der leitende Ingenieur Louis Favre war während des Baus im Tunnel verstorben – wurde die 15 km Tunnelstrecke zwischen Göschenen und Airolo am 1. Januar 1882 eröffnet, ab 1. Juni 1882 konnte der durchgehende Verkehr bis an die italienische Grenze bei Chiasso aufgenommen werden.
In den Jahren 1898 bis 1906 wurde dann nach einem Staatsvertrag zwischen der Schweiz und Italien der Bau einer Bahn von Brig durch den Simplon nach Domodossola in Angriff genommen und fertiggestellt. Nur Graubünden war, mit Ausnahme der Stichbahn von Sargans nach Chur, noch immer ohne Eisenbahn, und die Graubündener nahmen die Sache nun selbst in die Hand. Sie bauten – in Meterspur – zunächst die Bahn von Landquart nach Davos, aus der sich in der Folge das 276 km lange Stammnetz der Rhätischen Bahn entwickelte, die man als Rhätische Staatsbahn ansehen kann. Im Jahre 1898 wurde auch ein Gesetz beschlossen, das die wichtigsten Privatbahnen verstaatlicht werden sollten: Betroffen waren die Centralbahn, die Nordostbahn, die Vereinigten Schweizerbahnen und die Jura-Simplon-Bahn, die durch die Fusion der Suisse Occidentale mit der Jura-Bern-Luzern-Bahn entstanden war. Sie wurden in den Schweizer Bundesbahnen vereinigt, die den Betrieb am 1. Januar 1902 aufnahmen; 1909 kam dann noch die Gotthard-Bahn dazu. Das Gesamtnetz der SBB hatte eine Betriebslänge von 2748 km – das gesamte schweizerische Eisenbahnnetz umfaßte im Jahre 1900 zusammen 3955 km. Davon waren 3104 km Normalspur-, 440 km Schmalspurbahnen, 124 km schmalspurige Zahnrad- und 287 km Trambahnen.
Eine wichtige Privatbahn wurde 1913 fertiggestellt: die Bern-Lötschberg-Simplon-Bahn, die zwar nur eine Betriebslänge von 117 km aufweist, aber nicht nur ein wichtiges Verbindungsglied zwischen Bern und Brig ist, sondern auch auf dem Sektor der Elektrifizierung bis in die heutigen Tage Pionierleistungen setzte. Von den seit 1902 gebauten Privatbahnen sind besonders die normalspurigen Mittel-Thurgau-Bahn und die Bodensee-Toggenburg-Bahn sowie die schmalspurigen Berninabahn und die Montreux-Berner-Oberland-Bahn zu nennen. Übrigens sind alle schmalspurigen Bahnen der Schweiz in Meterspur ausgeführt, mit Ausnahme der Waldenburger-Bahn, die eine Spurweite von 750 mm hat, sowie den Zahnradbahnen, die 800 mm Spurweite haben – eine Ausnahme ist hier wieder die der SBB gehörende Brünig-Bahn, die Meterspur aufweist. Im Jahre 1925 wurde schließlich die meterspurige Furka-Oberalp-Bahn fertiggestellt, die das Wallis mit Graubünden verbindet und dort direkt Anschluß an die Rhätische Bahn hat.

Die Elektrifizierung hatte Vorrang

Eine der wichtigsten Fragen, die die schweizerischen Eisenbahnen zu lösen hatten, war die der Elektrifizierung. Die Schweiz besitzt keine eigenen Kohlevorkommen, und so waren die dampfbetriebenen Bahnen ausnahmslos von Importen abhängig. Wasserkraft hatte man jedoch im eigenen Land in ausreichender Menge, deshalb ist es erklärlich, daß die Schweiz innerhalb Europas das erste Land war, das seine Bahnen voll elektrifiziert hatte. Bereits Ende der achtziger Jahre hatte man Versuche in dieser Richtung gemacht. Besonders die Bern-Lötschberg-Simplon-Bahn, die erste elektrische Vollbahn internationaler Bedeutung, hatte hier Pionierarbeit geleistet.
Der Erste Weltkrieg tat ein übriges, und bereits in den frühen zwanziger Jahren nahmen die Schweizer Bundesbahnen die Elektrifizierung nachdrücklich in Angriff. Als erstes wurde 1919 die Strecke Bern – Thun in der Länge von knapp 32 km elektrifiziert. Am Ende dieser ersten Etappe, die 1929 beendet war, standen 1681 km Schienen unter Fahrdraht, die letzte Strecke war Zürich – Örlikon – Schaffhausen mit einer Länge von knapp 42 km.
In der zweiten Etappe von 1930 bis 1936 wurden

weitere 463 km elektrifiziert, und damit standen knapp 72 Prozent der Schienen der SBB unter Fahrdraht. Zwischen 1937 und 1939 waren es nur 47 km, zwischen 1940 und 1943 schon wieder 186 km, zwischen 1944 und 1946 sogar 371 km und zwischen 1947 und 1960 noch einmal 220 km, einschließlich der Strecke von Pino confine (italienische Grenze im Tessin) bis Luino auf italienischem Boden, knapp 15 km Betriebslänge, die von den SBB bedient werden. Damit hatten die SBB insgesamt 2968 km oder 99,1 Prozent ihres gesamten Netzes elektrifiziert. Der Rest, die Strecke Etzwilen–Singen in der Länge von 13,3 km, wurde von Diesellokomotiven bedient, die ansonsten nur im Rangier-, nicht aber im Streckendienst anzutreffen sind. Auch die privaten Bahnen, normal- und schmalspurig, sind, mit Ausnahme der Zahnradstrecke der Brienz-Rothorn-Bahn, alle elektrifiziert.

Bis ins Jahr 1871 mußten auch sämtliche Lokomotiven in die Schweiz importiert werden. In dem genannten Jahr etablierte sich die Schweizerische Lokomotiv- und Maschinenfabrik in Winterthur, kurz SLM genannt, die nach 90jährigem Bestehen dem Sulzer-Konzern angeschlossen wurde. Als die SLM ihre Arbeit aufnahm, hatte die Lokomotive bereits eine bedeutende Entwicklung hinter sich gebracht, verschiedene Kinderkrankheiten waren ausgemerzt, und man konnte auf langjährige Erfahrungswerte zurückgreifen. Der erste Auftrag kam von der Schweizerischen Centralbahn, die zehn Dreikuppler-Tenderlokomotiven bestellte; der erste Export ging nach Österreich. Als 1902 die SBB gegründet wurde, forderte man ein einheitliches Typenprogramm, das später auch verwirklicht wurde. Diese Vereinheitlichung des Dampflokomotivparks der SBB fand ihren Höhepunkt in den mächtigen Vierzylinder-Heißdampf-Verbundlokomotiven, Reihe C 5/6, Achsfolge 1 E, mit dreiachsigem Schlepptender. Diese Maschinen wurden in den Jahren 1913 bis 1917 gebaut und waren die letzten für die SBB bestimmten Dampflokomotiven. Breiten Raum im Produktionsprogramm der SLM nahmen auch die Zahnradlokomotiven ein, die praktisch in alle Welt geliefert wurden, wo Zahnradbahnen gebaut wurden, vornehmlich natürlich in die Schweiz selbst.

Auch die elektrischen Lokomotiven für die Schweizer Bahnen, nämlich der mechanische Teil, wurden in großem Umfang von der SLM gebaut und geliefert. Darunter war auch die erste elektrische Vollbahnlokomotive in Europa, eine zweiachsige Maschine für die Burgdorf-Thun-Bahn, die immerhin schon eine Leistung von 300 PS hatte. Schon 1906 erfolgte der erste Exportauftrag für die italienische Valtellina-Bahn; die Lokomotive mit der Achsfolge 1 C 1 und einer Leistung von 800 PS, die schon die Merkmale einer Schnellzuglokomotive hatte, wurde aber dann für den elektrischen Betrieb im Simplontunnel benötigt und als Reihe Ae 3/5 geliefert. Für die damalige Zeit riesige Lokomotiven bestellte die Bern-Lötschberg-Simplon-Bahn, an die 1913 eine Lokomotive der Achsfolge 1 E 1 geliefert wurde, die bereits 2500 PS leisten konnte und eine Höchstgeschwindigkeit von 75 km/h hatte. Auch die ersten Lokomotiven für die SBB wurden von Winterthur geliefert, darunter die berühmten KROKODILE der Baureihe Ce 6/8, die die Achsfolge (1 C)(C1) hatten.

Wenn auch heute keine Dampflokomotiven über die Gleise der Schweiz – zumindest im Regelverkehr, Museumsfahrten sind die Ausnahme – fahren, so soll doch nicht vergessen werden, daß die gesamte Anzahl der in der Schweiz verkehrenden Dampflokomotiven immerhin 2315 betrug. Davon gehörten den SBB 1763, den anderen Bahnen 552 Stück; 1638 Stück oder 71 Prozent davon wurden in der Schweiz gebaut (teils von SLM, teils von bahneigenen Werkstätten), 677 Stück oder 29 Prozent stammten aus dem Ausland. Die meisten davon, nämlich 259 Stück, kamen noch in der Frühzeit der Schweizer Bahnen aus der Maschinenfabrik Kessler in Karlsruhe. Die letzte für eine schweizerische Bahn gebaute Dampflokomotive war die G 4/5, Betriebsnummer 7, der 750 mm-spurigen Waldenburgerbahn, die 1938 von der SLM geliefert wurde. Eine stattliche Sammlung von Lokomotiven aller Art ist übrigens im Verkehrshaus Luzern, diesem einzigartigen Museum, zu besichtigen.

Richard Heinersdorff

Die drei Benelux-Länder (Belgien, Niederlande, Luxemburg) zeigen eine Reihe volkswirtschaftlicher Gemeinsamkeiten: hochentwickelte Industrien, große Bevölkerungdichte und bedeutender Außenhandel. Naturgemäß nimmt der Personenverkehr in den Benelux-Ländern eine vorrangige Rolle ein, und dies besonders in den Ballungsräumen. Daneben sorgt die Mittel- und Schwerindustrie für eine weitere Auslastung des Transportmittels Eisenbahn.

Die luxemburgischen Eisenbahnen (C. F. L.)

Im Norden Luxemburgs finden wir nur Leicht- und Mittelindustrie. Daher spielen hier Landwirtschaft und Tourismus eine vorrangige Rolle. Der Süden hingegen weist eine bedeutende Schwerindustrie (Eisen und Stahl) auf. Damit ist die Rolle der Société Nationale des Chemins de Fer Luxembourgeois (C. F. L.) umrissen: Schwertransporte in Form von Ganzzügen in und aus dem Süden, Personenverkehr hauptsächlich zentralisiert auf die Hauptstadt.
Nach dem Zweiten Weltkrieg wurden die bis dahin privaten Eisenbahngesellschaften verstaatlicht. Bereits um diese Zeit begann auch eine Modernisierung des Netzes. Die Verdieselung und die Elektrifizierung (ab 1958) des Netzes ließ die Dampftraktion Mitte der sechziger Jahre verschwinden. Dann begann das Nebenbahnsterben: Strecken wie Petange – Ettelbruck, Ettelbruck – Echternach mußten wegen der Buskonkurrenz geschlossen werden.
Von dem 274 km umfassenden Netz des Landes sind 137 km, also 50 Prozent, elektrifiziert, und zwar mit zwei Stromarten: 3000 V Gleichstrom sowie 25 000 V 50 Hz Wechselstrom. Da das Land keine eigenen Lokomotivfabriken besitzt, war man beim Kauf von Triebfahrzeugen immer auf das Ausland angewiesen. 1949 begann man mit der Verdieselung des Netzes durch den Ankauf von zehn De Dietrich Triebwagen aus Frankreich, Reihe Z 101 – 110, mit einer Höchstgeschwindigkeit von 120 km/h. Sie wurden erst 1978 ausgemustert. 1953 kaufte die CFL in Deutschland fünf dieselhydraulische Loks (Reihe 451-455), die im Rangierdienst die Dampflok ablösen sollten. Kenndaten: 450 PS, drei Treibachsen mit Stangenantrieb, 51 km/h Höchstgeschwindigkeit, 48 t Dienstgewicht. Zwei weitere stärkere Loks folgten 1954 (601–602), 600 PS, 70 km/h, 51 t. Von der Reihe 450 laufen noch drei, von der Reihe 600 nur noch die 602. 1954 lieferte die Société Anglo-Franco-Belge sechs vierachsige dieselelektrische Loks (801–806), welche mit 800 PS Leistung und 80 km/h Höchstgeschwindigkeit zum Durchbruch des Dieselbetriebs im Rangier- und Güterzugdienst beitrugen.
1955 beschaffte die CFL zum erstenmal Hochleistungsdieselloks von der Société Anglo-Franco-Belge. Diese Reihe wurde 1963 und 1964 durch 20 ebenfalls sechsachsige Dieselloks der Reihe 1800 ergänzt. Für den Betrieb auf den ab 1958 elektrifizierten Linien bestellte man 20 vierachsige 25 000 V 50 Hz Streckenloks in Frankreich.

Belgien – das dichteste Eisenbahnnetz der Welt

Trotz verschiedener Streckenstillegungen besitzt Belgien auch heute noch das engmaschigste Eisenbahnnetz der Welt. Schwerpunkte sind, neben der Hauptstadt Brüssel, der Raum Charleroi, Namur, Liège (Lüttich), in dem vornehmlich die Eisen- und Stahlindustrie angesiedelt ist, und die Häfen Antwerpen, Ostende und Zeebrügge.
Bereits vor dem Zweiten Weltkrieg machte die Société Nationale des Chemins de Fer Belges (SNCB) ihre erste Erfahrung mit der Elektrifizierung der vielbefahrenen Strecke Brüssel – Antwerpen. Man benutzte das 3000 V Gleichstromsystem, das damals als Weiterentwicklung der 1500 V Gleichstromelektrifizierung gepriesen wurde. Heute sind alle wichtigen Strecken Belgiens unter dem Fahrdraht. Mitte der sechziger Jahre wurden die letzten Dampfloks ausgemustert.
Das Streckennetz der SNCB umfaßt 3996 km, von denen 1288 km, also 32,2 Prozent, elektrifiziert sind. Fast alle wichtigen Linien beginnen in Brüssel. Bisher

ist man aber noch nicht zur Einführung eines Taktverkehrs übergegangen. Während in Flandern, Nord- und Zentralbelgien die Strecken ein gutes Höhenprofil aufweisen, also kaum größere Steigungen anzutreffen sind, ist das Ardennengebiet um Charleroi, Namur, Arlon und Liège als schwierig zu bezeichnen. So weist die Dieselstrecke Luxemburg – Gouvy – Liège Steigungen bis zu 1:16 und mehr auf. Zwischen Namur und Arlon trifft man sogar stellenweise auf 1:30-Steigungen. Eine Besonderheit ist die kurze 1:33-Steigung zwischen Liège und Ans, auf der Hauptstrecke Brüssel – Liège. Schiebeloks bei Zügen von mehr als acht Wagen sind hier seit jeher unerläßlich.

Nach dem Zweiten Weltkrieg begann die SNCB im vollen Ausmaß mit der Elektrifizierung ihres Netzes. Strecken, deren Verkehrsaufkommen diesen Aufwand noch nicht rechtfertigten, wurden massiv auf Dieseltraktion umgestellt. Kurz vor dem Zweiten Weltkrieg wurde der Grundstein zu einem Triebwagenkonzept entwickelt, das bis heute erfolgreich weitergebaut wird. Es handelt sich um zweiteilige Fahrzeuge mit vier angetriebenen Achsen, die in Vielfachtraktion (bis zu fünf Wagen) verkehren können.

Den E-Lok-Bestand kann man in die Kategorien einteilen: 1. Mehrstromloks der Reihen 15, 16 und 18 (vierachsig). 2. Die vierachsigen Einheitsloks der Reihen 22, 23, 25 und 26 (190 Loks), die alle in Doppeltraktionen verkehren können. 3. Die sechsachsige Hochleistungsserie der Reihe 20 mit einer Höchstgeschwindigkeit von 160 km/h.

Nederlandse Spoorwegen

Die Niederlande sind das dichtbesiedeltste Land der Welt. Daher hat bei den Nederlandse Spoorwegen (NS) der Personenverkehr Priorität. Auch in puncto Elektrifizierung nehmen die niederländischen Eisenbahnen den ersten Platz im Benelux-Raum ein. Von 2832 Streckenkilometern sind 1695, also 59,9 Prozent, unter dem Fahrdraht. Damit werden alle Hauptlinien elektrisch betrieben, nur noch Nebenbahnen haben Dieseltraktion.

Bei einem dichten Netz mit vielen Abzweigungen, einem Taktfahrplan, drängt sich die Bedienung mit Triebwagen auf. Der große Elektrifizierungsstand ist in dieser Hinsicht eine unentbehrliche Unterstützung. Es ist deshalb nicht erstaunlich, daß nach dem Krieg, mit Beginn der Umstellung auf elektrischen Zugbetrieb, vorzugsweise zwei- und vierteilige Triebwagen für 1500 V Gleichstrom bestellt wurden. Heute verkehren davon 583 auf dem Netz der NS. Sie tragen den größten Teil des Intercity-Verkehrs.

Die älteren zweiteiligen wurden zwischen 1948 und 1952 beschafft (64 Stück) und haben drei Drehgestelle, ab 1956 vier, von denen an jedem Einzelwagen eines motorisiert ist. Insgesamt laufen 398 Einheiten, deren Höchstgeschwindigkeit zwischen 125 und 140 km/h liegt. Hervorzuheben sind die Zweistrom-Benelux-Triebwagen (1500 und 3000 V Gleichstrom), die zwischen Brüssel und Amsterdam eingesetzt werden. Die NS besitzt davon acht, die SNCB vier. Ab 1975 werden (bis jetzt 14) zweiteilige, an allen Achsen motorisierte Fahrzeuge gebaut, die wegen der hohen Beschleunigung SPRINTER genannt werden. 60 weitere sollen bis 1980 geliefert werden.

Die älteren vierteiligen Triebwagen wurden in 49 Exemplaren zwischen 1948 und 1952 in Dienst gestellt. Die 103 von 1956 bis 1965 gebauten vierteiligen Züge bestehen aus zwei Endtriebköpfen und zwei Mittelwagen.

Die E-Loks sind in fünf Serien unterteilt und können universell eingesetzt werden: Reihe 1000, Herstellerland Schweiz (1948–49), Achsfolge 1A Bo A1. Reihe 1100, Frankreich (1950–56), Achsfolge Bo Bo. Reihe 1200 Holland (1951–53), Achsfolge Co Co. Reihe 1300 Frankreich (1952–56), Achsfolge Co Co. Reihe 1500, England (1969 von den BR gekauft), Achsfolge Co Co. Alle 112 E-Loks haben eine Höchstgeschwindigkeit von 135 km/h. 1978 wurden in Frankreich 20 neue Maschinen bestellt: Reihe 1600 mit 160 km/h Höchstgeschwindigkeit und der Achsfolge Bo Bo.

Im Bestand der NS befinden sich zur Zeit außerdem noch 477 Dieselloks.

Peter Aschenbrenner/Paul Back

Wie auf den Britischen Inseln, so sind auch die ersten Eisenbahnen in Frankreich als Verbindungen der Kohlenzechen zur nächsten Wasserstraße entstanden: 1827 die Eisenbahn St. Etienne – Andrézieux, 21 km lang und eingleisig; 1830–32 die Eisenbahn St. Etienne – Lyon, 58 km lang, bereits zweigleisig und mit einem 1500 m langen Tunnel, und schließlich 1832 die Eisenbahn Andrézieux – Roanne, 90 km lang. Alle drei Bahnen waren bereits nach englischem Vorbild normalspurig. Die erste wurde ursprünglich nur mit Pferden betrieben, die zweite erhielt 1830 zwei von Marc Seguin gebaute Dampflokomotiven. Seguin, zusammen mit seinen vier Brüdern Initiator und Erbauer der Bahn, war auch der Erfinder des Heizrohrkessels der Lokomotive. Die dritte Bahn zeichnete sich dadurch aus, daß sie auf viererlei Weise ihre Züge beförderte: mit Pferden, mit aus England bezogenen Lokomotiven, auf Gefällstrecken mit der Schwerkraft (wobei die Zugtiere im Zug mitbefördert wurden) und schließlich im Steilanstieg am Zugseil, womit der Zug von einer ortsfesten Dampfmaschine auf den Scheitel hochgezogen wurde.

Der König scheute sich

Im Pariser Gebiet wurde 1837 als erste die Eisenbahn Paris – St. Germain dem Betrieb übergeben. Der erste Abschnitt, Paris – Le Pecq, war eine Flachlandstrecke, die erste in Frankreich, die ausschließlich mit Dampflokomotiven betrieben wurde. Von Le Pecq nach St. Germain führte eine Steilrampe, auslaufend in eine Steigung von 1:27,77. Diese wurde für atmosphärischen Betrieb ausgerüstet. Ein Gußeisenrohr von 68 cm Durchmesser konnte durch eine Dampfpumpe auf dem Scheitelpunkt auf ein Drittel des Atmosphärendrucks leergepumpt werden. Der Zug hing an einem Kolben, der durch eine Stange mit dem ersten Wagen verbunden war. Die Stange führte durch einen Schlitz, der durch Lederklappen abgedeckt war, aus dem Rohr hinaus. War an der Bergseite des Kolbens die ausreichende Luftleere hergestellt, dann schob der normale Luftdruck auf der Talseite den Kolben samt dem daranhängenden Zug nach St. Germain hinauf. Erstaunlicherweise konnte der umständliche Betrieb über ein Jahr ohne jede Störung durchgeführt werden, bis man erkannte, daß zwei- oder dreifach gekuppelte Lokomotiven die Züge einfacher und billiger befördern konnten. Die Königin Marie-Amélie fuhr im Eröffnungszug mit; König Ludwig-Philipp dagegen scheute sich, seine geheiligte Person einem Gefährt anzuvertrauen, das die unerhörte Geschwindigkeit von 35 km/h erreichte. Erst sechs Jahre später überstand der König seine erste Eisenbahnfahrt.
Die nur 19 km lange Bahn erreichte Bedeutung weit über ihren örtlichen Verkehrsbereich hinaus: Sie wurde die »Eisenbahn-Schule« für das ganze Land. Viele Männer, deren Namen in die Eisenbahngeschichte eingegangen sind, wie Pereire, Flachat, Clapeyron, Petiet, Le Chatelier, Sauvage, haben sich ihre Sporen auf der Strecke Paris – St. Germain verdient. Bald beschäftigten sich Presse, Parlament und Regierung mit dem neuen Verkehrsmittel. Die Regierung neigte dazu, in der Eisenbahn kein »Handelsunternehmen, sondern ein Mittel, den allgemeinen Wohlstand zu mehren«, zu sehen und wünschte daher, die vorhandenen Bahnen aufzukaufen. Aber die Kammer lehnte dies ab. So blieb es bis 1938 in Frankreich beim Privatbahnsystem.

Das erste große Eisenbahnunglück

Als erste im Elsaß wurde 1839 die Mülhausen-Thanner-Eisenbahn dem Betrieb übergeben. Sie war das Werk des Mülhäuser Industriellen Nikolaus Koechlin, der auch den Lokomotivbau in der »Gießerei« seiner Vaterstadt eingeführt hat. Im selben Jahr wurde die Eisenbahn Paris – Versailles rechtes Ufer, 1840 die Bahn Paris – Versailles linkes Ufer eingeweiht. Auf dieser ereignete sich am 8. Mai 1842 das erste große Eisenbahnunglück auf dem europäischen Festland. Ein 160 t schwerer Ausflugszug (für die damalige Zeit ein

sehr hohes Zuggewicht), mit zwei Lokomotiven bespannt, entgleiste bei 60 km/h Geschwindigkeit (damals ebenfalls ungewöhnlch) in der Nähe von Meudon. Die 17 leichten Wagen türmten sich über die beiden Maschinen hoch und fingen sofort Feuer. Die Fahrgäste waren eingeschlossen – eine wohlgemeinte, aber sich hier verheerend auswirkende Schutzmaßnahme gegen Sturz aus dem fahrenden Zug. Von den rund 770 Mitreisenden kamen 55 um, 110 waren mehr oder weniger schwer verletzt. Der Unfall hatte zur Folge, daß das Abschließen der Personenwagen verboten und die Bespannung von Reisezügen mit zweiachsigen Lokomotiven – wie die Vorspannmaschine – untersagt wurde, eine Maßnahme, die sich auch auf Jahrzehnte, z. B. auf den preußischen Bahnen, ausgewirkt hat.
Mit dem schnell wachsenden Eisenbahnnetz nahm auch die Zahl der selbständigen Bahnen immer mehr zu. Dies erwies sich als ein großes Hemmnis für den durchgehenden Verkehr. Nach dem Staatsstreich Napoleons III. 1851 begann die kaiserliche Regierung einen starken Druck auf die kleinen Privatbahnen auszuüben, sich zu größeren Netzen zusammenzuschließen. So bildeten sich in wenigen Jahren die sechs »großen Compagnien«: Nordbahn, Ostbahn, Paris-Lyon-Mittelmeer-Bahn (PLM), Südbahn (Midi), Westbahn und schließlich die Paris-Orléans-Bahn (PO). Diese übernahm 1857 mit der Eisenbahn Paris–Sceaux, eröffnet 1846/54, die einzige Breitspurbahn, Spurweite 1600 mm, Frankreichs. Sie war nach dem System Arnoux mit 50 m Gleisbogenhalbmesser gebaut. Die Radsätze waren in Deichseln gelagert und wurden in den Gleisbögen über die Deichseln von der Lokomotive und dem Packwagen am Zugschluß eingesteuert. Die Laufachsen der 1 A 1- und 1 B 1-Maschinen sowie die Achsen der zweiachsigen Packwagen wurden durch schräg innen am Schienenkopf laufende Führungsrollen dem Gleishalbmesser entsprechend schräg gestellt und gaben damit den Einstellwinkel der Deichseln der Zwischenwagen an. Bei der Umstellung auf Normalspur 1891/93 mußte die Strecke zum Teil verlegt werden, um den nun notwendigen kleinsten Bogenhalbmesser von 250 m zu ermöglichen.

Die Entwicklung zum Staatsbahnsystem

Durch Ankauf einer Anzahl notleidender Bahnen im Nordwesten schuf sich der Staat ein kleines Staatsbahnnetz (Etat), in das 1909 die Westbahn eingegliedert wurde. Als Gemeinschaftsunternehmen der Paris bedienenden »großen« Bahnen (ausgenommen also die Südbahn) nahmen 1852/86 die kleine und die große Gürtelbahn (Ceinture) ihren Dienst auf. Ende 1918 wurde das Netz der Reichseisenbahnen in Elsaß-Lothringen, einige wenige Strecken auf preußischem Boden ausgenommen, als zweiter französischer Staatsbahnbetrieb (AL) übernommen, und am 1. Januar 1934 schlossen sich die Südbahn und die PO zur PO-Midi zusammen. Als vorletzter der europäischen Staaten entschloß sich 1938 Frankreich, endlich zum Staatsbahnsystem überzugehen. Die Französischen Nationalbahnen (SNCF) wurden aus den vier noch übrigen »großen Gesellschaften« (Ostbahn, Nordbahn, PO-Midi und PLM), den beiden alten Staatsbahnen (Etat und AL) sowie der Pariser Gürtelbahn gebildet. Von den vielen kleinen, zu einem beträchtlichen Teil schmalspurigen Bahnen, die nicht in der SNCF aufgegangen sind, bestehen nur noch wenige. Das französische Bahnnetz, das nach dem Ersten Weltkrieg auf knapp 62 000 km Streckenlänge gewachsen war, ist heute, nach der »Koordination« (dies ist ein euphemistischer Ausdruck für die Verlegung des Schienenverkehrs auf die Straße), nur noch etwa halb so groß.
Der Norden und der Westen Frankreichs sind verhältnismäßig flach, so daß dem Bahnbau wenig Hindernisse im Weg stehen. Auf den langen Strecken von Paris Richtung Belgien, Ärmelkanal und Atlantik konnten seit 1850 dank der 2 A-Maschinen, Bauart Crampton, die schnellsten Züge in Europa gefahren werden, wozu außer der günstigen Trassierung auch die Möglichkeit, im ebenen Gelände 800 m lange Wasserschöpfrinnen in Gleismitte anzulegen, beitrug. Dadurch fiel manch zeitaufwendiger Betriebsaufenthalt zum Wassernehmen weg.
Im Süden und Osten des Landes – die »route impéria-

le« im Rhônetal ausgenommen – waren Planung und Bau der Strecken wesentlich schwieriger; die Westalpen, der Jura, das Zentralmassiv und die Pyrenäen zwangen zu künstlichen Längenentwicklungen und zahlreichen teuren Kunstbauten. Insgesamt etwa zehn Strecken der SNCF erreichen eine Meereshöhe von über 1000 m. Die fünf höchsten Strecken sind: mit 1592 m und 1562 m die beiden Pyrenäen-Strecken von Perpignan und von Foix nach La Tour de Carol, mit 1298 m die Mont-Cenis-Bahn in den savoyischen Alpen, mit 1203 m die Alpenstrecke Livron-Briançon und mit 1200 m die Pyrenäenstrecke Pau-Canfranc.
Die beiden kühnsten Bauwerke sind die Talbrücken im Zentralmassiv: die erste der Garabit-Viadukt, gebaut 1879/88 im Zuge der Strecke Neussargues – Béziers von Eiffel (Konstrukteur des Eiffelturms in Paris) als stählerne Bogenbrücke, 565 m lang, 123 m hoch, größte Spannweite 165 m, die zweite der Viaur-Viadukt, gebaut von Batignolles im Verlauf der Strecke Albi – Rodez, fertiggestellt 1902, ein stählerner Dreigelenkbogen von 220 m Spannweite, 116 m über dem Talboden, Gesamtlänge 460 m.
Die vier längsten Tunnel Frankreichs sind Grenztunnel. Der älteste ist der Mont-Cenis-Tunnel, 1857/70 gebaut, 13 668 m lang, im Zuge der Strecke Lyon – Turin; es folgen mit 7875 m Länge der Somport-Tunnel zur spanischen Grenze gegen Canfranc, 1928 eröffnet, und der Puymorens-Tunnel, 6400 m lang, 1908 begonnen, aber erst 1929 eröffnet; jahrelang, bis zur Fertigstellung der Strecke Foix – La Tour de Carol, diente er im Winter den spanischen Schmugglern als wettersicherer Weg. Diese drei Tunnel, alle über 1000 m Meereshöhe, gehören zu den schon oben genannten Strecken.
Der vierte, der Mont d'Or-Tunnel, 6098 m lang, liegt zwischen dem französischen Ort Frasne und dem schweizerischen Vallorbe. Er wurde 1910/13 zur Abkürzung der bisherigen schwierigen Linie Frasne – Pontarlier – Vallorbe gebaut. Der längste rein französische war der 6872 m lange Vogesentunnel zwischen Markirch und St. Dié. Erst 1937 dem Betrieb übergeben, ist er seit einigen Jahren bereits »koordiniert« und wird heute noch als Straßentunnel verwendet.
Das erste dampfbetriebene Fahrzeug überhaupt ist 1770 durch den französischen Artillerieoffizier Josef Cugnot gebaut worden. Das dreirädrige Schleppzeug sollte schwere Geschütze mit 4 km/h Geschwindigkeit befördern. Bei seiner ersten Fahrt brachte das schwer lenkbare Gefährt aber eine Mauer zum Einsturz, und damit war seine Laufbahn beendet. Es steht heute im Pariser Conservatoire des Arts et Métiers.
Frankreich darf auch den Ruhm für sich in Anspruch nehmen, als zweites Land nach dem britischen Reich eine betriebsfähige Lokomotive auf die Schienen gestellt zu haben. Marc Seguin stellte 1828/29 neben zwei englischen auch zwei Lokomotiven nach eigenem Entwurf in Dienst. Sie hatten, im Gegensatz zu ihren britischen Schwestern, bereits einen Heizrohrkessel und waren den Engländerinnen daher in der Verdampfungsleistung weit überlegen. Stephenson übernahm die neue Kesselbauart auf seine berühmte ROCKET; sicherlich hat die Seguinsche Erfindung zum Sieg der ROCKET im Oktober 1829 beim Dampfwagen-Rennen in Rainhill beigetragen.

Die Verbundlokomotive von Mallet

Für die nächsten 100 Jahre hielt sich die französische Dampflokomotive im Rahmen der europäischen Entwicklung. Einige von französischen Ingenieuren oder Bahnen ausgehende Anstöße seien in Stichworten angegeben: 1858 Dampfstrahlpumpe von Giffard, ersetzt die Fahrpumpen für die Kesselspeisung; vor 1870 Gegendampfbremse von Le Chatelier, Vorläufer der Gegendruckbremse von Riggenbach; 1876 erste Malletsche Verbundlokomotive der Welt auf der Eisenbahn Bayonne – Biarritz; 1889 fuhren auf der Ausstellungsbahn der Pariser Weltausstellung die ersten Mallet-Gelenklokomotiven, Achsanordnung B B; ferner waren auf der Ausstellung die ersten Vierzylinder-Verbund-Lokomotiven Bauart Henry und de Glehn zu sehen.
Zu einer letzten großartigen Blüte der Dampflokomotive kam es in Frankreich durch André Chapelon, den

Oberingenieur der Paris-Orléans-Bahn. Nach eingehenden theoretischen Berechnungen und praktischen Versuchen gelang es ihm, durch Vergrößerung der Strahlungsheizfläche und Erhöhung der Überhitzung, durch Verringerung der Dampfdrosselung in den Dampfleitungen und durch ein verbessertes Blasrohr den Wirkungsgrad und die Leistung der Dampfmaschine in ungeahntem Maße zu verbessern. Bei einer 1929 nach seinen Gedanken umgebauten 2 C 1 (PACIFIC) stieg die indizierte Leistung von 1850 bis auf 3000 PS, bei einer 1932 auf die Achsanordnung 2 D umgebauten auf 4000 PS!

Der elektrische Betrieb wurde um die Jahrhundertwende auf einigen Pariser Vorortstrecken der Westbahn und der PO-Bahn mit Gleichstrom von 600 V Spannung aufgenommen. Für die großen Fernstrecken dachte man, auf Grund der deutschen und schweizerischen Planungen, auch zuerst an einen Einphasen-Wechselstrombetrieb, tatsächlich wurden 1910 von der PLM ein kurzfristiger Probebetrieb mit 12 kV/25 Hz und von der Südbahn eine Pyrenäenstrecke in Betrieb genommen (12 kV/16⅔ Hz), die sich bis in unsere Tage gehalten hat. Der Erste Weltkrieg hinderte den weiteren Ausbau des Netzes; unterdessen hatte man sich endgültig zum Gleichstrombetrieb mit 1500 V Fahrdrahtspannung entschlossen. Die Arbeiten begannen 1922 bei der Südbahn, 1926 bei der PO, 1930 bei der PLM, 1934 bei der Staatsbahn. Als die Badische Höllentalbahn nach 1945 zum französischen Besatzungsgebiet gehörte, machte man sich die dortigen Erfahrungen mit dem Wechselstrombetrieb in Landesfrequenz (20 kV / 50 Hz) zunutze und beschloß 1947, eine eigene Versuchsstrecke in den Savoyischen Alpen einzurichten. Deren Erfolg bewog die SNCF, ihr künftiges elektrisches Netz in den Regionen 1 und 2 (Ost und Nord) auf Einphasenbetrieb, jedoch mit auf 25 kV erhöhter Fahrdrahtspannung, zu gründen. Die wichtigsten Strecken des nordöstlichen Frankreichs, zwischen Basel, Paris und Dünkirchen, stehen heute im Wechselstrombetrieb.

Ein bemerkenswertes Experiment sei hier noch erwähnt: die Ausrüstung einer meterspurigen Alpenbahn schon im Jahre 1903 mit einer »zweistufigen« Oberleitung für – damals – hochgespannten Gleichstrom. Die Oberleitung besteht aus zwei gegeneinander isolierten Fahrdrähten, deren einer +1200 V, der andere −1200 V Spannung führt. Das Gleis liegt an ±0 V. Die Strecke St.-Georges-de-Commier – La Mure, 30 km lang, hat einen starken Anthrazit-Verkehr zu bewältigen, die B B-Lokomotiven leisten 750 PS und haben eine Anfahrzugkraft von 15 400 kg. Übrigens ist die Fahrleitung heute einpolig für 2400 V Spannung ausgelegt.

Vom Dieselbetrieb der SNCF seien neben zahlreichen Lokomotiven erwähnt die MICHELINEN, Leichtmetall-Triebwagen auf Luftreifen (gebaut zwischen 1931 und 1939), wegen der geringen Tragfähigkeit der Reifen auf acht (bis zu zwölf) Radsätzen heute schon alle verschwunden (aber in anderer Gestalt auf der Pariser »Gummi-Métro« wieder auferstanden), und die Gasturbinen-Triebzüge, die besonders im Fernschnellverkehr eingesetzt werden.

Die französischen Bahnen haben lange – allzulange – am Abteilwagen festgehalten, dem Personenwagen mit zwei Außentüren an jedem (seltener an jedem zweiten) Abteil. Auch der »eigentliche« D-Zug-Wagen mit Seitengang und Faltenbalg-Übergängen, seit 1892 z. B. in Deutschland in großer Zahl gebaut, konnte sich erst nach 1900 zögernd einführen. Einige Bahnen, nämlich die PLM, die Süd- und die Nordbahn, haben an seiner Stelle lange eine Zwischenform zwischen Abteil- und D-Zug-Wagen gebaut: den Seitengangwagen mit Außentüren in der Längswand, aber auch mit Faltenbälgen, eine auch auf den Britischen Inseln und (noch heute) in Italien gepflegte Wagenbauart. Im Pariser Vorortverkehr und auf der kleinen (inneren) Gürtelbahn ist schon in den fünfziger Jahren des vorigen Jahrhunderts der Doppeldeck-Wagen heimisch geworden, zuerst mit offenen Dachsitzen, später auch mit einem geschlossenen Wagenkasten für beide Stockwerke. Diese urtümlichen Gefährte haben noch den Anschluß an die vierachsigen Stahl-Doppeldecker der Staatsbahn gefunden.

Erhard Born

Häufig wird die Stockton & Darlington Railway im Nordosten Englands als »Erste Eisenbahn« bezeichnet; dies entspricht jedoch nicht ganz den Tatsachen, denn sie war lediglich der erste gelungene Versuch, Dampflokomotiven und Pferdekraft kombiniert für den Personen- und Güterverkehr auf einer Eisenbahnstrecke einzuführen. Eröffnet am 27. September 1825, hatte die Stockton & Darlington Railway ihren Ursprung darin, daß die Kohlengruben von Auckland ein Transportmittel benötigten, das es ihnen ermöglichte, ihre Kohle auf schnellstem Wege zu den nahegelegenen Handelsplätzen bei Stockton zu schaffen. Sie standen nämlich in scharfem Wettbewerb mit den Minen der Grafschaft Durham, die ihre Kohle ganz einfach auf den schiffbaren Teilstücken der nahen Flüsse Tyne und Wear abtransportieren konnten, Auckland dagegen lag nicht an geeigneten Wasserstraßen. So wurde der Ingenieur George Overton von einer Gruppe Geschäftsleute im Jahre 1818 damit beauftragt, Vermessungen für die Durchführung des »Planes zur Eröffnung einer Kanal-, Eisenbahn- oder Straßenbahnverbindung von Stockton über Darlington zu den Kohlengruben« einzuleiten.

Im November 1818 wurde Overtons Entwurf einer »Straßenbahn» von der Gesellschaft angenommen. Ungeachtet des hartnäckigen Widerstands derer, die ein finanzielles Interesse daran hatten, einen Straßen- bzw. Eisenbahnbau zu verhindern – mit Auckland konkurrierende Grubeneigentümer an Tyne und Wear, Straßenspediteure und einige Grundbesitzer –, wurde das Gesetz zur Genehmigung des Eisenbahnbaues schließlich 1821 in zweiter Lesung vom Parlament verabschiedet. Es war das 21. Eisenbahngesetz, das dem König seit 1800 zur Unterzeichnung vorgelegt wurde. Mittlerweile mehrten sich jedoch die Stimmen derer, die Overtons fachliche Kompetenz bezweifelten, und noch am Tage der Unterzeichnung des Gesetzes durch den König, am 19. April 1821, traf sich der Vorstand der Gesellschaft mit George Stephenson, der bereits zum führenden Eisenbahningenieur in Nordostengland aufgestiegen war. Stephenson brachte daraufhin einen Alternativentwurf heraus, der die gemischte Verwendung von Dampflokomotiven, Dampffördermaschinen und Pferdekraft sowie eine ganze Anzahl von Abweichungen gegenüber der von Overton vorgeschlagenen, sehr kurvenreichen Streckenführung vorsah, mit dem Ergebnis, daß im Mai 1823 ein revidiertes Gesetz neuerlich das Parlament passierte. Stephenson selbst war in der Zwischenzeit zum leitenden Bauingenieur ernannt worden.

Der Eisenbahnbau nach Stephensons Plänen, die weite Kurven, lange gerade Streckenstücke und demzufolge auch eine ganze Reihe künstlicher Bahndämme enthielten, verschlang die gesamten Geldmittel der Gesellschaft, dazu eine zusätzliche Anleihe von 60 000 Pfund. Doch im September 1825 war die Linie fertiggestellt, und der Tag der Eröffnung war gekommen. Die Bahneigentümer hatten Einladungen an Hoch- und Geldadel zur Fahrt mit dem Eröffnungszug am 27. September 1825 einschließlich eines Festbankettes im Rathaus von Stockton versandt; der Tag wurde zugleich zum allgemeinen Feiertag erklärt. George Stephenson bediente eigenhändig seine Dampflokomotive LOCOMOTION, die den ersten Zug, bestehend aus 38 Wagen, inklusive eines Personenwagens für Bahneigner und die geladenen Honoratioren, über eine Entfernung von 34 km führte und dazu einschließlich des Aufenthaltes in Stockton etwa fünf Stunden benötigte.

Offenbar durch den folgenden finanziellen Erfolg der Stockton & Darlington Railway ermutigt, stieg die Zahl an neugegründeten Eisenbahngesellschaften im ganzen Land rapide. Bereits im ersten Betriebsjahr hatte nämlich die Stockton & Darlington eine Dividende von 2,5 Prozent auf ihre Aktien ausgeben können, im zweiten Jahr waren es dann 5 Prozent und etwa um 1839 schließlich sogar 15 Prozent! In den Jahren nach 1825 wurden immer mehr Eisenbahnentwürfe eingebracht. Die Planungen erreichten am Ende ein Ausmaß, daß es kaum mehr eine bedeutende Gemeinde gab, an der nicht innerhalb von höchstens 16 km Entfernung eine Eisenbahnstrecke vorbeiführte.

Die erste Eisenbahn, die zwei Großstädte verband, war die Liverpool and Manchester Railway; wiederum war George Stephenson der Erbauer. Ihr Entwurf sah gleich von vornherein den Betrieb ausschließlich mit Dampflokomotiven und stationären Dampfmaschinen – also den Verzicht auf Pferdekraft – vor. Diese Strecke wurde am 15. September 1830 eröffnet.

Erbitterte Kämpfe

Die Gründer der ersten Eisenbahnen trafen häufig auf hartnäckigen Widerstand nicht nur seitens örtlicher Interessengruppen, sondern auch der Regierung selbst. Sie mußten dabei oft erbitterte Kämpfe austragen, bis die gesetzlichen Grundlagen zum Bau ihrer Linien geschaffen waren. Trotz dieser Schwierigkeiten hatten um 1850 alle wichtigen Städte auf der Insel eine Bahnverbindung mit London, und um 1860 gingen die meisten der kleineren Eisenbahn-Gründergesellschaften in 20 Großgesellschaften auf.

Die erste dieser Großgesellschaften war die Great Western Railway (GWR), die im August 1835 ins Leben gerufen wurde und bis zur Verstaatlichung der britischen Eisenbahnen im Jahre 1948 existierte. Die Great Western verband ab 1841 London mit dem 190 km entfernten bedeutenden Handelshafen Bristol mit einer 2140 mm-Breitspurstrecke, deren erstes Teilstück bereits 1838 in Betrieb genommen worden war. Der Ingenieur Isambard Brunel hatte die Eisenbahndirektoren zur Annahme dieser ausgefallenen Spurweite überredet, die natürlich sofort Probleme aufwarf, als die Strecken der GWR mit den 1435 mm Normalspurstrecken anderer Gesellschaften zusammentrafen. Es dauerte dennoch bis 1892, bis die GWR die Breitspur aufgab; dann allerdings wurden nicht weniger als 275 km Gleisanlagen innerhalb von nur drei Tagen zu Normalspur »umgenagelt«.

Die Geschwindigkeit, mit der das britische Eisenbahnnetz anwuchs, kann am besten anhand der Zahl von Baugenehmigungen abgelesen werden, die vom Parlament erteilt wurden: Bis 1837 waren es insgesamt 34 Konzessionen für den Bau von 1600 km Strecken gewesen. Allein im Jahre 1837 wurden dann weitere 14 Genehmigungen für 746 km erteilt, und 1838 warteten bereits nicht weniger als 75 neue Baupläne auf die Zustimmung seitens des Parlaments. Nach einer gewissen Ruhepause begann 1844 der große Eisenbahn-Bauboom: Innerhalb eines Zeitraumes von nur zwei Jahren wurden nahezu 136 765 km neuer Bahnlinien genehmigt!

Gesellschaft	Jahr der Gründung bzw. Konzessionserteilung	Bei Gründung zusammengeschlossene Gesellschaften	Eröffnung des 1. Streckenabschnitts
Great Western	1835	---	1838
London & South Western	1839	London & Southampton	1838
Midland	1844	Birmingham & Derby Junction	1839
		North Midland	1840
		Midland Counties	1840
North British	1844	---	1846
Caledonian	1845	---	1848
London & North Western	1846	Liverpool & Manchester	1830
		Grand Junction	1837
		London & Birmingham	1838
Great North of Scotland	1846	---	1854
London, Brighton & South Coast	1846	London & Brighton	1841
Great Northern	1845	---	1850
Furness	1846	---	1846
North Staffordshire	1846	---	1846
Lancashire & Yorkshire	1847	Manchester & Leeds	1841
Glasgow & South Western	1850	Glasgow, Kilmarnock & Ayr	1840
		Glasgow, Dumfries & Carlisle	1848
North Eastern	1854	York, Newcastle & Berwick	1839
		York & North Midland	1841
		Leeds Northern	1849
Great Eastern	1862	Eastern Counties	1839
		Northern & Eastern	1842
		Eastern Union	1846
		Norfolk Railway	1846
Cambrian	1864	Llanidloes & Newton	1859
		Oswestry, Ellesmere & Whitchurch	1864
		Newton & Machynlleth	1863
		Oswestry & Newton	1864
		Aberystwyth & Welsh Coast	1864
Highland	1865	Iverness & Aberdeen Junction	1858
		Iverness & Perth Junction	1863
Great Central	1897	Manchester, Sheffield & Lincolnshire	1841
South Eastern & Chatham	1899	South Eastern	1842
		London Chatham & Dover	1859

Bis 1875 waren die meisten Hauptstrecken eröffnet. In diesem Jahr schaffte sich die Midland Railway Company Anschluß nach Schottland durch Inbetriebnahme der Strecke Settle – Carlisle, deren Linienführung wohl eine der spektakulärsten in ganz England ist. Allerdings kostete ihr Bau leider auch mit Abstand die höchste Zahl an Menschenleben: So kamen während der sechsjährigen Bauzeit des Abschnittes über die Bergkette der Pennine Chains mehr als 100 Arbeiter ums Leben.

Verkürzung der Verbindungen

Fortschritte im Bereich der Eisenbahnkonstruktions- und Bautechnik ermöglichten es den Gesellschaften, ihre Strecken zwischen den wichtigen Ballungsräumen nicht unerheblich zu verkürzen. Eines der herausragenden Beispiele für eine solche Verkürzung wurde durch den Bau des 7,2 km langen Tunnels unter der Mündung des Severn-Flusses hindurch realisiert. Er wurde 1886 von der Great Western nach 13 Jahren langwieriger und äußerst gefährlicher Arbeiten fertiggestellt. Die Inbetriebnahme des Tunnels ermöglichte einen wesentlich schnelleren Transport der Kohle von den Gruben in Süd-Wales nach England.
Überall im Lande wurden ähnliche, wenn auch nicht ganz so spektakuläre Bauvorhaben mit dem Ziel der Verkürzung von Verbindungen und damit der Reisezeit durchgeführt. Einen hohen Anteil daran hatte die Great Western Railway, die über viele Jahre hinweg als »Great Way Round« bekannt gewesen war, weil viele ihrer Strecken in zahllosen Windungen und Kurven verliefen. Nachdem sie bereits einen Großteil anderer Streckenbegradigungen durchgeführt hatte, eröffnete die GWR ihre neue, um 29 km kürzere Linie zwischen London und Birmingham, womit natürlich auch die Reisedauer herabgesetzt wurde.
Ein weiteres berühmtes Projekt zur Schaffung kürzerer Verbindungen wurde an der Ostküste Schottlands ausgeführt, wo der Firth of Forth und der Firth of Tay, zwei breite, trichterförmige Flußmündungen, die Bahnlinie unterbrachen. Im Mai 1878 wurde die nach den Plänen von Thomas Bouch errichtete Tay-Brücke eröffnet. Sie war knapp drei km lang und ruhte auf 85 Pfeilern. 1879 reiste Königin Victoria von ihrer schottischen Residenz Schloß Balmoral zurück nach Windsor Castle über die Tay-Brücke und erhob Bouch, von dem Bauwerk sehr beeindruckt, in den Adelsstand. Am 28. Dezember 1879 jedoch stürzte die Brücke während eines heftiges Sturmes ein, wobei der 17.20 Uhr-Zug aus Burntisland mit in die Tiefe gerissen wurde und 75 Personen ums Leben kamen. Die nun folgende Untersuchung war Anlaß für das Entstehen vieler Gerüchte über mangelhafte Planung, schlampige Bauausführung und Wartung; Sir Thomas starb bald darauf als gebrochener Mann.
1889 wurde eine neue Tay-Brücke in Dienst gestellt, 1890 eine Eisenträgerbrücke über den Firth of Forth. Die letztere ist etwa 2,5 km lang, ihre Bögen haben eine größte Spannweite von 103 m.
Bis zum Ende der siebziger Jahre des vergangenen Jahrhunderts waren die meisten Personenwagen nicht viel mehr als Holzkästen mit zwei oder drei Achsen und harten Sitzbänken, die durch dürftige Trennwände unterteilt waren. Diese reichten nur bis in Schulterhöhe, so daß sich die Passagiere, die Rücken an Rücken saßen, gegenseitig mit den Hüten oder den Köpfen berührten. Der Fußboden bestand meist nur aus Holzbrettern, durch deren Fugen der Fahrtwind blies und dabei Sand und Staub ins Abteil wehte. Zwar nahm die kleine schmalspurige Festiniog Railway in Wales bereits 1871 den ersten Drehgestellwagen in Betrieb; Wegbereiter für den Einsatz dieses Wagentyps auf Hauptstrecken war aber die Midland Railway, die 1874 vierachsige amerikanische Pullman-Wagen in sehr fortschrittlicher Ausführung zum Einsatz brachte. Die Wagen besaßen Seitengänge, die es allen Reisenden ermöglichten, zu den Toiletten und mittels Übergängen auch in die Nachbarwagen zu gelangen.
Die erste Schlafwagenverbindung wurde 1873 von der North British Railway auf den Strecken von Edinburgh und Glasgow nach London zur Kings Cross Station eingeführt. Dabei hatten anfangs die Reisenden ihre Bettwäsche selbst mitzubringen. Bis 1928 mußte man

im Besitz einer 1. Klasse-Fahrkarte sein, um den Schlafwagen benutzen zu können; dann erst führte die London and North Eastern Railway 3. Klasse-Wagen mit Vierbettabteilen ein, wobei den Passagieren nur ein Kopfkissen und eine einfache Decke zur Verfügung gestellt wurden.
Die frühen Personenwagen wurden natürlich durch Öllampen beleuchtet, die meist rauchten, leck waren und nur trübes Licht spendeten. Ab 1875 ersetzte man das Öl durch Gas, und Ende des 19. Jahrhunderts hatte J. C. Stone schließlich ein einfaches Generatorsystem entwickelt, so daß eine regulierbare elektrische Beleuchtung in den Wagen installiert werden konnte. Etwa zur gleichen Zeit wurden die Personenwagen erstmalig mit Heizkörpern ausgerüstet, die mit Niederdruckdampf von der Zuglokomotive gespeist wurden.
Die ersten Bahnhöfe waren in der Regel nicht viel mehr als einfache Holzhütten; Personen- und Güterwagen wurden von Hand oder allenfalls mit Hilfe von Seilwinden umrangiert. Als jedoch immer mehr Passagiere immer weitere Reisen unternahmen, mußten die Bahngesellschaften auf den Stationen Erfrischungsräume und für Damen und Herren getrennte Wartesäle und Toiletten einrichten, wodurch die Bahnhöfe zwangsläufig immer größer und komfortabler wurden. In den Großstädten wetteiferten die rivalisierenden Gesellschaften geradezu miteinander um den gewaltigsten und luxuriösesten Bahnhof.

Wettfahrten

Gegen Ende des 19. Jahrhunderts begannen die Dampflokomotiven, langsam immer höhere Geschwindigkeiten zu erreichen, was natürlich auch vom Bestreben der einzelnen Bahngesellschaften gefördert wurde. Sie wollten auf ihren Strecken schneller fahren als die Konkurrenz. 1888 kam diese Rivalität in Form regelrechter »Wettfahrten« auf den East-Coast- und West-Coast-Linien offen zum Ausbruch. Im Sommer dieses Jahres fuhr der SCOTCH EXPRESS der Great Northern mit Geschwindigkeiten zwischen 85 und 96,5 km/h auf den Streckenabschnitten Kings Cross Station – Grantham und Grantham – York. Ab dem 31. August 1888 dauerte die gesamte Fahrt von London nach Edinburgh planmäßig sieben Stunden 27 Minuten.
Sieben Jahre später kam es zum zweiten großen »Wettrennen«, nachdem die East Coast seit der Eröffnung der Brücke über den Firth of Forth zum Konkurrenten der West Coast in der Entfernung London – Aberdeen geworden war. Die West Coast kündigte daher an, daß ab 15. Juli 1895 ihr 20.00 Uhr-TOURIST EXPRESS die Fahrt von London Euston Station nach Aberdeen in genau elf Stunden zurücklegen würde. Tatsächlich jedoch unterbot der Expreß die fahrplanmäßige Zeit in der ersten Nacht noch um 13 und in der zweiten sogar um 39 Minuten. Die Antwort der East Coast war eine Verkürzung ihrer Reisezeiten auf zehn Stunden 25 Minuten. Ihr erster beschleunigter Zug kam zwar schon zwei Minuten vor Plan in Aberdeen an, der Expreß der West Coast war aber bereits 17 Minuten vor ihm eingetroffen.
Es folgte eine ganze Serie von Wettfahrten, bei denen die West Coast meist Sieger blieb, obwohl ihre Strecke 25,7 km länger war. In der Nacht vom 21. auf den 22. August 1895 gewann jedoch die East Coast, als ihr Zug die 842,3 km lange Strecke in nur acht Stunden 40 Minuten durchraste. Die East Coast erklärte sich daraufhin zum Sieger und den Wettbewerb für beendet. Das ließ die West Coast natürlich nicht ruhen, die alles daran setzte, ihre Überlegenheit noch einmal zu demonstrieren. Tatsächlich bewältigte ihr Zug die Fahrt von London nach Aberdeen in einer der folgenden Nächte mit einer Reisegeschwindigkeit von 101,8 km/h: Von Euston nach Crewe fuhr die von Webb erbaute Verbundmaschine ADRIATIC durchschnittlich mit 103 km/h, ab Crewe erreichte die 1 C-Lok HARDWICK bei ihrer Fahrt über Shap Fell, die schwierigste Eisenbahnsteilrampe des Landes, im Durchschnitt gut 80 km/h, auf den letzten acht km hinunter nach Carlisle bis zu 120 km/h. Das nächste, 241 km lange Teilstück nach Perth schaffte die Maschine Nr. 90 mit einer Reisegeschwindigkeit von über 96,5 km/h, auf dem Schlußstück nach Aberdeen

brachte es die 2 B Nr. 17 sogar auf einen Schnitt von 101,8 km/h!

Die Fähigkeit der damaligen Dampflokomotiven, solch hohe Geschwindigkeiten zu erreichen und auch über weite Strecken beizubehalten, war in der Hauptsache ständigen Verbesserungen an ihrer Konstruktion und nicht zuletzt auch der Geschicklichkeit des Lokpersonals zuzuschreiben. Angesichts der immer höheren Geschwindigkeiten waren aber auch Verbesserungen an Brems- und Signalsystemen eine zwingende Notwendigkeit geworden. Die Eisenbahninspekteure des Handelsministeriums hatten schon seit etwa 1860 großen Nachdruck darauf gelegt, daß die Eisenbahnen ein Signalsystem übernehmen sollten, bei dem die Signale mit entsprechenden Signalposten verbunden sind und nur von dort aus bedient werden sollten. Außerdem bemühten sie sich sehr intensiv um die Einführung von durchgehenden Bremsen in den Zügen.

1889 wurden sowohl das Blockstellensystem, welches das Risiko von Zugzusammenstößen durch Unterteilung der Strecken in viele kontrollierbare Blockabschnitte stark herabsetzte, als auch durchgehende Bremsen in Personenzügen zwingend vorgeschrieben.

Anfang des 20. Jahrhunderts kam es zu durchgreifenden Änderungen im britischen Dampflokbau, wobei die Great Western Wegbereiter war. 1903 begann nämlich die GWR in ihrer großen Lokfabrik in Swindon mit dem Bau einer 2 C-Lokomotive nach den Konstruktionsplänen von George Jackson Churchward. Diese Maschine hatte Außenzylinder, einen großen Hochdruckkessel mit Langrohrventilen und eine eigens konstruierte Luftzugvorrichtung in der Rauchkammer. Ihre Bauart war so erfolgreich, daß sie mit nur geringfügigen Änderungen fast 50 Jahre lang weitergebaut wurde.

1906 war die GWR neuerlich Wegbereiter, diesmal mit der Einführung eines Überhitzers, der eine bessere Wärmeausnutzung bei gleichzeitig niedrigem Wasserverbrauch ermöglichte. Mittlerweile war bereits eine neue Traktionsart, die später dominierend werden sollte, erstmalig in England erschienen. Die erste, elektrisch betriebene Untergrundbahn der Welt wurde unter Verwendung von Stromschienen zur Energiezufuhr bereits 1890 von der City and South London Railway in Betrieb genommen. 1909 folgte dann die erste Strecke der London, Brighton & South Coast Railway, die an Stelle der Stromschienen Oberleitungen verwendete, um die 6700 V 25 Hz Wechselstrom zuzuführen.

»Grouping«

Die britischen Eisenbahnen wurden dann während des Ersten Weltkrieges bis an die Grenze ihrer Leistungsfähigkeit ausgelastet, da außer dem normalen Güterverkehr auch noch Truppen-, Waffen- und Munitionstransporte bewältigt werden mußten. Viele Lokomotiven wurden über den Kanal verschifft und auf französischen Strecken zur Beförderung von Nachschubzügen an die Front eingesetzt.

Nach dem Krieg beschloß die Regierung, die Struktur des gesamten Eisenbahnwesens im Lande zu ändern und die vielen Bahngesellschaften zu vier Großgesellschaften zusammenzufassen. So wurden ab 1. Januar 1923 die London, Midland & Scottish, die London and North Eastern, die Southern Railways und die Great Western die größten Transportunternehmen des Landes. Dieses sogenannte »Grouping« sollte die finanzschwächeren kleinen Gesellschaften, die unter den Versäumnissen während der Kriegswirren am meisten gelitten hatten, durch den Zusammenschluß mit den finanzkräftigen »Großen« wieder auf die Beine bringen.

Das »Grouping« war für die kleineren Gesellschaften zwar sicherlich sehr günstig, den größeren bürdete es jedoch bedeutende finanzielle Belastungen auf, so daß der Wert sämtlicher Eisenbahnaktien drastisch sank. Einzige Ausnahme bildeten dabei nur die Great Western Railways, die von den Strukturänderungen am wenigsten betroffen worden waren.

Allen Schwierigkeiten zum Trotz wurden in der Folgezeit bedeutende technische Fortschritte zusammen mit bemerkenswerten Verbesserungen in puncto Fahrge-

schwindigkeit erreicht. Alle Gesellschaften stellten Dampflokomotiven in Dienst, die in der Lage waren, schwere Züge mit hoher Geschwindigkeit zu befördern. Auf der Southern wurden 1926 die 2 C-Maschinen der LORD NELSON-Klasse in Betrieb genommen, 1927 folgte die ROYAL SCOT-Klasse der LMS. Die Great Western brachte unter der Bezeichnung KING GEORGE V ihre größte Vierzylinderbaureihe heraus, während Nigel Gresley seine »A 1« PACIFICS für die LNER baute. Ihnen folgten später die STANIER PACIFICS der LMS, die den Maschinen der Great Western im Hinblick auf Zugkraft den Rang abliefen, und Gresleys 2 C 1-Lokomotiven Klasse »A 4«, bei denen erstmalig die Stromlinienverkleidung verwendet wurde.
Es war die Great Western, die 1923 die CASTLE-Klasse, Achsfolge 2 C, herausbrachte. Dies waren Lokomotiven, die alle wichtigen Wesensmerkmale bereits auf sich vereinigten, die für die letzten Jahre der Entwicklung im Dampflokbau charakteristisch waren. Sie besaßen einen großen Kessel mit Überhitzer, um einen höchstmöglichen Wirkungsgrad zu erreichen, eine hervorragend konstruierte Rauchkammer und ein geräumiges Führerhaus.

Die British Railways

Mit Ausbruch des Zweiten Weltkrieges kamen auf die Eisenbahnen noch größere Belastungen zu als während des Ersten Weltkrieges, vor allem durch die Verlagerung vieler Güter von der Straße auf die Schiene infolge der Benzinrationierungen.
Während des Krieges standen die Eisenbahnen unter Kontrolle der Regierung; sie hätten den Gesellschaften ansonsten jährlich einen Betrag von etwa 43 Millionen Pfund eingebracht. Die Regierung behielt jedoch die Einnahmen aus der Eisenbahn zurück, die um 1942 annähernd doppelt so hoch waren wie die Ausgaben. 1945 hatten die Gesellschaften dieses Geld an den Staat verloren und waren daher nicht in der Lage, die dringend notwendig gewordenen Ausbesserungen und Modernisierungen durchzuführen.
Die Britischen Eisenbahnen wurden deshalb im Jahre 1948 verstaatlicht. Die British Railways (BR) besaßen bei ihrer Gründung 650 000 Bedienstete, 6000 Bahnhöfe, 29 000 km Streckennetz, 19 000 Lokomotiven und über eine Million Güter- und Personenwagen. Die Verwaltung dieses ungeheuren Unternehmens stellte sich als äußerst schwierig heraus; dies führte in Verbindung mit den hohen Betriebskosten vieler, nur schwach frequentierter ländlicher Nebenbahnen zu einem umfassenden Rationalisierungsprogramm. Das neue, verkleinerte Eisenbahnsystem mit nur mehr 200 000 Bediensteten, 2000 Bahnhöfen, 17 700 km Streckennetz, 4500 Diesel- und Elektrotriebfahrzeugen sowie 350 000 Wagen kommt der heutigen Nachfrage nach einem Bahntransport, bei dem nicht Quantität, sondern Qualität im Vordergrund steht, besser entgegen.
Es wurden allerdings nicht alle der insgesamt 11 300 km stillgelegten Strecken abgerissen; über das ganze Land verstreut gibt es etwa 160 km Strecken, die von Eisenbahnfreunden betrieben werden. Hier verkehren zumeist Museumsdampfzüge, die, hervorragend restauriert, zu einer großen Touristenattraktion geworden sind.
Die British Railways haben während der letzten 21 Jahre eine völlige Umgestaltung erfahren, die größte Veränderung aber war das Ende des Dampfbetriebes im Jahre 1968 und die damit einhergehende Modernisierung des Triebfahrzeugparks. Das heutige Image der BR wird geprägt von Zügen mit hoher Reisegeschwindigkeit, modernisierten oder vollkommen neu errichteten Bahnhöfen, komfortablen Reisezugwagen, mehrfarbigen Tages-Licht-Signalen, durchgehend geschweißten Schienen, starkmotorisierten Elektro- und Diesellokomotiven sowie computergesteuertem Rangierbetrieb. Das Ergebnis ist ein staatliches Eisenbahnsystem, das zwar verhältnismäßig hohe Kosten verursacht, mit dem sich aber nur sehr wenige Bahnverwaltungen auf der ganzen Welt im Hinblick auf Fahrkomfort, Reisegeschwindigkeit, Sicherheit und Zugdichte messen können.

Patrick B. Whitehouse

Die Eisenbahnen der Iberischen Halbinsel unterscheiden sich durch ihre isolierte Lage, ihre Weitmaschigkeit und ihre Spurweite von den Netzen anderer europäischer Staaten. Durch die verkehrsfeindlichen Pyrenäen vom übrigen Europa getrennt, spielt der Durchgangsverkehr (ausgenommen nach Marokko) keine Rolle. Die Isolation wird durch die vorherrschende Breitspur (Spanien 1676 mm, Portugal 1665 mm) noch erhöht. Die beiden iberischen Staaten unterscheiden sich weiterhin durch ihre Netzstrukturen (Orientierung auf eine »Stammlinie« in Portugal, typisches Radialnetz in Spanien) sowie durch die Bahnstromsysteme. So wurden die spanischen Bahnen mit Gleichstrom (3000 V bzw. 1500 V) bzw. Drehstrom (5200 V), die portugiesischen Bahnen mit Wechselstrom (25 000 V, 50 Hz) elektrifiziert. Unterschiedlich ist schließlich auch die Länge des Bahnnetzes. Portugal (91 600 qkm) besitzt 3604 km Bahnlinien, Spanien jedoch – mit 504 700 qkm doppelt so groß wie die Bundesrepublik – 16 311 km.

Die meist gebirgige Landesnatur mit z. T. großen Höhenunterschieden, die wirtschaftliche Schwäche und dünne Besiedelung weiter Räume, die sich langsam entwickelnde Industrialisierung und viele politische Wirren hatten zur Folge, daß beide Staaten erst spät durch Eisenbahnen erschlossen wurden. Die erste spanische Eisenbahnlinie wurde nicht im Mutterland, sondern 1837 auf der Insel Kuba eröffnet. Die ersten Bahnlinien der Iberischen Halbinsel wurden 1848 zwischen Barcelona und Mataro, 1851 zwischen Madrid und Aranjuez, 1853 zwischen Gijon und Carbayen und 1856 zwischen Lissabon und Carregado eingeweiht. 1858 wurde die Strecke Madrid – Alicante fertiggestellt, die über Marseille (Schiffsverbindung) eine Reisemöglichkeit nach Paris bot. 1864 war dann die direkte Linie von Madrid zur französischen Grenze eingerichtet.

Die zahlreichen Bahngesellschaften, die zwischen 1880 und dem Ende des Spanischen Bürgerkrieges (1936–1939) von über 50 auf 20 geschrumpft waren, wurden 1941 zur spanischen Staatsbahn Red Nacional de los Ferrocarrils Españoles (RENFE) zusammengeschlossen. In Portugal erfolgte die Fusion der einzelnen Gesellschaften erst 1947. Die seitherige Entwicklung ist durch imposante Neubaustrecken, wie die 1959 eröffnete Sierra de la Culebra-Linie und die 1968 fertiggestellte Verbindung Madrid – Burgos sowie durch vielfältige Modernisierungsmaßnahmen gekennzeichnet. Außer dem doppelgleisigen Ausbau sind hier vor allem die Elektrifizierung (Portugal 398 km, Spanien 3121 km) sowie moderne Zuggarnituren (Talgo, Electrotren und Ter-Züge), Autoreisezüge und Containerzüge zu nennen. Umspuranlagen in den Grenzbahnhöfen ermöglichen durchgehende Zugverbindungen in andere europäische Staaten. Während in Portugal das gesamte Netz mit verschiedenen Spurweiten verstaatlicht ist (ausgenommen die 26 km lange Estorilbahn), umfaßt die RENFE nur die breitspurigen Linien Spaniens (13 495 km). Die Schmalspurlinien unterstehen teils einer staatlichen Gruppe (ESTADO), teils Privatgesellschaften.

Auch in räumlicher Hinsicht besteht eine Aufgabenteilung. Das aus Basislinien, Ergänzungslinien und Nebenlinien bestehende Breitspurnetz verbindet die dichtbesiedelten und wirtschaftsstarken Randlandschaften mit Madrid, die Schmalspurnetze sind vor allem für die Querverbindungen im Kantabrischen Gebirge sowie für den Nahverkehr in den Verdichtungsräumen wichtig.

Ein Eldorado für Eisenbahnfreunde

Die Iberische Halbinsel ist ein wahres Eldorado für Eisenbahnfreunde. Die weithin gebirgige Landesnatur hatte den Bau zahlreicher technisch noch interessanter Gebirgsbahnen zur Folge. Das beginnt bereits in den bis zu 3404 m hohen Pyrenäen, die wegen des Fehlens niedriger Pässe verkehrsfeindlicher als die Alpen sind und deshalb am West- und Ostrand von doppelgleisigen, elektrifizierten Bahnen umgangen werden (Linien: Paris – Madrid, Lyon – Barcelona). Von den drei geplanten Transpyrenäen-Bahnen wurden nach langer

Bauzeit 1928 die westliche, 1929 die östliche eröffnet, während bei der mittleren noch immer die Scheitelstrecke fehlt. Die westliche Linie, die wegen ihrer 43 Tunnel und mehr als 100 Brücken und Viadukte zu den interessantesten Gebirgsbahnen Europas zählt, erreicht im 7,9 km langen Somport-Tunnel eine Höhe von 1213 m. Sie wird noch weit übertroffen von der östlichen Transpyrenäenbahn (Toulouse – Barcelona), die 76 Tunnel (darunter zwei Scheitel- und zwei Kehrtunnel) mit einer Gesamtlänge von 25,6 km aufweist. Diese mit einer Scheitelhöhe von 1567 m höchstgelegene Normalspurbahn Frankreichs ist außerdem wegen ihrer 400 Brücken und Viadukte berühmt.

Das bis zu 2592 m Höhe ansteigende Kastilische Scheidegebirge wird von drei Gebirgsbahnen gequert, die Madrid mit Nordspanien verbinden. Die beiden ältesten, 1863 bzw. 1888 eröffneten, führen über Avila bzw. Segovia nach Altkastilien und erreichen Scheitelhöhen von 1359 bzw. 1296 m, sind seit 1944 elektrifiziert und weisen 17 bzw. sieben Tunnel auf. Die nach 40jähriger Bauzeit 1968 fertiggestellte Samosierra-Linie entlastet die beiden älteren Linien, verkürzt die Entfernung Madrid – Burgos von 370 auf 281 km, erreicht im 3,9 km langen Samosierra-Scheiteltunnel eine Höhe von 1303 m und ist mit 40 Tunnel und zwölf Viadukten ein technisches Meisterwerk.

Zwei weitere hochinteressante Gebirgsbahnen führen zur Costa del Sol. Glanzpunkte sind hier die Schlucht des Chorro bei Malaga (16 Tunnel und 15 Brücken auf 19 km Länge) und die 20 Tunnel und 33 Viadukte der Linie Linares – Almeria.

In Portugal führt die meterspurige Tua-Bahn durch die wilden Tuaschluchten (zehn Tunnel, elf Brücken) zur alten Hauptstadt Bragança, eine weitere Gebirgsbahn nach Guardia, der höchstgelegenen Stadt des Landes. Die mit 22 Tunnel und 32 Brücken und Viadukten interessanteste Bahnlinie Portugals ist die von Porto zur spanischen Grenze führende Duero-Bahn.

Alle bisher genannten Linien werden weit übertroffen durch die Kantabrischen Gebirgsbahnen und die Sierra de la Culebra-Linie. Die Kantabrischen Gebirgsbahnen verbinden die dichtbesiedelten und stark industrialisierten Küstenregionen mit der Hauptstadt Madrid und sind wegen ihrer Steilrampen berühmt.

Die westliche Rampe liegt auf der Linie Ponferrada – Leon mit der berühmten Spirale von La Granja (19 Tunnel, 1080 m hoher Scheitelpunkt). Noch atemberaubender ist die 72 km lange Pajares-Rampe auf der Linie Gijon – Leon mit ihren Kehrschleifen, 70 Tunnel und ihrem 1271 m hoch gelegenen, drei km langen Scheiteltunnel. Die Barcera-Rampe an der Strecke Santander – Reinosa hat 27 Tunnel, darunter einen Kehrtunnel, und führt in mehreren Schleifen zum 981 m hohen Scheitelpunkt. Die Orduña-Rampe (zehn Tunnel, 593 m Höhenunterschied) verbindet Bilbao mit der Hauptstrecke Madrid – San Sebastian – Paris, die ihrerseits wiederum zwischen Alsasuna und Irun (104 km) nicht weniger als 22 Tunnel und zahlreiche Brücken aufweist.

Eine der kühnsten Gebirgsbahnen der Welt

Die Kantabrischen Gebirgsbahnen werden seit 20 Jahren durch eine der kühnsten Gebirgsbahnen der Welt übertroffen, die Sierra de la Culebra-Linie. Diese nach 40jähriger, oft unterbrochener Bauzeit erst 1959 eröffnete Bahnlinie verbindet Madrid mit Asturien und Galizien und stellt die Fortsetzung der Kastilischen Gebirgsbahnen dar. Mit nicht weniger als 182 Tunnel war diese Linie bis zur Fertigstellung der Belgrad-Bar-Eisenbahn (1976) die tunnelreichste Linie Europas, führen doch von der 452 km langen Strecke (Zamora – La Coruña) immerhin 78,2 km durch Tunnel. Unter den zahlreichen Viadukten ist der Esla-Viadukt (481 m lang, 84 m hoch) der größte, der Ulla-Viadukt (219 m lang, 86 m hoch) der höchste. Diese Aufstellung zeigt, daß die Iberische Halbinsel wegen der Kühnheit der Gebirgsbahnen, der Besonderheiten der Netzstrukturen (modellartige Ausbildung eines Radialnetzes!) und dem Nebeneinander verschiedener Spurweiten zu den lohnendsten Reisezielen für Eisenbahnfreunde gehört.

Alfred Herold

Als die erste Eisenbahnstrecke in Italien am 3. Oktober 1839 zwischen Neapel und Portici in einer Länge von acht km (und mit einer Spurweite von 1829 mm gleich sechs englischen Fuß, was später zu einer Umspurung auf Normalspur 1435 mm führte) eröffnet wurde, da war Italien noch weit davon entfernt, ein einheitlicher Staat zu sein. Initiator dieser bis nach Salerno geplanten Linie war das von den Bourbonen regierte Königreich Neapel. Deshalb wurde die Strecke auch von französischem Kapital finanziert und von einem Franzosen namens Bayard gebaut, nach dem auch die erste dort verkehrende Lokomotive benannt war, die übrigens, wie damals üblich, aus England importiert werden mußte.
Im Norden förderten die Österreicher die »k.k. privilegierte lombardisch-venetianische Ferdinandsbahn«, deren erstes Teilstück zwischen Mailand und Monza am 18. August 1840 eröffnet wurde, nachdem bereits am 8. Juli 1840 Probefahrten mit zwei ebenfalls aus England gelieferten Lokomotiven stattgefunden hatten. Diese Bahn führte in der weiteren Folge bis Venedig, und die heute noch benutzte Eisenbahnbrükke zwischen dem Festland und der Lagunenstadt wurde von den Österreichern gebaut, die zur gleichen Zeit in diese Brücke eine Wasserleitung installierten, die Venedig versorgte. 1859 verlor Österreich die Lombardei und 1866 Venetien, und die Linien wurden von den Italienern übernommen. Davor waren die Gesellschaften der Strada ferrata Centrale Toscana, die Società delle Ferrovie Maremmane und die Società delle Strade ferrate del Lombardo-Veneto e dell'Italia Centrale entstanden, aus letzterer ging zusammen mit mehreren kleinen Privatbahnen die Società delle Ferrovie dell'Alta Italia hervor.
Bis in die achtziger Jahre des 19. Jahrhunderts waren die weiteren wichtigsten italienischen Netze folgende: Die Gesellschaft der römischen Eisenbahnen (Società delle Strade ferrate Romane), denen nach 1871, als der Kirchenstaat mit dem übrigen Italien vereinigt wurde, auch dessen Bahnen angegliedert wurden; die Società per le Strade ferrate Meridionali und die Società Italiana per le Strade ferrate del Mediterraneo. Am 22. April 1905 wurde ein Gesetz erlassen, demzufolge die Ferrovie dello Stato (FS), die Italienische Staatseisenbahn, geschaffen wurde, die heute noch besteht. Somit unterstellte man den größten Teil der Bahnen des italienischen Festlandes sowie von Sizilien und Sardinien der staatlichen Oberhoheit, und zwar in einer Gesamtlänge von 10 606 km, wozu bereits nach einem Jahr (und der Übernahme weiterer Netze) so viele Strecken kamen, daß sich die Gesamtlänge auf 13 232 km verlängerte. In privatem Besitz verblieben nur die Ferrovia Nord Milano, die Società Veneta und die schmalspurigen Linien auf Sardinien.

Die kleinste Staatsbahn der Welt

Während nach 1919 die Bahnen Südtirols (bis zu diesem Zeitpunkt hauptsächlich von der österreichischen Südbahngesellschaft betrieben) an die FS angegliedert wurden, kamen nach 1945 die Strecken der italienischen Staatsbahn in Istrien an Jugoslawien. Ein Kuriosum innerhalb der FS ist die wahrscheinlich kleinste Staatsbahn der Welt, die von der FS betrieben wird: die Bahn des Vatikans. Die Streckenlänge auf dem Gebiet des Kirchenstaats, der ja nur mehr den Vatikan in Rom als Territorium aufweist, beträgt ganze 862 m, während die auf »italienischem« Gebiet liegende Zufahrtstrecke vom Bahnhof Roma San Pietro 624 m lang ist. Die »Vatikan-Bahn» wird praktisch nur noch für Gütertransporte in den Vatikan benutzt, obwohl auch ein Personenbahnsteig vorhanden ist. Eigenes Rollmaterial besitzt die Bahn im Vatikan nicht.
Zu Beginn ihres Bestehens bezogen die italienischen Bahnen ihre Lokomotiven aus dem Ausland, die ersten aus England, aber bald kamen auch Lieferungen aus den USA und Belgien dazu. Eine eigene Lokomotivindustrie begann sich erst ab 1845 zu entwickeln, als die Officine di Pietrarsa Lokomotiven nach englischen Vorbildern in ihren Werkstätten in Neapel fertigte. Als nächste baute die Firma Ansaldo in Genua, bis dahin

als Werft bekannt, die erste eigene Entwicklung einer Lokomotive, die den Namen SAMPIERDARENA als Fabriknummer 1 führte; und nur kurze Zeit darauf begannen die Officine Ferroviarie in Verona ebenfalls mit dem Lokomotivbau.
Erst mit der Gründung der FS im Jahre 1905 stellte sich auch die Notwendigkeit heraus, einheitliche Lokomotiven für das gesamte Eisenbahnnetz zu planen und zu verwirklichen, um die wirtschaftlich nicht vertretbare Typenvielfalt der von den Privatbahnen übernommenen Maschinen auszumerzen. So wurde ein Standardisierungsprogramm entworfen, das bis zum Ende des Dampflokomotivbaus in Italien und der Elektrifizierung eines großen Teils des Streckennetzes durchgeführt wurde. Der Star der italienischen Dampflokomotiven war zweifellos die Reihe 691, die in 33 Exemplaren aus einem Umbau der Reihe 690 entstand, die ebenfalls eine 2 C 1-Schnellzuglokomotive war. Eine von ihnen, die 691 022, ist im Mailänder Museum Leonardo da Vinci (neben zahlreichen anderen Lokomotiven) erhalten geblieben.

Der Franco-Crosti-Vorwärmer

Besondere Verdienste um die Wirtschaftlichkeit von Dampflokomotiven erwarben sich die beiden Ingenieure Franco und Crosti durch den nach ihnen benannten Franco-Crosti-Vorwärmer, mit dem besonders nach dem Zweiten Weltkrieg, als er serienreif war, eine Anzahl von Lokomotiven ausgerüstet wurde. Das veränderte ihr Aussehen entscheidend. Ohne auf die technischen Einzelheiten eingehen zu wollen, sei gesagt, daß der Schornstein der Dampflok vom Kessel verschwand und zunächst durch zwei an beiden Seiten angeordnete Trommeln, später durch nur eine an der linken Kesselseite ersetzt wurde; der Dampf entwich am Ende der Trommel, knapp vor dem Führerhaus aus einer Art Flachschornstein.
Die letzten Dampflokomotiv-Neubauten erfolgten in den zwanziger Jahren unseres Jahrhunderts. Da Italien keine eigenen Kohlevorkommen hat und auf Importe angewiesen ist, suchte man schon frühzeitig zumindest die wichtigsten Hauptstrecken zu elektrifizieren. Es entwickelten sich nebeneinander zwei Stromsysteme: 3300 V Drehstrom und 3000 V Gleichstrom, wobei letzterer schließlich zugunsten des Drehstroms vorgezogen wurde. Die bereits mit Drehstrom ausgerüsteten Strecken wurden auf Gleichstrom umgerüstet, die Lokomotiven verschrottet, einige wenige museal erhalten. Eine der bekanntesten Drehstromstrecken war die vom Brennerpaß nach Bozen.
Bei der Entwicklung für die Gleichstromlinien ging Italien eigene Wege, und schon bald wurden Lokomotiven gebaut, die sechs Achsen in drei Drehgestellen von je zwei Achsen aufwiesen, zum Unterschied von anderen Ländern wie Deutschland, Österreich oder Frankreich, die je drei Achsen in zwei Drehgestellen zusammenfaßten. Offenbar ist die Kurvengängigkeit besser und der Verschleiß beim italienischen System geringer, denn auch die Schweizer bauten ihre neueste Elektrolokomotive der Reihe Ae 6/6 II als B B B, wie die Achsanordnung für Lokomotiven mit drei Drehgestellen zu zwei Achsen lautet.
Die neusten Entwicklungen auf dem Gebiet der Elektrolokomotiven in Italien waren die Reihe E 444, eine vierachsige Maschine, die als TARTARUGA bekannt wurde und die Schildkröte, die ihr den Namen gab, als kleines Wappen an der Seitenwand trägt, sowie die sechsachsige E 656 mit der Bezeichnung CAIMANO – sie trägt ebenfalls das namengebende Krokodil an der Seitenwand.
Nach der Außerdienststellung der Dampflokomotiven, die sich allerdings fast bis in unsere Tage erhalten haben (so zum Beispiel im Pustertal), hat der Dieselbetrieb in Italien auf den nichtelektrifizierten Strecken (auch in Sardinien, wo keine Strecke unter Fahrdraht steht) und im Rangierbetrieb Bedeutung.
Schmalspurstrecken in Italien fanden und finden sich in der Spurweite von 950 mm sowohl auf Sardinien und Sizilien sowie in Kalabrien; solche mit anderen Spurweiten, wie die Grödnertalbahn in Südtirol, die Lokalbahn Bozen – Ritten oder die Bahn Trient – Malè, stammten aus österreichischer Zeit.

Richard Heinersdorff

Es gehört zu den Binsenweisheiten, daß die skandinavischen Nationen weniger Gemeinsamkeiten aufweisen, als man gemeinhin annehmen möchte. Dies gilt vor allem für ihre Eisenbahnen. Trotz des Vereinheitlichungseffekts der Modernisierung – zu dem vor allem die kleineren Staaten neigen – besitzt jeder der vier Staaten ein Eisenbahnwesen mit einem hohen Grad an Eigenständigkeit.

Dänemark

Die dänischen Eisenbahnen waren ursprünglich sämtlich in Privatbesitz; erst gegen Ende des 19. Jahrhunderts wurden die Hauptstrecken in staatliche Verwaltung übernommen. 1885 wurden die heutigen Dänischen Staatsbahnen (DSB) gebildet, wobei die Lokalbahnen privat blieben und es zu einem gewissen Grad auch heute noch sind. Diese für Dänemark typische liberale Einstellung zieht sich wie ein roter Faden durch die ganze Geschichte der dänischen Eisenbahnen.

Dänemark brachte den Eisenbahnerbauern im Hinblick auf seine ebene Landschaftsform mit nur sanften Hügeln und Tälern kaum Probleme. Die Schwierigkeit lag vielmehr darin, daß die einzelnen Orte, die durch Eisenbahnen verbunden werden sollten, auf verschiedenen Inseln lagen. Über viele Jahre hinweg waren daher die meisten der wichtigen Routen durch Eisenbahnfähren unterbrochen; so verkehrten zwar zwei Fähren zwischen Kopenhagen auf der Insel Seeland und Esbjerg auf der festländischen Provinz Jütland; trotzdem dauerte die 310 km lange Reise rund sieben Stunden. Zwischen den beiden Weltkriegen wurden daher große Anstrengungen unternommen, um einige dieser hinderlichen »Lücken« zu schließen. Als erstes wurde 1935 die 1,2 km lange Brücke über den Kleinen Belt bei Fredericia eröffnet; diese ermöglichte den DSB die Einführung dieselelektrischer Fernschnellzüge (dänisch Lyntog gleich Blitzzug), die die Fahrzeit von sieben auf vier Stunden verringerten. 1938 folgte die Brücke über den Storstrøm zwischen den Inseln Seeland und Falster, letztere bildet zusammen mit Lolland regelrechte »Schrittsteine« auf dem Wege von Kopenhagen südwärts über die Ostsee nach Deutschland. Beide Brücken müssen mit größten Spannweiten von 220 bzw. 138 m zur Weltspitze gerechnet werden. Gleichzeitig betreiben die DSB moderne Eisenbahnfähren sowohl im Binnenverkehr über den 25 km breiten Großen Belt als auch nach Schweden und Deutschland über den Skagerrak und den Kleinen Belt.

Die Eigenart der dänischen Dampflokomotiven äußerte sich nicht nur in dem Metallband in den Nationalfarben, das um ihren Schornstein gewunden war; ältere Konstruktionen besaßen zum Beispiel häufig die seltene, gut sichtbar außerhalb des Rahmens befindliche, direkt wirkende Allan-Ventilsteuerung. Neuere Entwicklungen wiederum, wie unter anderem die eleganten Verbund-ATLANTICS (Achsfolge 2 B 1), wurden mit geräumigen Windschneiden-Führerhäusern ausgerüstet. Einige dieser ATLANTICS wurden zu PACIFICS (Achsfolge 2 C 1) umgebaut; die stärksten Schnellzugdampfloks der DSB, ebenfalls Verbund-PACIFICS, stammten allerdings aus Schweden, wo sie infolge der Elektrifizierung überflüssig geworden waren. Das Verbundsystem mit seinem etwas sparsameren Kohleverbrauch war in Dänemark wirtschaftlich gesehen sinnvoll, da dieses Land auf teure Importkohle angewiesen ist.

Die DSB stürzten sich auch nicht wie viele andere Bahnverwaltungen geradezu wie von Panik besessen in die Verdieselung, ein vielfach recht voreiliger und zugleich teurer Schritt. Tatsächlich benötigten die DSB über 40 Jahre, bis sie dieses Vorhaben bewältigt hatten. Dementsprechend wurden hier auch nicht unüberlegt fast neue Dampflokomotiven nach nur wenigen Betriebsjahren wieder ausgemustert und dafür »moderne« Diesellokomotiven in hoher Stückzahl beschafft, wie es für andere Bahnverwaltungen charakteristisch war. Von allen wichtigen europäischen Staatsbahnen begannen die DSB als erste schon 1927 mit der Umstellung auf Dieseltraktion, hatten sie aber als eine der letzten erst im Jahre 1970 vollständig abgeschlossen. »Vollständig« ist hierbei wörtlich zu nehmen, da bislang keine Fernbahnen der DSB elektrifiziert wurden, was in einem Land, das weder Kohle noch Wasserkraft, auf der anderen Seite aber auch keinerlei Gebirgs- und Steigungsstrecken besitzt, wohl auch verständlich ist. So wird der gesamte Verkehr der DSB von rund 300 Diesellokomotiven und 100 Dieseltriebwagen bewältigt; lediglich Kopenhagen besitzt ein mit 1500 V Gleichstrom elektrifiziertes Nahverkehrsnetz, auf dem 280 Elektrotriebwagen eingesetzt sind.

Schweden

Der Bahnbau wurde in Schweden 1850 unter staatlicher Aufsicht begonnen, zu einer Zeit also, als das Eisenbahnwesen in anderen Ländern bereits zu einer nutzbringenden Einrichtung geworden war, dem nicht mehr der Ruf eines »lebensgefährlichen Teufelszeugs« anhing. Die erste Strecke der Schwedischen Staatsbahnen (SJ) wurde in Normalspur zwischen Stockholm und Göteborg in Betrieb genommen; um 1930 umfaßte das Streckennetz der SJ dann insgesamt 6800 km. Da man in Schweden damals noch nicht auf einem staatlichen Eisenbahnmonopol beharrte, waren bis zu diesem Zeitpunkt daneben weitere 8000 km Strecken von 72 Privatgesellschaften erbaut worden. Gut die Hälfte dieser Privatlinien war in Normal-, der Rest in Schmalspur von 1067 mm, 600 mm und hauptsächlich 891 mm, das sind drei schwedische Fuß, ausgeführt.
Seit 1930 übernahmen dann die SJ schrittweise die wichtigeren Privatbahnen; die meisten davon wurden jedoch mittlerweile bereits stillgelegt, so daß bis heute nur noch drei Linien überlebt haben. Die Erinnerung an dieses einst umfangreiche Netz wird allerdings dadurch aufrechterhalten, daß Teilstücke von vier stillgelegten Linien als Museums- bzw. Vergnügungsdampfstrecken betrieben werden.
Der Bau der schwedischen Eisenbahnen bereitete im großen und ganzen keine sonderlichen Schwierigkeiten. Ein gewisses Problem stellten lediglich die vielen, aber nicht übermäßig breiten Flußübergänge dar. Die längste Eisenbahnbrücke der SJ führt bei einer Gesamtlänge von 858 m in 48 Bögen über den Göta-Fluß bei Göteborg; in der Nähe dieser Stadt liegt auch der mit 2100 m längste Tunnel der SJ, der »Gardatunneln«.
Die in den letzten Jahren dringend notwendig gewordenen Modernisierungsmaßnahmen wurden in Schweden bereits seit langem konsequent und stetig durchgeführt. Die elektrische Zugförderung, basierend auf der heimischen Wasserkraft, fand ihren Eingang bei den SJ bereits im Jahre 1915 auf der Erzbahn von Lulea nach Riksgränsen in Lappland an der norwegischen Grenze. Nach Abschluß der Elektrifizierungsarbeiten an dieser Strecke kam als nächstes sofort die Magistrale Göteborg – Stockholm an die Reihe. 20 Jahre später konnte man erstmalig über eine Entfernung von mehr als 1600 km auf durchgehend elektrifizierten Strecken reisen, und zwar von Malmö in Südschweden bis Riksgränsen im äußersten Norden. Gegenwärtig betreiben die SJ mehr als 8000 km ihrer Strecken mit 15 000 V $16^2/_3$ Hz Wechselstrom; auf ihnen werden über 90 Prozent des gesamten Verkehrsaufkommens abgewickelt, wofür 757 Elektrolokomotiven und 170 Triebwagen zur Verfügung stehen. Die als Ergebnis einer solch enormen Leistung seitens einer verhältnismäßig kleinen Nation erarbeitete Technologie im Bereich der elektrischen Zugförderung ist heute ein wichtiger Exportartikel Schwedens.
Trotz der frühzeitig fortschreitenden Elektrifizierung gehörten die SJ durchaus nicht zu jenen Eisenbahnverwaltungen, die ihre Hauptbahnen um jeden Preis »dampffrei« machen wollten. Der Dampfbetrieb hatte bei den SJ vielmehr sogar ein sehr zähes Leben; so beförderten bis in die Mitte der fünfziger Jahre Verbund-Pacifics noch Schnellzüge im dicht bevölkerten Süden, kleinere Maschinen hielten sich sogar noch länger. Dann hatten die Schweden als erste die glänzende Idee, Dampflokomotiven als strategische Reserve betriebsfähig zu konservieren. In der Erkenntnis, daß es keine Schwierigkeit bedeutete, Staudämme mit nur einigen wenigen Bomben zu zerstören und so die von den dazugehörigen Wasserkraftwerken

abhängige Versorgung der Eisenbahn mit Elektrizität für längere Zeit zu unterbinden, wurde an geheimen Plätzen eine große Anzahl an Dampflokomotiven in gutem Zustand für militärische Zwecke konserviert.

Vom technischen Standpunkt aus betrachtet, waren die schwedischen Dampflokomotiven eigentlich nicht besonders bemerkenswert, sieht man einmal davon ab, daß die meisten Maschinen im Lande selbst gebaut worden waren. Die erst unlängst zu den SJ gekommene Erzbahn Grängesberg – Oxelösund machte allerdings Eisenbahngeschichte mit dem planmäßigen Einsatz von Dampfturbinenlokomotiven; dies war weltweit der erste und einzige Planeinsatz solcher Lokomotiven.

Eine weitere Pionierleistung seitens der ebenfalls privaten Mellesta & Södermanland-Eisenbahn hat jedoch bis auf den heutigen Tag viele »Nachahmer« gefunden. Sie setzte nämlich als erste Bahnverwaltung der Welt bereits im Jahre 1913 dieselelektrische Fahrzeuge im öffentlichen Regelbetrieb ein. Die Dieseltraktion steht heute bei den SJ nur an zweiter Stelle, dennoch mit immerhin 690 betriebsfähigen Lokomotiven und 180 Triebwagen.

Bis in die Mitte der fünfziger Jahre war das von den SJ betriebene 891 mm-Netz, das sich von Göteborg aus in nordöstlicher Richtung ausdehnte, noch intakt. Mit einer Streckenlänge von insgesamt 463 km gehörte es zwar zu den größten, sicherlich aber zu den am wenigsten bekannten Schmalspurnetzen Westeuropas. Seine Strecken verliefen weitgehend durch ebenes Land (das im übrigen auch von den Normalspurstrekken ausreichend bedient wurde); die 223 km lange Hauptlinie führte bis Gardsjö, etwa auf halbem Wege zwischen Göteborg und Stockholm gelegen. Im Raum Stockholm gab und gibt es weitere 891 mm-Strecken, ein Teil davon ist sogar elektrifiziert und Bestandteil des Nahverkehrsnetzes. Wenn man seinerzeit die Fähre über den Vättern-See von Hjo nach Hästholmen benutzte, traf man ein weiteres 891 mm-Netz an, so daß man im Ergebnis von der Nordseeküste bei Göteborg bis zur Ostseeküste bei Västervik auf einer Strecke von 399 km schmalspurig reisen konnte. Zwar wurden auf all diesen Schmalspurbahnen bereits 1954 größtenteils Diesellokomotiven und -triebwagen eingesetzt, einige betriebsfähige Dampflokomotiven wie mehrere moderne 2 C- und 1 D-Schlepptender- und 1 C 1-Tendermaschinen waren aber in abgelegenen Depots doch noch vorhanden. Acht davon haben bis heute überlebt und werden während der Sommermonate an Sonn- und Feiertagen auf dem 11 km langen isolierten, landschaftlich sehr reizvoll gelegenen Streckenstück von Anten am gleichnamigen See, 49 km nördlich von Göteborg, nach Gräfsnäs eingesetzt. Dies ist alles, was von dem einstmals so großen 891 mm-Netz um Göteborg übriggeblieben ist.

Das vier km lange Teilstück von Jädraas nach Tallas der einstigen Holztransporteisenbahn Dala – Ockelbo – Norrsundet, etwa 250 km nördlich von Stockholm, ist eine weitere 891 mm-Museumsbahn. In den Glanzzeiten dieser Bahn beförderten Mallett-Lokomotiven recht beachtliche Zuglasten. Mitte der sechziger Jahre wurde die Strecke dann stillgelegt; über den heutigen Betrieb sind leider keine genauen Einzelheiten bekannt, fest steht lediglich, daß nur noch einige kleinere Dampflokomotiven vorhanden sind.

Auf den Normalspurstrecken der SJ hat die Zahl der Dampflokeinsätze in letzter Zeit ziemlich nachgelassen. Nur eine für Schweden typische 1 C 2-Tenderlokomotive mit Innenzylindern sowie einige 2 C-Schlepptendermaschinen werden noch für Sonderfahrten angeheizt.

Wesentlich größere Aktivitäten herrschen dagegen auf der 600 mm-Spurweite vor, in der früher in Schweden sieben öffentliche sowie zusätzlich mehrere nichtöffentliche Industriebahnen angelegt worden waren, die heute allesamt stillgelegt sind. Diese Linien erreichten zwar nie das Ausmaß und die Bedeutung der 891 und 1067 mm-Netze, die schmale Spur bringt aber infolge ihres entsprechend kleineren und leichteren Rollmaterials – unter wirtschaftlichen Gesichtspunkten betrachtet – gewisse Vorteile im Touristengeschäft mit sich. So kommen an den Wochenenden im Sommer auf einer fünf km langen ehemaligen Industriebahn bei Osbruk, etwa 50 km nordwestlich von Växjö in Mittelsüdschweden, zwei Tenderloks der Achsfolge D vor

einigen Liebhaberdampfzügen zum Einsatz.
Eine der wohl erfolgreichsten Museumsdampfstrecken auf dem europäischen Festland dürfte aber die Ostra Södermansland Järnvag (OSJ) sein. Eine Besonderheit dieser Museumsbahn ist, daß es sich hier um einen Streckenneubau und nicht wie sonst üblich um eine alte, stillgelegte Linie handelt. Die Züge verkehren derzeit zwar nur im Sommer an Wochenenden und Feiertagen, dafür aber in einem sehr dichten Fahrplan, was den Besuch dieser attraktiven Bahn lohnenswert und zu einem schönen Erlebnis macht.

Norwegen

In der Frühzeit seiner Eisenbahngeschichte war Norwegen noch mit Schweden vereinigt. Die Hauptstrekken verbanden daher nur Christiania, das heutige Oslo, und Trondheim mit Stockholm, nicht aber die beiden norwegischen Städte untereinander. Hierfür stand lediglich eine unsichere Schmalspurverbindung zur Verfügung. Als Norwegen 1905 unabhängig wurde, nahm man sofort die schwierige Aufgabe in Angriff, die neue Hauptstadt Oslo mit den anderen wichtigen Städten des Landes zu verbinden. Dies nahm 57 Jahre in Anspruch: Bergen wurde 1907 erreicht (die Strecke war allerdings erst 1909 wetterfest), Trondheim 1921, Kristiansand 1938, Stavanger 1944 und das im hohen Norden gelegene Bødø schließlich 1962. Die Elektrifizierung, basierend auf der im Lande reichlich vorhandenen Wasserkraft, wurde 1922 auf dem Streckenstück Oslo – Drammen begonnen. 1970 konnte man zu allen oben aufgeführten Provinzstädten mit Ausnahme Bødøs auf elektrifizierten Strecken gelangen, ebenso zur schwedischen Grenze in Richtung Stockholm und Göteborg. Insgesamt betreibt die Norwegische Staatsbahn (NSB) 2400 km Strecken, wie der Nachbar Schweden, mit 15 000 V $16^2/_3$ Hz Wechselstrom.
In einem Land mit einer Bevölkerung von weniger als vier Millionen Einwohnern und einer Nord-Süd-Ausdehnung von etwa 2000 km kann keine Art des Transportes hohe Gewinne abwerfen. Die Eisenbahnen bilden hier keine Ausnahme, ihre Einnahmen belaufen sich nur etwa auf 70 Prozent der Ausgaben; dabei spielen natürlich sozialpolitische Gesichtspunkte mit.
Die Natur bereitet dem Eisenbahnerbauer in Norwegen viele Schwierigkeiten. Das Land besteht zu einem Großteil aus Gebirge, und infolge der nördlichen Lage bewegt sich die Schneefallgrenze Sommer wie Winter um etwa 1000 m über dem Meer. So war die Arbeitsmannschaft, die den 5300 m langen Gravehalsen-Tunnel auf der Strecke Bergen – Oslo durch den Fels vorantrieb, während des Winters 1902/1903 für Monate von der Außenwelt abgeschnitten. Außerhalb des Tunnels, wo die Strecke in Höhenlagen bis zu einem Scheitelpunkt bei 1282 m Höhe verlief, konnte ohnehin nur während des kurzen Sommers gearbeitet werden. Nach Fertigstellung der Strecke mußten noch viele Kilometer Schneeschutzdächer errichtet werden, ehe ein zuverlässiger Zugverkehr das ganze Jahr über möglich war. Obwohl die übrigen Strecken keine solchen Höhen mehr überwinden mußten, waren auf der Sørlandlinie (Südlandlinie) von Oslo nach Stavanger noch längere Tunnelbauten erforderlich: Gylardtunnel – 5750 m, Haegebostadtunnel – 8500 m und Kvinesheitunnel – 9000 m. Mittlerweile wurde im Jahre 1973 der bislang längste norwegische Tunnel, der 10 750 m lange Lierasintunnel, eröffnet, der das älteste Teilstück der Sørlandlinie von Oslo nach Drammen erheblich verkürzt; auf der Strecke nach Bergen wurde der kurz vor dieser Stadt gelegene, äußerst kurvenreiche Abschnitt durch einen weiteren 7700 m langen Tunnel begradigt. Diese kurze Aufzählung berücksichtigt lediglich sechs der insgesamt 773 norwegischen Eisenbahntunnel.
Der Bahnhof von Bødø ist zwar Endpunkt der auf norwegischem Gebiet nach Norden führenden Bahnstrecke, 1282 km von Oslo und 729 km von Trondheim entfernt, ist aber nicht der nördlichste Punkt im Netz der Norge Statsbaner überhaupt. Um auf dem Schienenwege noch weiter in den Norden Norwegens zu gelangen, muß man von Bødø aus erst wieder 677 km bis Hell zurückfahren, um dann über schwedische Strecken nach einer Reise von rund 1300 km bei

Riksgränsen endlich wieder norwegisches Gebiet und schließlich nach weiteren 40 km die Hafenstadt Narvik zu erreichen. Auf diesem 40 km langen eingleisigen norwegischen Teilstück der Ofoten-Eisenbahn werden etwa zwei Drittel des gesamten Güteraufkommens der NSB abgewickelt, nämlich rund 20 Millionen Tonnen! Die Ofoten-Eisenbahn wurde in den Jahren von 1885 bis 1902 erbaut, um das schwedische Eisenerz zum eisfreien Nordseehafen Narvik transportieren zu können. Sie ist damit sozusagen Ahnherrin vieler, erst in jüngerer Zeit erbauter Erzbahnen und gehört zu den wenigen Strecken in Europa, auf denen planmäßig Züge mit einem Gesamtgewicht von über 5000 t verkehren. Die Bahn wurde zwischen 1919 und 1923 elektrifiziert; seither bewältigen Lokomotiven der NSB und der SJ gemeinsam der Verkehr auf der gesamten Ofoten-Bahn.

Viele der norwegischen Dampflokomotiven wurden – für so ein kleines Land recht beachtlich – im Lande selbst von der Lokomotivfabrik Thune in Oslo gebaut. Im Streckendienst herrschten große und kleine 2 D-Schlepptendermaschinen nach Schweizer Bauprinzipien vor, wovon einige mit Vierzylinder-Verbundtriebwerk der Bauart Wolf mit Ventilsteuerung ausgerüstet waren. Höhepunkt und Abschluß im norwegischen Dampflokbau war die Lieferung einer Serie von 1 D 2-Maschinen, der sogenannten »Dovregrubben« (Dovreriesen), die zum Einsatz im Schnellzugdienst auf der Dovre-Bahn von Oslo nach Trondheim bestimmt waren.

Der mechanische Teil vieler norwegischer Elektrolokomotiven stammt ebenfalls aus heimischer Produktion, die elektrische Ausrüstung wurde jedoch hauptsächlich von ASEA, Schweden, geliefert. Zu den bemerkenswertesten Elektroloks auf der ganzen Welt dürften wohl die 1 D + D + D 1-Maschinen mit Stangenantrieb zählen, die mit einer Leistung von 9500 PS im Erzverkehr auf der Ofoten-Bahn eingesetzt werden.

Gegenwärtig besitzt die Norwegische Staatsbahn 160 Elektro- und 89 Diesellokomotiven; ihr Wagenpark umfaßt 890 Personen- und 8800 Güterwagen.

Es gibt in Norwegen nur wenige private Eisenbahnstrecken; dazu gehören auch zwei kleine Schmalspur-Museumsbahnen bei Sörumsand, östlich von Oslo, und bei Kristiansand an der Südküste. Die erstere ist ein kleines Reststück der bis 1959 von der NSB betriebenen 750 mm-Nebenbahn von Sörumsand nach Skotterud; hier sind noch heute das ursprüngliche Wagenmaterial und eine der alten Kobelschornstein-Tenderlokomotiven der Achsfolge 1 C 1 vorhanden. Die zweite Museumsbahn ist ein Relikt des ehemals weitverzweigten 1067 mm-Netzes um Grovane, südwestlich von Oslo. Auch hier sind noch ein Teil des alten Wagenparks und eine 1 C 1-Tenderlok, ebenfalls mit Kobelschornstein, im Einsatz.

Für den Dampflokfreund ist natürlich auch das Norwegische Staatsbahn-Museum in Hamar von großem Interesse, das als besondere Attraktion auf seiner Freifläche eine dampfbetriebene 600 mm-Bahn besitzt.

Finnland

Finnland war Bestandteil des russischen Zarenreiches, bis es 1918 seine Unabhängigkeit erlangte. Sozusagen als Vermächtnis der einstigen russischen Herren ist das finnische Eisenbahnnetz in der russischen 1524 mm-Breitspur ausgeführt.

Die erste finnische Eisenbahn, die Strecke Helsinki – Hämeenlinna, wurde 1862 eröffnet. Die Verbindung nach St. Petersburg, dem heutigen Leningrad, war 1870 fertiggestellt, und man setzte den Bahnbau kontinuierlich bis 1918 und darüber hinaus bis in die neueste Zeit fort, meist in unmittelbarer Staatsverwaltung. So wurden erst Mitte dieses Jahrzehnts zwei wichtige Neubaustrecken zur Verbesserung bzw. Verkürzung wichtiger, bereits bestehender Verbindungen in Betrieb genommen, die bedeutsamere von beiden ist die 190 km lange Strecke Tampere – Parkano – Seinäjoki, die um rund 50 km kürzer ist als die alte Linie über Haapamäki.

Obwohl Finnland unter russischer Herrschaft stand, war die Bauform der frühen finnischen Dampflokomotiven stark von amerikanischen Einflüssen geprägt, später dominierten dann deutsche Baugrundsätze. Bis zum Ende der Dampftraktion besaßen die Finnischen Staatsbahnen, die Valtion Rautatiet (VR), mehr holz- als kohlegefeuerte Dampfloks, da Holz ja die einzige heimische Energiequelle ist. So dauerte es bis nach 1920, ehe überhaupt kohlegefeuerte Loks beschafft wurden, um die schwereren Züge zu befördern. Der Dampflokpark der VR bestand in der Hauptsache aus recht betriebstüchtigen Tender- und Schlepptenderloks; über die Grenzen Finnlands hinaus sind davon am bekanntesten geworden die 21 PACIFICS der Klasse Hr 1 und die 67 MIKADOS der Klasse Tr 1, die schwersten Güterzugdampfloks der VR. Daneben kamen noch ein paar 1 E-Maschinen aus den USA zum Einsatz.

Die Verdieselung hatte bei der VR zwar schon um 1950 begonnen, man trieb sie jedoch nicht sonderlich schnell voran, daher war sie erst zu Anfang der siebziger Jahre abgeschlossen; zum gleichen Zeitpunkt wurde auf den am dichtesten befahrenen Strecken im Süden des Landes um die Hauptstadt Helsinki auch der elektrische Betrieb aufgenommen. Bis dahin hatte Finnland wohl eine für den Dampflokfreund besonders anziehende Betriebsform zu bieten, die er nirgendwo sonst auf dem europäischen Kontinent, ja auf der ganzen Welt, mehr beobachten konnte: Nur hier war es noch möglich, sich noch aus dem Fenster eines Nachtexpresses zu lehnen und zuzusehen, wie sich die holzgefeuerte 2 C-Lok an der Spitze des Zuges mit gewaltigem Funkenflug wie ein feuerspeiender Drache durch die Nacht arbeitete.

Da sich die Finnen darüber im klaren waren – und es nach wie vor sind –, welch strategische Nachteile die Abhängigkeit von importiertem Öl mit sich bringt, und wie leicht die wenigen Wasserkraftwerke und Staudämme durch Bomben zerstört werden können, besitzen sie eine hohe Anzahl von holzgefeuerten Lokomotiven als strategische Reserve, betriebsfähig konserviert.

Die einzigen internationalen Reisezüge im Bereich der VR verkehren von Helsinki nach Leningrad und Moskau, wobei ja keine Probleme durch das Zusammentreffen zweier verschiedener Spurweiten auftreten. Spurwechselbetrieb unter Anwendung austauschbarer Achssätze gibt es nur in ganz geringem Ausmaß, einmal zur Übernahme von normalspurigen Güterwagen der Schwedischen Staatsbahnen im Übergangsbahnhof Tornio am Bottnischen Meerbusen, zum anderen auf dem Bahnhof des eisfreien Hafens von Hanko an der Ostsee, von wo aus eine Eisenbahngüterwagenfähre nach Travemünde bei Lübeck verkehrt.

Das finnische Signalwesen ist in puncto Signalanlagen traditionell typisch deutsch und in puncto Betriebsabwicklung ein wenig amerikanisch gehalten. Einen deutschen Eindruck vermitteln insbesondere die Weichenanlagen und Formsignale mit Drahtantrieb, vor allem aber die Signalarme in der Form von Tennisschlägern, die sich um 45 Grad anheben und deren jeweilige Anzahl in gehobener Stellung anzeigt, auf welchem Gleis der Zug weiterfahren wird. Die Betriebsabwicklung auf eingleisigen Strecken durch telefonische Zugorder entspricht mehr amerikanischen Gepflogenheiten.

Die neueren Signaleinrichtungen für ein- und mehrgleisige Strecken entsprechen dagegen mehr den heute üblichen internationalen Normen mit Tages-Licht-Signalen und automatischer Blocksicherung. Ein finnisches Charakteristikum, das sich in vielen Personen- und Güterbahnhöfen bis heute hartnäckig gehalten hat, ist das teilweise völlige Fehlen von fernbedienten Weichen, da Drähte und Gestänge während des kalten Winters völlig vereisen würden und das Auftauen der eingefrorenen Anlagen nicht möglich ist. Die meisten Weichen müssen daher wie eh und je unmittelbar von Hand bedient werden. Ganz vereinzelt gibt es allerdings auch bei der VR schon – die recht kostspieligen – Weichen mit Elektroantrieb und Propangasheizung.

Ein Teilstück der letzten privaten Schmalspurbahn Finnlands ist als Museumsstrecke übriggeblieben und verläuft von Humppila 86 km nordöstlich von Turku nach Forssa. Zum Einsatz gelangt eine 1 C 1-Tenderlokomotive, die erst 1948 in Belgien gebaut wurde.

Patrick B. Whitehouse

Albanien war in Europa das letzte Land, in dem der Schienenverkehr seinen Einzug halten konnte. Zwar bestand während des Ersten Weltkrieges eine schmalspurige Heeresfeldbahn der österreichisch-ungarischen Armee, und im Zweiten Weltkrieg waren es die Italiener, die eine ebenfalls schmalspurige Heeresfeldbahn bauten. Aber diese Bahnen dienten natürlich nicht dem öffentlichen Verkehr. Erst am 7. November 1947 wurde die erste normalspurige Strecke zwischen dem Hafen Durazzo und der Stadt Pekinje in der Länge von 45 km eröffnet. Am 23. Februar 1949 erreichten die Schienen die Hauptstadt Tirana, und heute stehen etwa 200 km normalspurige Bahnlinien in Betrieb. Ein Kuriosum – infolge der politischen Isolation Albaniens – bleibt, daß das albanische Netz an keine andere europäische Bahn Anschluß hat. Spärlichen und ungenauen Berichten zufolge gibt es in Albanien noch immer Dampfbetrieb, aber auch Diesellokomotiven sind bereits eingesetzt.

Bulgarien

Die älteste Eisenbahnlinie Bulgariens, die Linie vom Schwarzmeerhafen Varna nach Rustschuk an der Donau, wurde noch unter türkischer Herrschaft von einer englischen Gesellschaft am 7. November 1866 eröffnet. 1878 erhielt Bulgarien seine Unabhängigkeit – und zwei Herrscher, Zar Ferdinand und dessen Sohn Zar Boris, die »nebenberuflich« große Eisenbahnsachverständige waren und oft Lokomotiven selbst führten. Die Bulgarische Staatsbahn (BDZ) wurde 1888 gegründet. Sie betrieb alle bestehenden Linien von diesem Zeitpunkt ab und zeichnete für die Neubauten verantwortlich.
Die Dampflokomotiven bezog Bulgarien zum größten Teil aus Deutschland. Eine der gewaltigsten Dampflokomotiven war die Reihe 46, eine 1 F 2-Tenderlok.
Die Zeit hat natürlich auch vor Bulgarien nicht haltgemacht, und die Hauptstrecken des etwa 4300 km umfassenden Bahnnetzes sind bereits elektrifiziert oder sollen es in absehbarer Zeit werden; auch der Neubau von Bahnstrecken ist im Gange oder geplant. Die erste größere Serie von Diesellokomotiven (30 Stück) kam aus Österreich, die folgenden zum Großteil aus Rumänien. Bei den elektrischen Lokomotiven machte die tschechische Fabrik Skoda das Rennen.

Griechenland

Sehr spät begann das Eisenbahnzeitalter in Griechenland: Erst 1869 erhielt der 1829 entstandene Staat der Hellenen seine ersten zehn km Schienenweg, die normalspurige Verbindung der Hauptstadt Athen mit dem Hafen Piräus. Als nächstes folgte die meterspurige Strecke vom Hafen Katakolon nach Pyrgos in der Nähe des berühmten antiken Olympia, und es wurde 1916, bis die zweitgrößte Stadt Griechenlands, Saloniki, mit der Hauptstadt verbunden. 1920 übernahm der Staat dann die Bahn, zusammen mit den ehemals türkischen Linien auf griechischem Gebiet.
Früher schon, ab 1882, wurde die meterspurige Peloponnes-Bahn SPAP von privater Seite weiter gebaut; 1885 war Athen mit Korinth verbunden; 1887 wurde die Hafenstadt Patras erreicht. Schließlich waren etwa 750 km der schmalspurigen SPAP in Betrieb. Das zweite meterspurige Netz ist das der Thessalischen Bahn, das von Volos über Larissa nach Kalampaka führt. Nach dem Ersten Weltkrieg war dann endlich der Anschluß der griechischen Bahn an das übrige europäische Netz vollzogen. Heute betreiben die Griechischen Staatsbahnen (CEH) etwa 1500 km normalspurige und knapp 1000 km meterspurige Linien. Davon sind nur die 26 km der Metro zwischen Piräus – Athen – Kifiss elektrifiziert; nach dem Ausscheiden der Dampflokomotiven werden sämtliche Strecken mit Diesellokomotiven betrieben.

Jugoslawien

Das Eisenbahnnetz Jugoslawiens ist das Ergebnis einer ganz verschiedenartigen Herkunft, das erst zu einer Einheit zusammenwachsen mußte. Die erste Eisenbahnlinie auf heutigem jugoslawischen Gebiet war die Strecke der k.k. privilegierten Südbahn zwischen Marburg und Cilli, die am 2. Juni 1846 eröffnet wurde. Im serbischen Teil wurden erst viel später Bahnen gebaut, die wichtige Strecke Belgrad – Nisch wurde erst 1884 vollendet; aber schon 1890 übernahm der Staat die Eisenbahn in die »Serbischen Staatsbahnen«. Nach 1918 erhielt das Netz bedeutenden Zuwachs: Nicht nur Normalspurstrecken ehemalig österreichischer und ungarischer Linien wurden einverleibt, sondern auch das etwa 2000 km lange 760 mm-Spurnetz Bosniens und der Herzegowina. Die Jugoslawische Staatsbahn (JDZ) betrieb das Bahnnetz bis 1941, als das Land von den Deutschen besetzt und geteilt wurde. 1945 wendete sich das Blatt wieder, Jugoslawien entstand aufs neue, diesmal größer und unter Einbeziehung Istriens, wo ehemals italienische Strekken, teilweise elektrifiziert, an Jugoslawien fielen. Der wichtigste Schritt zum Ausbau eines leistungsfähigen Netzes war 1976 der Neubau der Linie Belgrad – Bar an der Adria, nachdem schon 1966 eine ebenfalls normalspurige Linie von Sarajewo nach Ploce an der Adria gebaut wurde. Auch die Elektrifizierung macht Fortschritte, die Linien sind teilweise mit 3000 Volt Gleichstrom (Erbe der Italiener), die neuen Linien aber mit 25 000 Volt Wechselstrom 50 Hertz betrieben.

Polen

Als Polen 1918 ein selbständiger Staat wurde, übernahm die neugegründete Polnische Staatsbahn (PKP) ein Schienennetz von über 16 300 km Länge, das ursprünglich in deutschem, österreichischem und russischem Besitz gewesen war. Mit den Strecken übernahm sie auch das rollende Material, das ziemlich bunt zusammengewürfelt war. Zwischen 1919 und 1922 bezogen die Polen außerdem 175 Dampflokomotiven vom Typ PERSHING aus den USA. Bald bauten die Polen auch ihre eigenen Lokomotiven in den drei Lokomotivfabriken Chrzanow, Parowozow und Cegielski. Bis zum Ausbruch des Zweiten Weltkrieges wurden auch noch etwa 1700 km neue Strecken in Betrieb genommen. Heute beträgt die Netzlänge der PKP etwa 24 000 km, darunter befinden sich auch Breitspurstrecken, um Erz aus Kriwoj Rog in der UdSSR direkt nach den schlesischen Hüttenwerken transportieren zu können. Die neue Zeit der Eisenbahntechnik hat auch in Polen Einzug gehalten. Die Dampflokomotive verschwindet mehr und mehr, ihre Dienste werden von Dieselmaschinen übernommen. Die wichtigsten Hauptstrecken stehen bereits unter Fahrdraht.

Rumänien

Als Rumänien 1878 seine Selbständigkeit erlangte, fuhr auf dem Staatsgebiet bereits die von den Türken gebaute und am 4. Oktober 1860 in Betrieb genommene Eisenbahn zwischen Cernavoda und Constanza. Die älteste Bahnlinie auf dem Gebiet des heutigen Rumänien – das sowohl nach 1918 als auch nach 1945 Gebietszuwachs erhielt – war die 1854 eröffnete (ungarische) Bahn zwischen Temesvar und Stamora. 1869 wurde dann die erste eigentliche rumänische Bahn zwischen dem Donauhafen Giurgiu und der Hauptstadt Bukarest in Dienst gestellt. Schon 1888 wurde die Rumänische Staatsbahn (CFR) gegründet, die bis heute mit wenigen Ausnahmen den Betrieb auf dem rumänischen Bahnnetz führt. Ihre Lokomotiven bezog die CFR aus dem Ausland, bis 1926 die Lokfabriken Resita und 1929 Malaxa Lizenzbauten oder Weiterentwicklungen ausländischer Typen vornehmen. Besonders die preußischen P 8 und G 10 wurden in hohen Stückzahlen von den Rumänen nachgebaut, aber auch die berühmte österreichische Schnellzuglokomotive der Reihe 214, in ihrem Ursprungsland nur in dreizehn Exemplaren gebaut, erlebte hier als Lizenzbau (Reihe 142) eine Auflage von 79 Stück.

Die Elektrifizierung der Strecken begann 1964. Von den insgesamt etwa 11 000 km des rumänischen Bahnnetzes sollen demnächst zirka 1900 km elektrifiziert werden.

Rußland

Die erste Eisenbahn Rußlands, von dem Österreicher Gerstner in der Spurweite 1829 mm gebaut und am 30. Oktober 1837 eröffnet, führte von St. Petersburg über Zarskoje Selo etwa 27 km südlich bis Pawlowsk und wurde von Spöttern als »Bahn, die ins Wirtshaus führt« bezeichnet. Tatsächlich befanden sich am Ende der Schienen Vergnügungs-Etablissements, in denen unter anderen auch Johann Strauß den Russen aufgeigte. Die nächste Linie war die auf russischem Gebiet gelegene Teilstrecke der Warschau-Wiener-Bahn, in Normalspur 1435 mm ausgeführt, die große strategische Bedeutung hatte. 1842 ordnete Zar Nikolaus den Bau der Linie Moskau – St. Petersburg an, sie wurde in der Spurweite 1524 mm ausgeführt, die ab da überall in Rußland maßgebend war. Nicht nur strategischen Wert, sondern größte Bedeutung für die Erschließung Sibiriens hatte der 1891 begonnene Bau der Transsibirischen Eisenbahn. Bis 1918 verlor Rußland durch Gebietsabtrennungen (Polen, Finnland) etwa 10 000 km seiner Strecken. Aber die neuen sowjetischen Machthaber erkannten die Bedeutung einer funktionierenden Eisenbahn. Der Bau neuer Linien wurde besonders nach dem Zweiten Weltkrieg forciert, auch ein groß angelegtes Elektrifizierungsprogramm ist im Gang. 1975 erreichte die Länge des russischen Netzes zirka 138 000 km; als bedeutendste Neubaustrecke ist zur Zeit die BAM, die Baikal-Amur-Magistrale im Bau.

Tschechoslowakei

Die Tschechoslowakei entstand 1918 aus Teilen der österreichisch-ungarischen Monarchie. Deshalb waren Rollmaterial und Einrichtungen der tschechoslowakischen Staatsbahnen (CSD) österreichischen oder ungarischen Ursprungs. Die erste Zäsur kam 1938, als die Bahnen des Sudetenlandes der Deutschen Reichsbahn unterstellt wurden; anschließend kam es zur Teilung der Tschechoslowakei: Im »Protektorat Böhmen-Mähren« verkehrten die Böhmisch-Mährischen Bahnen, in der Slowakei die Slowakische Staatsbahn.
Nach 1945, als die Tschechoslowakei wiedererstand, verließen bemerkenswerte Schöpfungen die Tore der Lokomotivfabriken – so lange, bis auch in der Tschechoslowakei sich das Ende des Dampfzeitalters ankündigte und Diesel- und Elektrolokomotiven den Platz der dampfenden Giganten einnahmen. Zur Zeit werden in der Tschechoslowakei etwa 13 300 km Strecke betrieben, von denen ein wichtiger Teil bereits elektrifiziert ist.

Ungarn

Obwohl Ungarn ein Teil der Doppelmonarchie war, vollzog sich der Bahnbau dort immer mehr oder weniger selbständig. Die erste Eisenbahn in Ungarn wurde am 15. Juli 1846 zwischen Budapest und Waitzen in der Länge von 34 km eröffnet. Mit der staatsrechtlichen Trennung der Länder der ungarischen Krone von der westlichen Reichshälfte im Jahr 1867 – dem sogenannten »Ausgleich« – wurde das Eisenbahnwesen in Ungarn vollkommen autonom, und seit damals besteht bis zum heutigen Tag die Ungarische Staatsbahn (MAV). Nach 1918 mußte Ungarn Gebiete abtreten, und Teile des Eisenbahnnetzes gelangten an die Tschechoslowakei, an Rumänien und an Jugoslawien. Die Südbahn blieb bis 1932 als Donau-Save-Adria-Bahn selbständig.
Nach 1945 wurden mit einer Ausnahme alle noch privat verbliebenen Bahnen in Staatsbesitz überführt. Diese Ausnahme ist die noch heute bestehende Györ–Sopron–Ebenfurti–Vasut, deren Gleise zum Teil auf österreichischem Boden liegen.
Im Lokomotivbau ging Ungarn auch eigene Wege: Nicht nur, daß viele Lokomotiven mit dem Brotan-Kessel ausgerüstet wurden, die MAV beschaffte als einzige Bahnverwaltung Europas Mallet-Lokomotiven in größerer Anzahl, nämlich 167 Stück; dazu kamen noch 37 Stück der Kaschau-Oderberger-Bahn. Nach 1918 fielen aber die meisten dieser Lokomotiven an andere Bahnverwaltungen.

Richard Heinersdorff

3
044 682-3
DB
044 682-3

7
8
044 328-3

69

70

Schon 1925 und 1926 ließ die Reichsbahn zwei Varianten einer schweren Güterzuglokomotive mit der Achsanordnung 1 E bauen: Die Reihen 43 als Zweizylinder- und die 44 als Dreizylinder-Bauart. Durchsetzen konnte sich die Baureihe 44. Ihre Bedeutung blieb indessen gering gegenüber der Baureihe 50, einer 1 E-Güterzuglokomotive (66) mit nur 15 t Achsdruck. Diese Loks wurden noch bis zum Ende der Dampflokzeit bei der Deutschen Bundesbahn eingesetzt. So konnte man noch im Oktober 1973 mehrere 44er, das Rückgrat des Güterzugdienstes, vor dem Ringlokschuppen des Bahnbetriebswerkes Rheine (67) bewundern.

Vor der Einfahrt in den Kinderbeurener Tunnel auf der romantischen Moselstrecke: ein bergfahrender Güterzug Lok 044 573-4 im Sommer 1970 (68).
Die Güterzuglok der Baureihe 050 muß ihre gesamte Leistung mobilisieren, um den schweren Zug auf der Strecke Hartmannshof – Neukirchen beschleunigen zu können (69).
Beim Verlassen von Neuenmarkt/Wirsberg nimmt die 052 Anlauf auf die »Schiefe Ebene«. Auf einer Länge von sieben Kilometer muß ein Höhenunterschied von rund 140 m überwunden werden (70).

71

72

Touristen aus aller Welt strömen in jährlich wachsender Zahl in die DDR, um die letzten planmäßigen Dampflokomotiven und auch die mit besonderer Liebe gepflegten Traditionsbahnen in reizvollen Fremdenverkehrsgebieten zu sehen.
Die deutsche Reichsbahn der DDR besitzt heute mit 14 525 km Streckenlänge das drittdichteste Eisenbahnnetz der Welt. Viele Loks wurden aus den Beständen der alten Deutschen Reichsbahn übernommen. So auch die Baureihe 41 mit der Achsfolge 1 D 1, ursprünglich eine Lokomotive für Schnellgüterzüge, die jedoch wegen ihrer gelungenen Konstruktion vielfach auch noch im Reisezugdienst eingesetzt wird.
Hier verläßt eine 41er den Haltepunkt Zentsch auf der Strecke Saalfeld–Jena (71). Kurz vor Göschwitz taucht der Personenzug 5018 im Morgennebel des 16. Februar 1978 auf, um seinen Weg in Richtung Jena fortzusetzen (72).
Mit Volldampf überwindet eine 62 015 der Deutschen Reichsbahn die Steigung Eisenach–Förtha über den Thürnger Wald (73).

73

74

75

76

Wie in allen Planwirtschaftsländern kommt auch in der DDR der Eisenbahn weit größere Bedeutung zu als in den westlichen Industrienationen. Trotzdem ist das Streckennetz durch Stillegung unwirtschaftlicher Nebenstrecken und Kleinbahnen geschrumpft. Noch in unseren Tagen sind Dutzende von Dampfloks in den Bahnbetriebswerken der Deutschen Reichsbahn zu bewundern. Ein Blick auf Bahnhof und Bahnbetriebswerk Saalfeld (74) und die dort im Einsatz befindlichen Dampfloks der Baureihen 015, 41 und 44 verdeutlicht dies.

Das größte Neubau-Streckenprojekt war der schon 1950 begonnene Berliner Außenring, der den Binnenverkehr der DDR von den Westberliner Strecken unabhängig macht. Ein Güterzug verläßt mit einer 52er den Rangierbahnhof Schönweide (76), eine 03 rangiert dort vor einem Ringlokschuppen (75).

Die CITY OF CARLISLE, eine der größten und schönsten britischen Expreßlokomotiven steht auf dem Bahnhof von Carlisle bereit, um eine andere Lok abzulösen (77). Diese Zugmaschine der Duchess-Serie, die einst der London Midland & Scottish gehörte, wird einen Expreßzug von Glasgow nach London bringen.

46238
CITY OF CARLISLE

46238

HALL'S DISTEMPER
SANITARY WATER PAINT
SISSONS BROTHERS & Co Ltd HULL

78

79

80

Als die Dampflokomotiven zu Beginn der sechziger Jahre von den britischen Schienen verschwanden, wurden die Moore und Hügel in Nordirland und Wales zum Reservat des noch verbliebenen Dampfbetriebs. Zentrum war Carlisle, auf der Route London – Glasgow. Eine Black Fives, die sowohl im Personen- als auch im Güterzugverkehr eingesetzt wurde, befährt diese Strecke (79). Ein Personenzug der Severn Valley Railway passiert bei Bewdley ein Stellwerk (80).
An die Dampflokzeit erinnern heute nur noch die traditionsreichen Kleinbahnen, wie hier die Birch Grove der Bluebell Railway (78).

82

83

Mitternacht in Le Mans: Eine von Baldwin gebaute Mikado setzt sich mit dem Paris – Quimper-Express in Bewegung (81). Die gedrungenen Mikados der Baureihe 141 R stammen aus nordamerikanischer Fabrikation. Sie waren teils kohle-, teils ölgefeuert. Hunderte dieser wohlproportionierten 1 D 1-Loks hatten die USA und Kanada nach dem Krieg an Frankreich geliefert. Die zweizylindrigen Maschinen fraßen die Kohlen mit kräftigem Appetit, so auch die in Frankreich entwickelte Vierzylinder-Verbundlok 141 P zwischen Belfort und Chaumont (83), in dessen Nähe auch dieses Steinbogenviadukt steht, das gerade von einem Güterzug passiert wird (82).

84

85

86

Ein herrlich erhaltenes Exemplar aus der deutschen Maschinenfabrik Kessler verkehrte noch im August 1967 zwischen Senhora da Hora und Oporto (Portugal). Die Maschine wurde 1886 gebaut! (85).

Spaniens Spuren sind breiter: Es bedarf einer 1893 mm-Spur, um das wuchtige Gestell und die riesigen Dampfkessel der 2 D-Loks tragen zu können (86). Eine stromlinienverkleidete Lokomotive der RENFE-Baureihe 2100 (84) auf dem Weg zum Paß von Pancorbo im August 1967.

88

89

Die malerische Felsenschlucht der Neretwa wird von einer 760 mm-Schmalspurbahn befahren. Auf dem Viadukt nahe Jablonitca eine Lok der Reihe 83 der Jugoslawischen Staatsbahn (87).

Caile Ferrate Romane (Rumänische Staatsbahn): eine Lok der Baureihe 50, der preußischen G 10 vergleichbar, vor einem Güterzug (88). Der Öltank am Tender dient als Ölzusatzfeuerung. Eine seltene F-Lok der Reihe 45 der bulgarischen Staatsbahn als Vorspann vor einer 1 E-Lok der Reihe 15 (die ehemalige Kriegslokomotive, Baureihe 52) auf dem Weg von Sofia nach Pernik im Oktober 1967 (89).

91

Wegen des Kohlemangels, des Reichtums an Wasserkraft und der steigungsreichen Gebirgslinien, begann die Elektrifizierung in Italien schon sehr früh. Bereits 1899 wurden 55 km bei Mailand und Bologna mit Akku-Loks befahren. Auf vielen Nebenstrecken regierten bis in unsere Tage hinein Dampf und Diesel. Eine 1 D h2-Schlepptender-Güterzuglokomotive 740 181 der Italienischen Staatsbahnen überquert bei Giustina einen Nebenfluß der Piave (90).

Der Personenzug Innsbruck – Garmisch Partenkirchen auf der Fahrt zwischen Mittenwald und Klais (91). Es führt die Altbaulok der Österreichischen Bundesbahnen 1245 509. Im Hintergrund das herrliche Karwendel-Gebirge.

92

Der Bedarfsgüterzug Oberammergau – Murnau bei seiner morgendlichen Talfahrt kurz vor Bad Kohlgrub (92). Die E-Lok der Baureihe 169 005 mit der Achsfolge Bo stammt noch aus dem Jahre 1930 und gehört zu den ältesten Maschinen der Deutschen Bundesbahn.

Der taktmäßige Gang der Maschine und das Pfeiffen und Schnauben des ausgelassenen Dampfes erfüllen die tiefverschneite Landschaft um den Präbichl. Deutlich zu sehen: Die Zahnstange (System Abt), die es der Erzbergbahn zwischen Erzberg und Vordernberg (Österreich) ermöglicht, Steigungen bis zu 72 Promille zu überwinden (93). Auf dieser Strecke wurden die stärksten Zahnradlokomotiven der Welt eingesetzt.

V.
DIE EISENBAHNEN AMERIKAS

Auffälligstes Merkmal des Kanadischen Eisenbahnwesens ist die Konkurrenz zwischen privaten und staatlichen Eisenbahngesellschaften. Die Canadian National (CN) mit einem Streckennetz von fast 40 000 km befindet sich im öffentlichen Besitz, die Canadian Pacific (heute bekannt unter dem Zeichen CP Rail), mit einem Netz von knapp 34 000 km, ist das Ergebnis freien und privaten Einsatzes.

Dieser offensichtliche Gegensatz verschwindet allmählich. Ein Gelegenheitsreisender könnte die beiden Verwaltungen kaum unterscheiden, außer an der Farbgebung des Fahrzeugparks. Beide Bahnen stellen kontinentale Verbindungen her, beide haben die gleichen Aufgaben, beide setzen modernste und stärkste Diesellokomotiven ein.

Das war nicht immer so. Die Canadian Pacific entstand aus dem »Nationalen Traum«, wie es der Autor eines volkstümlichen Buches beschrieb. Nach der Gründung der kanadischen Konföderation im Jahre 1867 befürchtete die Regierung expansive Pläne des gewaltigen Nachbarn im Süden, den USA. British Columbia wurde erst nach der Versicherung in das Staatswesen aufgenommen, daß eine Eisenbahn gebaut würde, eine Verbindung der dichtbesiedelten Ostgebiete quer durch die unbewohnten zentralen Prärien mit der Westküste. Während der siebziger Jahre wurden einige Abschnitte in Mittelkanada, ebenso ein größerer Abschnitt bei Vancouver an der Westküste mit staatlicher Unterstützung fertiggestellt. Im allgemeinen kamen die Arbeiten aber nur recht langsam voran. Zuletzt schlossen britische und kanadische Eisenbahninteressenten mit der Regierung eine Übereinkunft, aus der die Canadian Pacific im Jahre 1880 hervorging.

Im Osten mußte die CP Hunderte von Meilen Strecken durch Ontario und entlang des Nordufers des Oberen Sees legen. Im Westen war der Bahnbau durch die Prärien und durch die Rocky Mountains voranzutreiben. Unter der Leitung eines Amerikaners, William C. Van Horne, kam man zügig voran, und am 7. November 1885 wurde am Begegnungspunkt der Strecken vom Osten und Westen, in Craigellachie, British Columbia, feierlich der letzte Schwellennagel eingeschlagen. Die Strecke durch die Berge ist eine der eindrucksvollsten der Erde. Man fährt durch die Rocky Mountains über die Kicking-Horse-Paßhöhe und überquert beim Rogers-Paß die Selkirk Mountains.

Tausende europäischer Einwanderer fuhren mit der CP durch die Prärien, um eine neue Heimat zu finden und ein neues Leben zu beginnen. Heute verkehrt auf dieser Route der beste Reisezug Kanadas, der einen Aussichtswagen führende CANADIAN, von Montreal nach Vancouver. Den gebirgigen Teil befahren Güterzüge in einem Maße, wie es sich die Gründer nie hätten träumen lassen. Zusätzlich zu der endlosen Zahl der Güterzüge bringen Ganzzüge Kohle von den nahen Minen nach Vancouver für den Export nach Japan.

In ganz Kanada wurden nun laufend neue Eisenbahnstrecken gebaut und in Betrieb genommen. Doch dann kam mit der Rezession und Inflation nach dem Ersten Weltkrieg der Rückschlag. Einige Eisenbahnen waren jetzt nicht mehr in der Lage, ihren Verpflichtungen nachzukommen. Nach und nach übernahm der Staat die Betriebsführung und nahm sie dann später in seinen Besitz. Die ursprünglich privaten Bahnen Grand Trunk, Grand Trunk Pacific und Canadian Northern (die 1915 Kanadas zweite transkontinentale Eisenbahnverbindung war) und die staatliche Intercolonial wurden zum Canadian National System vereinigt. Die moderne CN entwickelte sich aus diesen verschiedenen Eisenbahngesellschaften. Obwohl die CN mit verschiedenen Sozialleistungen belastet ist, steht sie in scharfer Konkurrenz zur gut geführten CP.

Im Jahre 1978 folgte Kanada dem Vorbild der Vereinigten Staaten und baute eine getrennte Verkaufsorganisation – Via Rail – für den Personenverkehr auf.

Kleiner, aber regional wichtig sind die expandierende British Columbia Railway (im Besitz der Provinz), die Northern Alberta und die Ontario Northland. Diese Gesellschaft importierte vor einiger Zeit gebrauchte TEE-Triebwagen aus Europa, um mit ihnen einen neuen Schnellzugdienst aufzubauen.

Harold A. Edmonson

Das Eisenbahnwesen in den Vereinigten Staaten ist voller Gegensätze. Während der letzten 10 bis 15 Jahre ging eine große Zahl von Gesellschaften bankrott, während andere Rekordumsätze erzielten. Diese Situation gibt Anlaß zu allgemeinem öffentlichen Interesse und Kritik, besonders weil die Vereinigten Staaten das größte Prüffeld privaten Unternehmermutes im Eisenbahnwesen darstellten. Alle anderen Eisenbahnen der Welt sind staatlich oder vom Staat kontrolliert.

Die Amerikaner betrachten die Eisenbahnen als einen wesentlichen Teil ihres Lebens, so daß man glauben könnte, die Bahn sei immer schon dagewesen und bestehe auch noch in fernerer Zukunft. Tatsache ist allerdings, daß die Amerikaner ihre Eisenbahnen mehr unter nostalgischem Aspekt betrachten; so als Mittelpunkt von volkstümlichen Balladen. Die meisten Leute sind jedoch viel mehr an den neuesten Autos und Flugzeugen als an Eisenbahnen interessiert. Der Personenverkehr zwischen den Ballungszentren wird nur zu 1,5 Prozent mit der Bahn abgewickelt, während 90 Prozent den eigenen Wagen benutzen. Viele Amerikaner fahren mit Nahverkehrszügen täglich zur Arbeit, aber auch diese Zahl ist begrenzt auf wenige Großstädte, in denen der Pendlerverkehr ein nennenswertes Volumen erreicht.

Das wahre Gesicht der amerikanischen Eisenbahn erzeugt genug Verwirrung, auch wenn man sich nicht die Geschichte von Casey Jones ins Gedächtnis zurückruft, des tapferen Maschinisten, der seine Lok bis zu seinem Tode im Jahre 1900 fuhr. Das sich hartnäckig haltende Image der Bahn, sie sei veraltet, das möglicherweise entstand, als viele Bahnen bankrott gingen, verschwindet schnell, wenn man das gegenwärtige Eisenbahnsystem der USA mit dem vor 25 Jahren vergleicht. Damals wurden noch viele Züge von Dampflokomotiven gezogen. Die Vereinigten Staaten waren das erste größere Land, das die Dampflokomotiven ausmusterte. 42 000 Dampfloks wurden durch 27 000 Dieselloks ersetzt im Rahmen eines 15jährigen Verdieselungsprogramms nach dem Zweiten Weltkrieg.

Die Güterwagen vor 25 Jahren waren die üblichen offenen und gedeckten Wagen. Verderbliche Güter wurden in besonderen gedeckten Wagen (reefers) befördert, die Kammern für Eisblöcke hatten. Heute werden die Güter meist in Spezialwagen transportiert. Es gibt 360 000 Großgüterwagen, einschließlich der 100 Tonnen-Giganten, für Kohle- und Erztransporte; 235 000 gedeckte Großraumwagen für Getreide und andere Massengüter; 170 000 Kesselwagen für Erdölprodukte und andere Chemikalien; 142 000 Flachwagen für neue Autos und den Huckepackverkehr der Lastzüge und 90 000 Kühlwagen für verderbliche Waren. Selbst einige der gedeckten Mehrzweckwagen sind 90 und 100 Tonnen-Riesen.

Perfektion also überall: Eine neue, zweite Generation von Diesellokomotiven hat die ersten Maschinen vollständig ersetzt. In einer Einheit stecken bis zu 3600 PS, in Vielfachtraktion können Züge mit bis zu 200 Wagen mit Höchstgeschwindigkeit gefahren werden. Die durchschnittliche Zuglänge bei US-Güterzügen beträgt 67 Wagen. Computer registrieren Bestand und Ziele aller Wagen. Ein elektronischer Rangier- und Ablaufbetrieb erfaßt und sortiert alle Wagen automatisch. Das ist das wahre Gesicht des amerikanischen Eisenbahnwesens.

Aber es gibt noch eine andere Seite: Trotz modernster Güterwagen und Lokomotiven erreicht ein amerikanischer Wagen beladen nur etwas über 30 km am Tag oder durchschnittlich nur gut 1½ km in der Stunde. Dies bedeutet, daß der Wagen die meiste Zeit im Rangierbahnhof oder an einem Schiffsdock auf die Be- und Entladung wartet. Eigentlich zuviel Leerlauf für einen Wagen, der 30 000 Dollar wert ist. Hinzu kommt, daß die Bahn meist nur Rohstoffe transportiert und dafür nur geringe Tarife verlangen kann. Die meisten Endprodukte und hochwertige Waren befördert der LKW. Obwohl die großen neuen Dieselloks enorme Lasten ziehen können, sind sie wegen des schlechten Gleisoberbaus einer Geschwindigkeitsbegrenzung von 15 bis 25 km/h unterworfen.

Ebenso wie in Kanada entwickelten sich die US-Bahnen (beginnend mit der 1827 gegründeten Baltimore & Ohio) auf regionaler Basis zur Bedienung lokaler Bedürfnisse. Als diese Linien zu Netzen zusammenwuchsen, wurde der Wunsch, ja die dringende Notwendigkeit, diese Netze zu einer interkontinentalen Verbindung zu verknüpfen, sogar in den Hallen des Kongresses gehört. Unter großem Getöse und Aufwand bekam Amerika seine Eisenbahn zum Pazifik. Die Union Pacific (UP) baute zwischen 1865 und 1869 die Strecke von Omaha, Nebraska, nach Promontory, Utah, zum Anschluß an die Central Pacific (CP), die ihrerseits den Schienenstrang von Sacramento, Kalifornien, nach Promontory legte. Der letzte – goldene – Schwellennagel wurde feierlich am 10. Mai 1869 eingeschlagen – der Kontinent war durch Schienenbänder verbunden.

Obwohl private Investoren die UP und CP bauten, wurden sie von staatlicher Seite in Form von Bargeld und Schuldverschreibungen sowie durch Landschenkungen unterstützt. Die Entwicklung des Bahnverkehrs zur Rentabilität hätte notwendigerweise von der Besiedlung und der Industrialisierung entlang der Trasse kommen müssen. Infolge verschiedenster Umstände ergab sich jedoch kein so hohes Verkehrsaufkommen, um daraus Gewinn zu erwirtschaften. Im Gegenteil, die Unternehmer schlugen ihre Gewinne aus dem Bahnbau selbst. Oft verwendeten sie das Geld aus Anleihen und Landschenkungen, um nicht unbeträchtliche Geldsummen an Baufirmen zu zahlen, die zufälligerweise den Bahnunternehmern selbst gehörten. Die von ihnen gebauten Bahnen waren nicht zu vergleichen mit den zur gleichen Zeit in Europa gelegten Strecken. Wo es möglich war, bestanden die neuen amerikanischen Bahnstrecken aus Eisenschienen, die auf nur roh behauene Schwellen genagelt wurden, welche wiederum auf der blanken, nur notdürftig begradigten Erde lagen.

Im 19. Jahrhundert waren die Eisenbahnen sowohl ein wichtiger Ansporn als auch ein leuchtendes Symbol der industriellen Revolution. Die fähigsten Unternehmer befaßten sich mit der Eisenbahn. Männer wie Hunting-ton, Vanderbilt, Gould, Hill und Harriman machten Riesengeschäfte mit der Bahn. Einige nutzten skrupellos alle Möglichkeiten aus und gingen als »robber barons«, Räuberbarone, in die Eisenbahngeschichte ein. Teilweise angelockt durch Landschenkungen, aber hauptsächlich angespornt durch den Traum von einem eigenen Reich, erbauten diese Unternehmer eine transkontinentale Eisenbahn nach der anderen. Die Northern Pacific 1883, die Sunset-Strecke der Southern Pacific 1883, die Santa Fe 1884 und die Great Northern 1893. Die westliche Route der Chicago, Milwaukee, St. Paul & Pacific aus dem Jahre 1909 war schon zur Bauzeit umstritten und erwies sich auch als unnötig, während die Fertigstellung des 32 799 Fuß (knappe 10 km) langen Moffat-Tunnels die Rio Grande-Western-Pacific-Linie konkurrenzfähig machte. Die Ausdehnung nach Westen war keineswegs ein Nachteil für das Eisenbahnwesen, denn die neuen Bahnen halfen, diese Landstriche zu öffnen. Heute sind sie die gewinnbringendsten Linien der USA.

In der östlichen Hälfte der USA bieten sich dem Eisenbahnwesen zahlreiche schwere Probleme. Im dichtbesiedelten Osten entstand schon frühzeitig ein dichtes Eisenbahnnetz, und noch heute ziehen sich verschiedene Strecken auf oft verschlungenen Wegen von einer Stadt zur anderen – anstelle des früher einzig leistungsfähigen Transportwegs. Viele Nebenbahnen und Zweiglinien entstanden und waren recht ertragreich bis zum Anfang dieses Jahrhunderts, als die Eisenbahn noch das Transportmonopol besaß. Es entstanden Eisenbahngiganten wie die Pennsylvania (»Die Standard-Eisenbahn der Welt«) und die New York Central, die viergleisige Hauptbahnen auf den größten Abschnitten der 1450 km-Strecke zwischen New York und Chicago bauen konnten. Unglücklicherweise wurde ein großer Teil des Streckennetzes zur Belastung, weil nicht genügend Frachtaufkommen zusammenkam.

Vom übrigbleibenden Frachtaufkommen ging das meiste an den LKW. Im Osten liegen die industriellen Zentren so nahe beieinander, daß der LKW Frachten – auch dank des dichten amerikanischen Autobahnnetzes – direkter, schneller und mit genaueren Fahrplänen als die Eisenbahn befördern kann. Diese kann nur etwas billigere Frachttarife anbieten. Den Bahnen bleiben die Massengüter Kohle, Erz und Steine, die keine hohen Frachteinnahmen bringen. Mit geringerem Einkommen können die Bahnen ihr Netz nicht auf dem hohen Standard halten, und die Wirklichkeit sieht so aus, daß die Ladungen von Massengütern in den neuen 100 Tonnen-Güterwagen noch zusätzlich den Oberbau zerstören.

Die Eisenbahnen stehen heute vor schweren Aufgaben. Die Gewerkschaften hinderten die Bahngesellschaften, Arbeitsplätze abzuschaffen, die in den Augen des Managements und im Licht neuer Technologien nicht rationell sind. So kann etwa das Zugbegleitpersonal einen Tageslohn für die Arbeit weniger Stunden beziehen.

Das Eisenbahnproblem spitzte sich zu, als 1969 der Gigant Penn Central insolvent wurde. Schon vorher und auch später gingen weitere kleinere Bahngesellschaften im Osten bankrott. Diese Linien wurden erst 1976 reaktiviert unter der großen staatlich kontrollierten Dachgesellschaft Conrail. Aber die Zusammenfassung einiger defizitärer Eisenbahnen war eine Lösung, und Conrail, der über 10 Prozent der Güterwagen und 16 Prozent der amerikanischen Loks gehören und die 20 Prozent der amerikanischen Eisenbahner beschäftigt, konnte nur überleben, weil die Regierung etwa zwei Millionen Dollar pro Tag dem Unternehmen zuschießen.

Das Eisenbahnproblem weitete sich auch auf den mittleren Westen aus, wo eine Anzahl landwirtschaftlich orientierter Bahnen bankrott ging. Die meisten westlichen Gesellschaften (besonders die Union Pacific mit der Santa Fe, Southern Pacific und die Burlington Northern) blieben solvent und reihten sich in die rentable Gemeinschaft mit einigen südlichen und südwestlichen Bahnen ein. Die genannten Bahnen verdankten ihre gute Stellung dem klugen Management, das seine Vorteile aus der schnellen Industrialisierung des von ihnen betreuten Gebietes zog.

Einige Silberstreifen zeigen sich am wirtschaftlichen Horizont. Da sich die USA der Kohle als Energiequelle wieder stärker zuwenden, verkehren häufiger Kohlenzüge zu den Kraftwerken. Die meiste Kohle wird in Ganzzügen aus Kohlewagen befördert, die regelmäßig zwischen den Minen und den Kraftwerken pendeln. Die Eisenbahnen bleiben also ein wichtiger Transportträger zur Energieversorgung, und diese Funktion kann sich steigern in dem Maße, wie die Ölknappheit zunimmt.

Die Eisenbahngesellschaften betrachten die Fusion als eine Form der Selbsthilfe. In den vergangenen 20 Jahren fusionierten 50 größere Gesellschaften in 17 Dachgesellschaften. Heute bestehen noch 52 größere US-Bahnen. Noch weitere dramatische Verschmelzungen werden in Zukunft erwartet, so daß zum erstenmal eine wirklich transkontinentale Bahngesellschaft von Küste zu Küste entstehen könnte. Ebenso wurde den Eisenbahnen von der Regierung gestattet, unwirtschaftliche Strecken in größerem Ausmaß stillzulegen. Heute bestehen in den Vereinigten Staaten noch 320 000 km Bahnstrecken im Vergleich zu 1929 mit rund 400 000 km.

Die meisten Amerikaner betrachten das Eisenbahnwesen unter zwei nostalgischen Gesichtpunkten: Reisezügen und Lokomotiven. Die Innovationen bei Reisezügen betrafen den ersten gebrauchsfähigen Schlafwagen (1859), den Seitengang bei Schnellzugwagen (1859), den Leichtbauwagen (1933) und den Aussichtswagen mit Glaskuppel (1945). Alle Schlafwagen-Luxuszüge wurden weltberühmt, wie der BROADWAY LIMITED, der TWENTIETH CENTURY LIMITED und der SUPER CHIEF. In den fünfziger Jahren, lange vor der Geschwindigkeitsexplosion in Japan und Europa, war ein amerikanischer Zug, der TWIN CITIES ZEPHYR, der schnellste der Welt. Er erreichte zwischen zwei Halten eine Reisegeschwindigkeit von knapp 140 km/h.

Nach dem Zweiten Weltkrieg setzte in den USA eine große Motorisierungswelle ein, bis schließlich 87 Prozent des zwischenstädtischen Verkehrs mit dem eigenen Auto abgewickelt wurde. Der Luftverkehr nahm noch einen großen Teil der verbleibenden 13 Prozent weg, besonders nach dem Einsatz der Jets.

Die Zahl der Bahnreisenden sank, und die Eisenbahngesellschaften hielten Gelder zur Unterhaltung der Reisezüge zurück. Die Regierung gestattete darüber hinaus den Abbau von Personenverkehrsleistungen. Alarmiert von der Gefahr, die Nation könnte alle Personenzüge verlieren, wurde 1971 die Amtrak gegründet, eine regierungsnahe Institution, unter deren Direktive Intercity-Verkehr auf einigen der wichtigsten Strecken eingerichtet wurde.
Amtrak hatte nur gemischten Erfolg. Altes Material wurde wieder aufgearbeitet und neues beschafft, aber ein unglücklicher Umstand war, daß das abgewirtschaftete Streckennetz vieler Bahnen benutzt werden mußte. Mit der gleichen Intensität schuf man Gesetze, denen alle amerikanischen Bahnen unterworfen wurden. Amtrak erreichte staatliche Unterstützung in Höhe von 200 Millionen Dollar und mehr im Jahr, und jedes Jahr gibt es einen neuen Kampf vor dem Kongreß beim Gerangel um Subventionen.
So eindrucksvoll amerikanische Reisezüge früher waren, faszinierender waren die Lokomotiven. Die Dampfloks steigerten Größe und Geschwindigkeit in einem ungeheuren Ausmaß, um die gewaltigen Entfernungen der Neuen Welt zu überbrücken. Die Lokomotiven bekamen ein besonderes Aussehen: Kuhfänger wurden vorne in Schienenhöhe montiert, um Hindernisse zu entfernen, denn die Strecken waren nicht abgesichert. Man befestigte riesige Spitzenlichter an der Rauchkammer, um die Sicht in der Nacht zu verbessern. Vierrädrige Drehgestelle erhöhten die Lauffähigkeit auf schlechtem Oberbau. Als die Vereinigten Staaten zum Industrieriesen wurden, wuchsen auch die Bahnen mit. Der technische Fortschritt ermöglichte es, die Grenzen in Größe und Gewicht der Lokomotiven auszunützen, soweit es das Lichtraumprofil erlaubte. Öl und Kohle waren der Brennstoff. Die Kohle wurde mit Stokern in die gewaltige Feuerbüchse transportiert, die mit zwei- und auch dreiachsigen Drehgestellen getragen wurde. Die größte Dampflok der Welt, der BIG BOY der Union Pacific aus dem Jahre 1941, besaß 16 Treibräder und wog 594 t. 25 dieser 40,5 m langen Ungeheuer wurden eingesetzt, um die Weiten von Wyoming bis zum bekannten Sherman Hill zu durchqueren. Sie fuhren bis in die fünfziger Jahre, die letzte wurde 1958 ausgemustert.
In den dreißiger Jahren intensivierte Amerika sein größtes Elektrifizierungsvorhaben. Es wurde von der Pennsylvania Railroad auf der Strecke New York – Washington und nach Harrisburg ausgeführt. Die US-Regierung plant weiterhin die Elektrifizierung des Korridors Washington – New York – Boston zu einer Fernschnellzugstrecke mit einer Höchstgeschwindigkeit von 200 km/h.
Im Gegensatz zu Europa, wo die meisten Hauptlinien elektrifiziert wurden, kam die Elektrifizierung der amerikanischen Bahnen niemals über das Pennsylvania-Projekt hinaus, das 40 Prozent der elektrifizierten Strecken in den USA darstellt. Zur Elektrifizierung gelangten noch einige überstürzte Versuchsprojekte anderer Hauptbahnen sowie einige Kohlebahnen, wobei diese Vorhaben aber auf die Spezialaufgaben dieser Strecken beschränkt blieben. Der Grund sind die gewaltigen Entfernungen und die damit verbundenen hohen Elektrifizierungskosten. Ein anderer Grund sind die Dieselloks. Die Erfindung Rudolph Diesels wurde erstmals 1927 eingesetzt, ab 1939 auch im Reisezug- und Rangierdienst.
Die Diesellok benötigt weniger Treibstoff und weniger Unterhaltungsaufwand als die Dampflok, kann weitere Strecken zwischen zwei Halten, ohne Treibstoff nachzufassen, zurücklegen, und in Vielfachtraktion können Dieselloks schwerere Züge transportieren – ohne zusätzliches Personal. Heute lösen neue Diesellokomotiven mit höherer Leistung und funktionaler Ausstattung die alten stromlinienförmigen Dieselloks ab. Die wenigen noch verkehrenden Dieselloks der ersten Generation werden von Eisenbahnfreunden in gleichem Maße geschätzt wie die Dampfloks. Im Vordergrund steht jedoch auch weiterhin der nostalgische Eindruck der Dampflok, getragen von diesem Bedürfnis nach Nostalgie kommt eine bedeutende Zahl von Sonderfahrten betriebsfähiger Dampflokomotiven entgegen.

Harold A. Edmonson

Die mittelamerikanischen Eisenbahnen nehmen im allgemeinen in ihrer Bedeutung als wirtschaftlicher Faktor ab. Die meisten wurden ab 1871 bis Anfang dieses Jahrhunderts von US-Unternehmern oder mit Unterstützung der jeweiligen Regierung gebaut. Bis vor einigen Jahren war die United Fruit Company aus Boston das einflußreichste Bahnunternehmen. Sie besaß Bahnen in Guatemala, Costa Rica, Honduras und Panama.
Diese Gesellschaft, ebenso wie andere britische und amerikanische Firmen, hat nach wie vor großen Einfluß auf das Eisenbahngeschäft. Doch in dem Maße, wie Bananen und Kaffee nach der Ernte mehr und mehr auf LKWs verfrachtet werden, sind die Eisenbahnen zu einer Frage nationalen Interesses geworden. Durch diese Entwicklung arbeiten die Bahnen kaum noch als gewinnbringende Unternehmen. Je stärker der Güterverkehr abnahm, desto stärker wurde der einnahmeschwache Personenverkehr zur Basis.
Obwohl der Standard des Materials zwischen schlecht bis zufriedenstellend schwankt, haben alle mittelamerikanischen Bahnen ein Zugeständnis an die Modernisierung gemacht: Bis auf ein paar Reste wurden alle Dampfloks durch Dieselloks ersetzt.
Die meisten Bahnen in diesen fruchtbaren Ländern verbinden die Städte im Innern und die landwirtschaftlichen Gegenden mit den Häfen am Ozean. Der einst allgegenwärtige Traum einer durchgehenden Nord-Süd-Eisenbahn von Mexico nach Panama verschwand, als sich herausstellte, daß Länder wie Honduras, Nicaragua und Costa Rica nicht in der Lage waren, ihre früheren Linien zu erweitern.
Das mittelamerikanische Eisenbahnsystem umfaßt gut 3200 km, aber seit Jahren wurde keine neue Strecke mehr gebaut. Diese Bahnen haben eine Spurweite von 914 oder 1066 mm, daneben bestehen die normalspurigen Bahnen von Kuba und Jamaica. Eine Ausnahme ist die 1524 mm-Bahn von Panama. Diese Bahn wurde von amerikanischen Unternehmen zwischen 1850–1855 mit einer Länge von 77 km über den Isthmus gelegt. Damit sollte den Reisenden vom Osten Nordamerikas zum Westen die Fahrt abgekürzt werden.
Der Bahnbau forderte große Opfer an Menschenleben. Tausende von Bahnarbeitern starben an Cholera, Ruhr und Blattern. Die Strecke florierte nur etwa ein Jahrzehnt, der meiste Verkehr ging verloren, als in den Vereinigten Staaten 1869 die Pacific-Bahn fertiggestellt war.
1881 übernahm Frankreich die Kontrolle über die Strecke zur Unterstützung des unglücklichen Kanalbauversuches. Als schließlich die Vereinigten Staaten mit dem Kanalbau begannen, erwarben sie 1904 die Bahn. Nach einer kritischen Untersuchung ihrer Tauglichkeit, Nachschub heranzubringen und den Erdaushub wegzuschaffen, ließ der Chefkonstrukteur John Stevens die Bahn neu herrichten und zweigleisig ausbauen. Während der Jahre des Kanalbaus wurden auf der Hauptlinie mehr Tonnen an Fracht transportiert als auf jeder anderen Hauptbahn der westlichen Welt.
Obwohl Mexico meist – von einigen südlichen Provinzen abgesehen – eher zu Nord- als zu Mittelamerika gerechnet wird, soll sein Eisenbahnwesen hier beschrieben werden, denn es stellt einen natürlichen Übergang von den Bahnen der USA und Kanadas zu denen Mittel- und Südamerikas dar. Hinsichtlich des Fahrmaterials ist Mexiko von den USA abhängig. Die Dieselloks wurden in den USA hergestellt, die Personenwagen gebraucht in den Vereinigten Staaten erworben. Andererseits hat die mexikanische Eisenbahn in der Betriebsführung unverkennbar einen südlichen Einschlag.
Mexico City verfügt zudem über das mit 2135 m höchstgelegene U-Bahn-Netz der Erde. Es ähnelt dem System der Pariser Metro.
Fast das gesamte 24 000 km lange, normalspurige Netz ist staatlich und wird hauptsächlich von den National Railways of Mexico verwaltet, die sicherlich auch in der Zukunft das heute noch vorhandene private Eisenbahnnetz übernehmen werden.

Harold A. Edmonson

Es ist schwierig, das Eisenbahnwesen eines Kontinents zu beurteilen, dessen 102 500 km Bahnstrecken von etwa 100 Gesellschaften in 12 Staaten verwaltet werden. Trotz vieler Unterschiede in Spurweite und technischer Ausstattung können die südamerikanischen Eisenbahnen in zwei Kategorien unterschieden werden: Die einen sind moderne, voll ausgelastete Strekken in Zentren mit starker Bevölkerungsdichte und Industrialisierung, die anderen sind zumeist wunderliche, doch stets beeindruckende eingleisige Linien auf der Rückseite der Anden.
Sowohl die Hauptbahnen der Ebene als auch die Hochgebirgsbahnen sind regional organisiert. Es gibt kaum einen Übergang zum System des Nachbarlandes, nur das Binnenland Bolivien macht hier eine Ausnahme. Manche Bahnen haben selbst im eigenen Land untereinander keinen Anschluß.
Das am weitesten entwickelte und modernste Bahnsystem besitzt Argentinien. Buenos Aires ist Knotenpunkt im rund 40 000 km umfassenden Bahnnetz des Landes. Aufgebaut wurde die Bahn von Engländern, woran noch heute Teile des Lokomotiv- und Wagenparks erinnern. 1947 wurden die Bahnen verstaatlicht. Über 13 700 km Meterspur kamen unter die Verwaltung des General-Belgrano-Systems, 23 235 km Breitspur (1676 mm) unter vier andere Verwaltungen, und 3086 km Normalspur erhielten eine sechste.
Zu den staatlichen brasilianischen Bundesbahnen gehören 13 Bahnen, aufgeteilt in vier Regionen, mit einem Gesamtstreckennetz von 28 000 km. Es gibt fünf verschiedene Spurweiten, doch 90 Prozent des gesamten Netzes sind in Meterspur trassiert. Darüber hinaus liegen 90 Prozent aller brasilianischen Eisenbahnen im etwa 300 Meilen langen Küstengürtel. Einige der Hauptlinien (Meterspur und 1600 mm Breitspur) um Rio de Janeiro und São Paulo sind elektrifiziert. Die Doña Teresa Cristina wurde in jüngster Zeit bei den Eisenbahnfreunden recht bekannt, weil sie ihren Betrieb mit schweren Dampflokomotiven abwickelt.
Chile hat ebenfalls ein ausgedehntes Bahnnetz mit einigen Privatbahnen. Obwohl die meisten Strecken in der Küstenebene liegen, denkt man beim Wort Chile an die Anden. Drei Gebirgsbahnen führen aus Chile heraus, eine nach Bolivien, zwei nach Argentinien.
Statt einer bloßen Aufzählung der mehr als ein halbes Dutzend Strecken verschiedener Spurweiten, die die Anden überqueren – die normalspurige peruanische Zentralbahn ist die höchste Eisenbahn der Welt mit einer Gipfelhöhe von 4817 m –, sei hier stellvertretend eine Linie beschrieben: die staatliche Guayaquil & Quito in Ecuador, erbaut 1908.
Ein umgebauter Straßenbus – genannt Autoferro – geht dreimal in der Woche in jeder Richtung für Touristen auf die Reise. Ganz Hartgesottene können auch eine Fahrt mit dem Güterzug, gezogen von einer Dampflok, buchen – eine der letzten Möglichkeiten, auf diese Art in solche Höhen zu kommen. Beginnend bei Duran, auf der Höhe des Meeresspiegels, geht die Fahrt über die flache Ebene durch Plantagen von Zuckerrohr, Ananas und Bananen.
Während der ersten Meilen droht der Urwald in der Schlucht des Chanchan-Flusses die Bahnstrecke zu erdrücken (Meterspur). In weiterer Bergfahrt gibt die dichte Vegetation den Blick auf steile Felsen und hochragende Hügel frei. Beim Verlassen von Sibambe, einer Stadt, die sonst nur auf Bergpfaden erreichbar ist, steht plötzlich die steile Wand eines Canyons vor der Strecke. Zunächst glaubt man, der Zug wolle die Mauer durchbrechen, doch dann schlängelt er sich an einem schmalen, ausgewaschenen Vorsprung an der Wand hoch. Wenn die Lok die 1:50-Steigung geschafft hat, sieht man Sibambe unten liegen. Weiter geht es halb um den Berg herum, dann erreicht der Zug eine Kehre unter einer anderen Nase und steigt im Zickzack den Berg, Teufelsnase genannt, hoch. Um Alausi (2606 m hoch) zu erreichen, müssen zwei volle Kehren überwunden werden. Ab Alausi geht die Fahrt dann weiter über zwei hohe Brücken entlang reißender Bergflüsse. Plötzlich weiten sich die Hügel, und wir erreichen die Ebene von Palmira, 3238 m hoch.

Harold A. Edmonson

GREAT
GAMES
CADACO
310 W. POLK BUILDING
Amtrak

95

96

97

Vor dem höchsten Gebäude der Welt, dem Sears-Roebuck-Tower in Chicago, nimmt sich dieser schnelle Leichtmetallzug der Amtrak wie ein Spielzeug aus (94). Erst 1971 übernahm die halbstaatliche Gesellschaft Amtrak fast alle amerikanischen Personenzuglinien. Damit endete die Ära der privaten Personenbeförderungsgesellschaften in den USA.

Über Tausende von Meilen rattern die mächtigen Diesellokomotiven mit bis zu zehn km langen Güterzügen durch die weiten Ebenen des Mittleren Westens. Ein Güterzug der Chicago & North Western Railway, geführt von einer dieselelektrischen Lok vom Typ F 7 mit Führerstand (A-Unit) und zwei weiteren Einheiten (B-Unit) (95).
Durch die unberührte Landschaft der Mojave-Wüste jagt dieser Güterzug der Santa Fé Railway am späten Nachmittag (96). Er fährt gen Osten, und wenn die Sonne wieder aufgeht, wird er in Arizona sein.
Eine schwere Diesellok der Chicago & North Western hält eine total verschneite Nebenstrecke in Süd-Dakota frei (97).

484
487

99

100

Der Schein des Vollmondes beleuchtet die beiden 1 D 1-Loks der Reihe K 37 vor dem Lokomotivschuppen der Denver & Rio Grande Western in Chama/New Mexiko (98). Ein westwärts fahrender Güterzug der Western Pacific Railroad (99) mit vier dieselelektrischen Loks vom Typ GP (general purpose = Allzweck) im malerischen Feather River Canyon (Kalifornien). Die modernste und letzte Schnellzug-Dampflok der Union Pacific (100) während einer Fahrt für Eisenbahnfreunde bei Point of Rocks (Wyoming).

102

Reisen in Südamerika – ein Abenteuer! Während es für die Einheimischen ganz normal ist, auf offenen Güterzugwagen zu reisen (101), scheuen viele Touristen dieses einmalige Erlebnis. Ganz hart Gesottene können in Bolivien auch in einen umgebauten Straßenbus steigen, der sie durch die kahle Kette der Kordilleren fährt (102).

In 4260 m Höhe über die Anden: In unzähligen Windungen und Tunnel, durch phantastische Schluchten, kämpft sich die General-Belgrano-Bahn empor (103). Ein faszinierendes Eisenbahngemälde: Ein Güterzug mit einer 1 E 1 auf dem schönsten Streckenabschnitt zwischen Salta und Socompa.

VI.
DIE EISENBAHNEN AFRIKAS ASIENS AUSTRALIENS UND NEUSEELANDS

Eisenbahnen in Afrika – wollte man alles erfassen und schildern, was sich mit diesem Begriff verbindet, so könnte man allein damit mehrere Kapitel dieses Buches füllen. Da dies den Rahmen bei weitem sprengen würde, sollen anhand einer der bedeutendsten Eisenbahnverwaltungen Afrikas, nämlich der East African Railways (EAR), einige geschichtliche, politische und betriebliche Aspekte dargestellt werden.

Im Jahre 1890 kamen die Großmächte England, Frankreich, Belgien und Portugal, die allesamt Kolonien in Afrika besaßen, auf einer Konferenz überein, den dort herrschenden Sklavenhandel zu unterbinden, und beschlossen Schritte zur Verwirklichung dieses Vorhabens. Dazu gehörte unter anderem die Entwicklung des Verkehrswesens und hierbei insbesondere der Bau von Eisenbahnstrecken. Die Imperial British East Africa Company beauftragte ihren Verkehrsexperten Lord Lugard, eine Eisenbahnstrecke von der Küste des Indischen Ozeans bis zum Viktoriasee zu planen.

Lugard schlug eine Route vor, die, ausgehend von dem heute jedem Afrikatouristen als Badeort wohlbekannten Malindi, entlang den Flüssen Sabaki und Athi, an Nairobi vorbei zum Viktoriasee verlaufen sollte. Entgegen diesen Vorschlägen beschloß die Company jedoch, daß die Strecke in der Hafenstadt Mombasa ihren Ausgangspunkt nehmen sollte. Die genauen Vermessungen und Pläne waren 1893 fertiggestellt, mit dem Bau konnte 1895 begonnen werden.

Eine Pioniertat

Allen Widrigkeiten zum Trotz schritt der Bau zwar langsam, aber unaufhaltsam voran. Bereits im Mai 1899 war Nairobi erreicht. Hier wurden die Eisenbahnhauptverwaltung, ein Bahnbetriebswerk und das Ausbesserungswerk errichtet. Nyrobi, wie es damals noch geschrieben wurde, war übrigens zu der Zeit nur ein Barackenlager für die Bahnbediensteten mit einigen Läden und Kneipen, etwa auf dem heutigen Gelände des Bahnhofs. Wo sich jetzt die modernen Hochhäuser Nairobis erheben, war nur offenes Grasland, Weidefläche für große Herden von Gazellen, Antilopen, Gnus, Büffel und Zebras. Der Weiterbau des Streckenabschnittes westlich von Nairobi gestaltete sich besonders schwierig, galt es doch, die Linie von der Hochebene in das Rift Valley, den ostafrikanischen Grabenbruch, hinabzuführen. Hierbei wurden die Arbeiter vom Rand des Grabens an langen Seilen herabgelassen, damit sie den Bahndamm aus dem Felsen heraussprengen sowie mit Pickeln heraushauen konnten. Im Dezember 1901 war es endlich so weit – der erste Zug konnte zum Viktoriasee nach Fort Florence, dem heutigen Kisumu, dampfen!

Weitere Zweiglinien wurden dann erst wesentlich später fertiggestellt, so die Strecke Voi – Moshi in Tanganjika (heute Tanzania), Nairobi – Nanyuki am Mount Kenia und als wichtigste zwischen 1929 und 1931 die Hauptbahn von Nakuru nach Kampala, der Hauptstadt Ugandas. Erst dieses Eisenbahnnetz, das man Kenya and Uganda Railways (KUR) nannte, ermöglichte die ökonomische und strukturelle Entwicklung Ostafrikas; ein Anwachsen der Eisenbahnersiedlung Nyrobi zur heutigen Großstadt Nairobi mit etwa 630 000 Einwohnern wäre ohne die Eisenbahn undenkbar gewesen.

Im Jahre 1948 wurden dann die Kenya and Uganda Railways und die Tanganyika Railways zu den East African Railways zusammengeschlossen. Unter der gemeinsamen Leitung wurden weitere Strecken gebaut, so unter anderem die Verbindung Kampala – Kasese in Uganda und Ruvu – Mnyusi in Tanzania. Der letztere Abschnitt brachte erstmalig eine Verbindung des Eisenbahnnetzes der vormaligen KUR sowie der Strecke Arusha – Tanga der TR mit der Zentrallinie der TR und somit zur Hauptstadt Tanganjikas, Dares-salam; die Eröffnung erfolgte am 17. August 1963.

Im Jahre 1966 stellten die East African Railways auf dem Viktoriasee zwei moderne Eisenbahnfähren in Betrieb, die zwischen Kisumu, Musoma, Mwanza und Jinja verkehrten. Zu dieser Zeit betrieben die EAR ein Streckennetz von rund 6000 km Länge.

Leider währte dieser an sich sehr vorbildliche Zusam-

menhalt eines Eisenbahnnetzes über drei Staaten nicht allzulange. 1977 schloß das sozialistisch orientierte Tanzania, das sich vom westlich orientierten Kenia übervorteilt sah, einseitig seine Grenze zum nördlichen Nachbarn. Auch das Verhältnis Kenias und Tanzanias zum diktatorisch regierten Uganda wurde zunehmend schlechter. Somit brach der Verbund wieder auseinander, und die einzelnen Länder betrieben ihre Eisenbahnen in eigener Regie. Lediglich die Lokomotiven der Uganda Railways werden mangels eigener Möglichkeiten weiterhin in der Hauptwerkstätte in Nairobi untersucht und ausgebessert. So erinnert in Kenia nur noch die Aufschrift EAR an älterem Rollmaterial an die vergangene Episode. Auf sämtlichen neuen Wagen und Lokomotiven prangt bereits die neue Bezeichnung Kenya Railways (KR). Ob dies allerdings schon der letzte Wechsel des Namens ist, bleibt angesichts des schnellen politischen Wandels auf dem schwarzen Kontinent mehr als fraglich.
Als Spurweite wählten die Erbauer der Eisenbahnen in Kenia, Uganda und Tanzania im Gegensatz zu der in ganz Südafrika verbreiteten Kapspur von 1067 mm für ihre Strecken die Meterspur. Lediglich die erst vor wenigen Jahren mit chinesischer Hilfe erbaute Tan-Zam-Bahn von Daressalam nach Zambia wurde zum Anschluß an das Netz Zambias in Kapspur erstellt. Daneben betreiben die South African Railways noch einige Schmalspurstrecken mit der seltenen 610 mm Spurweite.
Anders als in Europa spielt bei den afrikanischen Bahnen der Personenverkehr nur eine untergeordnete Rolle. So verkehrt z. B. auf der Hauptstrecke Nairobi – Mombasa nur ein Nachtpersonenzugpaar täglich. Lediglich die Südafrikanische Staatsbahn weist einen etwas dichteren Personenverkehr auf. Besonders bekannt ist hier der berühmte BLUE TRAIN, ein Luxuszug, der zweimal wöchentlich zwischen Pretoria und Kapstadt verkehrt. Dieser Zug ist immer auf Wochen hinaus ausgebucht; hier ist gleich eine weitere Besonderheit angesprochen: Wer in Süd- und Ostafrika mit dem Personenzug reisen möchte, muß vorher einen Platz buchen.
Wesentlich größere Bedeutung als der Personen- hat in sämtlichen afrikanischen Staaten der Güterverkehr. So werden in Südafrika fast 90 Prozent des Güterverkehrs auf der Schiene abgewickelt. Auf der Fahrt von Kimberley nach De Aar, einem Teilstück der Strecke Johannesburg – Kapstadt, rollen auf der zweigleisigen Hauptstrecke in dichter Folge lange Güterzüge – pro Tag zwischen 35 und 45 Zugpaare!

Ein wichtiger Lebensnerv

Insbesondere für die afrikanischen Staaten, die keine eigenen Häfen besitzen, sind die Bahnlinien wichtigster Lebensnerv. Bestes Beispiel aus jüngster Zeit ist Zambia. Sein Wirtschaftleben basiert zu einem großen Teil auf dem Export seines Kupfers. Ursprünglich lief der Transport über die Strecke Victoria Falls – Bulawayo – Lorenco Marques (jetzt Maputo) oder Beira in Mozambique. Als sich Rhodesien unter weißer Minderheitsregierung für unabhängig erklärte, machte Zambia alle Anstrengungen, diese Verbindungen nicht mehr benutzen zu müssen. Die Benguelabahn zum Atlantischen Ozean wurde durch den Guerillakrieg in Angola unbenutzbar; so baute man mit chinesischer Hilfe die Tan-Zam-Bahn zum Hafen von Daressalam. Heute steht der Betrieb auf dieser Bahn schon wieder still, da mangels Geldes und technischen Know-hows der notwendige Unterhalt von Oberbau und Rollmaterial nicht in ausreichendem Maße aufrechterhalten werden kann. So rollen die Erzzüge wie eh und je über die berühmte Brücke über die Viktoria-Fälle und von dort zu den Häfen am Indischen Ozean.
Für den Eisenbahn- und Dampflokfreund ist Afrika aber immer noch ein lohnendes Reiseziel. Wie nahe allerdings auch das Ende der Dampftraktion gekommen ist, mögen einige Zahlen belegen: Am 1. August 1978 besaßen die SAR auf Kapspur noch 1665 Dampfloks, die betriebsfähig waren. Davon wurden aber nur einige hundert im Streckendienst eingesetzt. Am selben Stichtag verkehrten auf den Schienen der SAR 1254 Diesel- und 1696 Elektrolokomotiven.

Peter Aschenbrenner/Bernhard Haseneder

Asiens Eisenbahnnetz ist ebenso vielgestaltig wie seine Naturverhältnisse und Bevölkerungsstrukturen. Nur in Vorderindien, auf Java, in Japan und der Mandschurei gibt es relativ engmaschige, allerdings voneinander isolierte Netzstrukturen, die – mit Ausnahme von Japan – aus der Kolonialzeit stammen. Jünger und weitmaschiger sind die miteinander verknüpften Bahnnetze in Sibirien, Kasachstan und China, die zur Zeit stark erweitert werden. Von den übrigen Staaten Asiens verfügen vor allem Korea, Taiwan, Siam, der Iran und die Türkei über leistungsfähige Eisenbahnen. Afghanistan, Nepal, Bhutan sowie einige kleinere Staaten Arabiens besitzen überhaupt keine Eisenbahnen.

Grob betrachtet haben die dichtbesiedeltsten Räume auch das dichteste Eisenbahnnetz, wobei allerdings weite Teile Chinas, besonders das erst jüngst erschlossene Rote Becken eine Ausnahme bilden. Umgekehrt sind die zentralen Wüsten- und Steppenzonen sowie die unwirtlichen Hochländer und wilden Gebirgszonen weitgehend ohne Eisenbahn. Ausnahmen bilden u. a. die Bahnen in Russisch-Zentralasien und im Iran sowie die Linien nach Sinkiang, durch die Mongolei und durch Saudi-Arabien, die meist aus politischen Gründen gebaut wurden. Auch vor wilden Gebirgszügen schreckte man nicht zurück, wie die Transiranische Eisenbahn, die Transsibirische Bahn oder die 1970 eröffnete tunnelreichste Strecke der Welt zwischen Tschengtu und Kunming (China) beweisen. Selbst die Taiga und Waldtundra Sibiriens wird – wiederum aus strategischen Gründen – durch die Transsibirische Bahn und die von ihr ausstrahlende Baikal-Amur-Magistrale (BAM) bzw. die neue, 1975 eröffnete, 919 km lange Bahn nach Surgut, dem dritten Baku, erschlossen.

Pufferstaat Afghanistan

Erfreulicherweise sind viele asiatische Netze bereits miteinander verknüpft, so das russische mit dem ost- bzw. südostasiatischen, wobei allerdings politische Differenzen und verschiedene Spurweiten den Durchgangsverkehr behindern. Die während des Zweiten Weltkrieges kurz hergestellte Verbindung zwischen den hinter- und vorderindischen Netzen (»Brücke am Kwai«!) ist unterbrochen. Die neuen Nachkriegsgrenzen zwischen der Indischen Union, Bangladesh und Pakistan schaffen neue Hindernisse. Die oftmals angestrebte Verbindung zwischen Indien und Rußland scheitert einstweilen noch am eisenbahnlosen Pufferstaat Afghanistan. Immerhin wird die Lücke zwischen den vorderindischen und iranisch-türkischen Bahnen Zahedan – Kerman immer kleiner.

Das Eisenbahnnetz Asiens hat in den vergangenen 20 Jahren eine Ausdehnung von 288 694 km auf 326 231 km erfahren, wobei allerdings 126 500 bzw. 135 800 km auf die Sowjetunion (einschl. europ. Anteil) entfallen. Das zweitgrößte Eisenbahnnetz Asiens besitzt Indien, dessen Zunahme von 55 000 auf 60 000 km etwa der sowjetischen Steigerungsrate entspricht. Viel stärker ist dagegen die Zunahme des chinesischen Eisenbahnnetzes von 26 000 auf 46 000 km. Drei Nordsüd-, zwei Ostwestlinien, Gebirgs- und Wüstenbahnen markieren die neue Entwicklung in China. Japan hat das – neben Taiwan – dichteste und vor allem das modernste Eisenbahnnetz Asiens mit 28 000 km. Tokaido-Linie, Saikan-Tunnel und leistungsfähige Nahverkehrsnetze setzen hier die Maßstäbe. Mit weitem Abstand und weniger Streckenneubauten folgen Pakistan (8600 km) und die Türkei (9860 km).

Ein relativ dichtes, noch aus der holländischen Kolonialzeit stammendes Eisenbahnnetz besitzt – jedoch nur auf der Hauptinsel Java – Indonesien. Dieses Netz wurde in den letzten 20 Jahren nur unwesentlich von 6800 auf 8000 km erweitert.

Stark zugenommen (von 1150 auf 3800 km) hat dagegen das Eisenbahnnetz von Taiwan (Formosa), das zu den dichtesten der Welt zählt. Eine starke Zunahme von 2660 auf 4700 km erfuhr auch das Eisenbahnnetz des Iran und das bescheidenere des benachbarten Irak (von 1690 auf 2500 km), während

Saudi-Arabien seine Eisenbahnlinie nach Er-Riad (610 km) nicht erweiterte. Das libanesische Netz ist sogar in den letzten 20 Jahren von 415 auf 375 km geschrumpft, während sich das israelische von 415 auf 902 km mehr als verdoppelte. Die Netze von Bangladesh (2800 km), Birma (3100 km) und Ceylon (Sri Lanka: 1500 km) wurden in den letzten 20 Jahren nur unwesentlich erweitert. Selbst das von Bangkok radial ausstrahlende Eisenbahnnetz Thailands wuchs nur von 3400 auf 3800 km. Das mit ihm zusammenhängende Netz von Malaysia schrumpfte sogar um 200 km auf 1600 km, das benachbarte Kambodscha wuchs von 400 auf 650 km. Das Bahnnetz Vietnams umfaßt nach wie vor etwa 1300 km, das der Philippinen 1150 km. Beim koreanischen Bahnnetz wuchs besonders das südkoreanische von 2800 auf 5500 km, während das nordkoreanische nur von 3800 auf 4000 km erweitert wurde. Auch die Streckenlänge der Mongolischen Volksrepublik ist nur von 1200 auf 1400 km angewachsen.
Die unterschiedliche Eisenbahndichte findet ihr Spiegelbild im Ausmaß der Elektrifizierung. Auch hier steht die Sowjetunion mit 35 000 km an der Spitze, gefolgt von Japan mit 12 000 km und Indien mit 3850 km. Weit zurück liegen China mit 1000 km, Nordkorea mit 800 km, die Türkei und Pakistan mit je 200 km, Indonesien mit 110 km und Thailand mit 21 km.

Von Bombay nach Thana

Ein ganz anderes Bild ergibt sich bei der historischen Enwicklung. Wie in Europa, so steht auch hier eine Bergwerksbahn am Beginn des Eisenbahnzeitalters. Diese kurze Grubenbahn verkehrte nach russischen Angaben bereits 1834 in Nishni Tagil (Ural). Der erste »offizielle« Eisenbahnzug Asiens fuhr jedoch am 16. April 1853 zwischen Bombay und Thana. Indien übernahm von dieser ersten Eisenbahn die Standardspurweite von 1676 mm. Während sich das indische Eisenbahnnetz schnell entwickelte (1861 fuhr z. B. die erste Eisenbahn im heutigen Pakistan zwischen Karachi und Kochi, 1865 in Sri Lanka zwischen Colombo und Ambepussa), schlug China, das heute das zweitlängste Bahnnetz Asiens besitzt, einen anderen Weg ein. Die erste, gerade ein km lange Bahnlinie wurde in Peking gleich nach der Eröffnung zerstört, die zweite Bahnlinie (762 mm-Spur) in Schanghai den Briten abgekauft und dann demontiert. 1890 umfaßte das chinesische Bahnnetz erst 90 km (u. a. Peking – Tientsin)!
Wie die Briten in Indien, so bauten die Holländer auf Java relativ bald (ab 1867) das Eisenbahnnetz aus. Verhältnismäßig früh begann auch der Bahnbau in Vorderasien, wo seit 1860 um Smyrna (Izmir) und Aydin bzw. Kassaba ein weitmaschiges Netz entstand und 1873 zwischen Haidar Pascha und Izmít der erste Zug verkehrte.

Die tunnelreichste Eisenbahn der Welt

Demgegenüber erhielt Japan, das heute eines der dichtesten und modernsten Eisenbahnnetze der Welt besitzt, erst 1872 – zwischen Tokio und Yokohama – seine erste Bahnlinie. Im selben Jahr begann auch das Eisenbahnzeitalter in Burma, 1893 in Thailand (Siam), 1888 in Persien. Um die Jahrhundertwende folgten dann die großen Transkontinentalbahnen. 1891 beginnt man in Wladiwostok mit dem Bau der 1915 durchgehend befahrbaren Transsibirischen Bahn, 1901–1908 wird die – im Ersten Weltkrieg wieder zerstörte – Hedschasbahn gebaut, 1918 der wichtigste Abschnitt der (erst 1940 vollendeten) Bagdadbahn eröffnet. Die wichtigsten Bahnlinien der letzten 40 Jahre sind die 1938 eröffnete Transiranische Eisenbahn, die 1955 vollendete Verbindung Peking – Äußere Mongolei und die 1970 in den wilden Gebirgszonen Südwestchinas fertiggestellte, tunnelreichste Eisenbahn der Welt (427 Tunnel). Die Baikal-Amur-Magistrale (BAM), der Zusammenschluß der europäischen und indischen Bahnnetze sowie der Eisenbahnanschluß Afghanistans sind wichtige Ziele der nächsten Jahrzehnte.

Alfred Herold

Vorderasien bildet die Brücke zwischen Europa und dem dichtbesiedelten indischen Subkontinent. Diese Lage war geradezu prädestiniert zum Bau von Verkehrsverbindungen, von denen die altpersische Königsstraße (Susa – Sardes), die Seidenstraße, der Suezkanal und die Bagdadbahn die bekanntesten sind. Trotz dieser Brückenlage muß es jedoch verwundern, daß Vorderasien mit rund 18 700 km Bahnlinien weit gegenüber dem um ein Fünftel kleineren Europa (ohne Rußland) mit rund 270 000 Streckenkilometern zurücksteht.
Noch ehe die türkische Hauptstadt Istanbul 1888 an das europäische Bahnnetz angeschlossen war, fuhr der erste Zug 1873 von Haidar Pascha nach Izmir. Diese von einer englischen Gesellschaft erbaute Bahn wurde von deutschen Ingenieuren bis 1892 nach Ankara und bis 1896 nach Konya verlängert und war als Anatolische Bahn die erste große Bahnlinie Vorderasiens. Schon vorher waren durch englische Gesellschaften zwei von Smyrna (Izmir) ausgehende, 1860 bzw. 1866 fertiggestellte Normalspurlinien nach Aydin (130 km) bzw. Kassaba (90 km) erbaut worden, die bis 1893 eine Netzlänge von 787 km erreichten. Außerdem wurden Schmalspurbahnen im Raum von Damaskus sowie von Jaffa nach Jerusalem (1892 in 1050 mm Spur) und eine Normalspurbahn von Adana nach Mersin erbaut.

Hedschas- und Bagdadbahn

Die 1303 km lange Hedschasbahn ist das Meisterwerk des deutschen Ingenieurs H. A. Meissner, der diese Linie mit ihren 1532 Brücken, zwei Tunnel und 96 Bahnhöfen in der Rekordzeit von nur sieben Jahren (1901–1908) erbaute. Große Schwierigkeiten machten dabei nicht nur Hitze, Sandstürme und Wassermangel, sondern auch die Tatsache, daß Meissner als »Ungläubiger« das Gebiet südlich von Maan (mit über 800 Streckenkilometern!) nicht betreten durfte und auch an der Einweihung am 1. September 1908 nicht teilnehmen konnte. Dabei lag in der berüchtigten »Feuersteinwüste« südlich von Maan der Scheitelpunkt (1168 m) und der schwierigste Abschnitt der ganzen Bahnlinie. Um unabhängig von der französischen Linie Beirut – Damaskus einen Zugang zum Mittelmeer zu haben, baute Meissner zwischen 1903 und 1905 noch eine Zweiglinie von Deraa nach Haifa. Die Bedeutung der Hedschasbahn für den Pilgerverkehr war außerordentlich. Mekka- und Medinapilger, die auf wochenlanger Wüstenwanderung gegen Hitze, Durst, Entkräftung und räuberische Beduinen zu kämpfen hatten, konnten nun mit den Pilgerzügen in zweieinhalb Tagen Medina erreichen. Freilich durfte diese wichtige Bahn nur neun Jahre ihre Aufgabe erfüllen. 1916 entfesselte Oberst Lawrence seinen legendären Aufstand der Araber gegen die Türken, in dessen Verlauf 25 Züge in die Luft gesprengt sowie Gleise und Brücken weitgehend zerstört wurden. Der mehrmals in Angriff genommene Wiederaufbau wurde zunächst durch Aberglauben und Stammesfehden, später durch weltpolitische Ereignisse (Israelkrieg) verhindert.
Die im Anschluß an die Anatolische Bahn von Konya ausgehende Bagdadbahn sollte bei einer Gesamtlänge von 2250 km Konya mit Basra am Persischen Golf verbinden, als Landverbindung eine Konkurrenz zum britischen Suezkanal darstellen und den russischen Einfluß im Persischen Golf zurückdrängen. 1913 waren erst 600 km der normalspurigen Linie in Betrieb. Im Ersten Weltkrieg, als die Bagdadbahn die wichtigste Nachschublinie darstellte, klafften noch zwei wichtige Lücken im Taurus und Amanusgebirge. Nachdem man sich vorher mit 600 mm-Feldbahnen beholfen hatte, konnte am 1. August 1917 der fast fünf km lange Scheiteltunnel im Amanusgebirge und – kurz vor Kriegsende – am 9. Oktober 1918 der 9,8 km lange Tunnel durch den Taurus eröffnet werden. 1918 war somit die Verbindung bis Nisibin und Aleppo hergestellt, aber es sollte noch 22 Jahre dauern, bis am 17. Juli 1940 der erste Zug von Haidar Pascha bis Bagdad fahren konnte.
Das Eisenbahnnetz der heutigen Türkei profitiert von der historischen Entwicklung. Anatolische Bahn und

Bagdadbahn sind die Stammstrecken, die Gebirgsabschnitte im Kilikischen Taurus (44 Tunnel) und im Amanus (13 Tunnel) die Glanzstücke des Netzes, das heute 8135 km im asiatischen Teil und 410 km im europäischen Teil umfaßt. Wichtigster Neubau ist die 1971 eröffnete Bahnverbindung zum Iran mit einer 120 km langen Fährverbindung über den Van-See.
Das wie die Türkei durch hohe Gebirgsketten von benachbarten Meeren getrennte Hochland von Iran stellt eine Landbrücke nach Indien dar und lag deshalb im Interessenbereich der Briten bzw. Russen. Erst nach dem Ersten Weltkrieg traten nationaliranische Interessen in den Vordergrund. Die Klammer, die das Auseinanderbrechen Persiens verhindern sollte, war die 1938 eröffnete Transiranische Bahn. Diese 1389 km lange, vom Persischen Golf zum Kaspischen Meer führende Bahn ist mit ihrer Scheitelhöhe von 2217 m und ihren 219 Tunnel eine der großartigsten Gebirgsbahnen der Welt. Im Zweiten Weltkrieg hatte sie als Nachschublinie für die Sowjetunion allergrößte strategische Bedeutung. Die 1957 fertiggestellte Ost-West-Linie von Mesched nach Täbris sowie Abzweigungen nach Khorramshar, Isfaham und Kerman und der 1971 erfolgte Anschluß an das türkische Netz ließen ein Netz von rund 4700 km Länge entstehen.

Die Länder des Fruchtbaren Halbmondes

Von den Ländern des »Fruchtbaren Halbmondes« steht der Irak mit 2528 Bahnkilometern an erster Stelle. Sein strahlenförmig von Bagdad ausgehendes Bahnnetz profitiert von den strategischen Bahnbauten der Türken und Engländer. Die Schmalspurstrecke Bagdad – Basra wurde 1968 in Normalspur neu erbaut und bis an die Grenze von Kuweit verlängert.
Syrien steht mit 1259 km Bahnlinien an vierter Stelle in Vorderasien. Das weitgehend überalterte Bahnnetz besteht aus Teilen der Bagdad- und Hedschasbahn und Stichbahnen zur Küste. Um Engpässe während der Getreide- und Baumwollernte auszuschließen und das Anbaugebiet unterhalb des neuen Euphrat-Stausees besser zu erschließen, wurde 1975 eine neue Bahnlinie von der Bagdadbahn über Rakka nach Al Lattakiya fertiggestellt und dieser Hafen und Tartus als Ersatz für Beirut und Haifa modern ausgebaut.
Das relativ kurze Bahnnetz des Libanon (375 km) leidet besonders stark unter den jüngsten politischen Ereignissen. Die Küstenbahn von Beirut nach Aleppo und die über den Libanon und Antilibanon führende Schmalspurbahn nach Damaskus mit ihrem Scheitelpunkt in 1794 m Höhe und ihrem Zahnradbetrieb sind die bekanntesten Linien.
Israel hat sein früher mit allen Nachbarländern verknüpftes Bahnnetz in den letzten Jahren stark ausgebaut und besitzt heute bei einer Streckenlänge von 902 km das dichteste Bahnnetz Vorderasiens. Alle Schmalspurbahnen wurden stillgelegt bzw. umgespurt. Neue Normalspurstrecken wurden vor allem gebaut, um Phosphat- und Kalisalzlagerstätten mit dem Mittelmeerhafen Ashdod zu verbinden. Nach Wiedereröffnung des Suezkanals wird der Neubau einer Bahnlinie zum Hafen Eliat am Roten Meer forciert. Trotz des dichten, von Ramla ausstrahlenden Eisenbahnnetzes werden 96 Prozent des Personen- und ein Großteil des Güterverkehrs auf der Straße abgewickelt.
Jordanien verblieb nur ein Teilstück der Hedschasbahn (1050 mm-Spur). Da die Bahnverbindung zum Mittelmeer seit vielen Jahren unterbrochen ist, wurde mit deutscher Hilfe eine bereits um 1900 von H. A. Messmer geplante, von den Engländern jedoch verhinderte, neue Bahnlinie zum Hafen Akaba am Roten Meer gebaut. War sie um die Jahrhundertwende aus strategischen Gründen vorgesehen, so liegt ihre Hauptaufgabe heute im Abtransport der reichen Phosphatvorkommen. Von den 480 Bahnkilometern Jordaniens entfallen 117 km auf diese Neubaustrecke (zwei Tunnel, 22 Brücken).
Saudi-Arabien besitzt seit 1951 eine moderne, 610 km lange Bahnlinie, die Dahran an der Golfküste mit Hofuf, der größten Oase des Landes, und der Hauptstadt Er-Riad verbindet.
Die übrigen sieben Staaten der arabischen Halbinsel sind bis heute ohne Eisenbahn.

Alfred Herold

Die Geschichte der Chinesischen Eisenbahnen begann, als eine britische Gesellschaft die Konzession für den Bau einer 16 km langen Strecke von Shanghai nach Woosing beantragte und auch erhielt. Obwohl die chinesischen Adligen meinten, daß ein für damalige Verhältnisse solch ungeheures Unternehmen ihre althergebrachte Spitzenposition in der Gesellschaft untergrabe (zu Recht, wie sich später herausstellte), konnten sie den Bau nicht verhindern. So wurde am 30. Juni 1876 mit den Dampfloks Celestial Kingdom und Flowery Land der Betrieb aufgenommen. Die chinesischen Mandarine spielten aber noch weitere Trümpfe aus; so wurden unter anderem angeblich auf ihre Veranlassung hin gedungene Kulis vor die Züge geworfen, um auf diese drastische Weise der einfachen Bevölkerung die Gefahren aufzuzeigen, die im Zusammenhang mit dem Bahnverkehr drohten. Ein durchaus verständlicher Aufschrei der Entrüstung in der Bevölkerung führte zu einer »noblen« Geste seitens der Mandarine: Sie zahlten die Bahneigner aus und ließen die Strecke nach nur fünfzehnmonatiger Betriebszeit wieder abreißen.

Die erste Strecke in China, die dauerhaften Bestand hatte, war Teil einer Linie, die dem Kohletransport vom Bergbaugebiet bei Tangshan an der Nordostküste nach Tientsin bestimmt war. Eröffnet im Jahre 1881, wurde die Strecke später Bestandteil der Linie von Peking in die Mandschurei. Auch diesmal ging es nicht ohne Schwierigkeiten mit den Behörden ab, so wurde die ursprüngliche Konzession nur für die Lastbeförderung mit Mulis erteilt! Der europäische Geschäftsführer ließ jedoch aus überflüssigem Material, das bei den Bergwerken vorhanden war, eine Dampflok bauen; es heißt, diese Maschine sei einmal sogar vergraben worden, um sie vor den mißtrauischen Blicken eines amtlichen Besuchers zu verbergen.

Bis in die entlegensten Gebiete

Auf diese Weise hielt dann endlich das Eisenbahnzeitalter auch in China seinen Einzug; die »ausländischen Teufel«, die daran schuld waren, waren auch diesmal wieder Engländer.

Spätere Betriebsgenehmigungen zum Eisenbahnbau wurden dann aber auch an amerikanische, belgische, französische, deutsche und japanische Interessenten vergeben. Trotz dieser vielen verschiedenen Bahneigentümer wurden alle Strecken von nationaler Bedeutung in Normalspur erbaut, sieht man von einer Linie ab, die nach Französisch-Indochina (heute Vietnam) führte. In der Folgezeit wurden alle diese Linien in den Chinese National Railways (CNR) zusammengeschlossen. Nach 1908 wurde keine Konzession mehr an Ausländer erteilt, und die Gründung der Chinesischen Republik im Jahre 1912 führte schließlich zu einer schrittweisen Verstaatlichung der in ausländischer Hand befindlichen Strecken.

Um 1930, als Japan die Mandschurei besetzte, umfaßte das Netz der CNR etwa 10 000 km. Es folgte nun ein langer Zeitraum von Krieg und Revolution, währenddessen die Eisenbahn je nach Intensität und Ort der Kämpfe mehr oder minder gut funktionierte, und als schließlich 1949 die Kommunisten die Macht übernahmen, waren schätzungsweise noch ganze 5000 km Strecke betriebsfähig. Das war für das Riesenland mit seiner enormen Bevölkerungsdichte natürlich ein geradezu lächerlich kleines Eisenbahnnetz. Es wurden daher von den neuen Machthabern gewaltige Anstrengungen unternommen, um im »Neuen China« ein angemessenes Eisenbahnnetz aufzubauen. Die Ausdehnung der Streckenlänge während weniger Jahre auf nahezu 30 000 km sucht auf der ganzen Welt vergeblich ihresgleichen. Bis in die entlegensten Gebiete Chinas drang der stählerne Weg vor. So existiert zum Beispiel eine Strecke nach Urumtschi in Zentralasien an der Grenze zur Mongolei; Tibet ist allerdings immer noch nicht auf der Schiene erreichbar.

Um den Stellenwert dieser Leistungen bestimmen zu können, muß bedacht werden, daß sie nur in einem totalitären Regime möglich sind. Dies wird auch dadurch illustriert, daß der vor 20 Jahren erbaute imposante Hauptbahnhof Pekings in einem Zeitraum von nur zwölf Monaten geplant, entworfen und geradezu aus dem Boden gestampft wurde. In westlichen Demokratien dürften Planung, Raumordnungsverfahren, Konstruktion und Errichtung eines derart großen Baukomplexes wohl annähernd zwölf Jahre in Anspruch nehmen! Der Hauptbahnhof Pekings hat sechs Bahnsteige mit zwölf Gleisen. Das Empfangsgebäude wurde, anders als sonst bei Kopfbahnhöfen üblich, nicht an der Stirnseite der Gleise, sondern seitlich davon errichtet.

Die letzte Dampflokfabrik

Mit mehr als 5000 in Betrieb befindlichen Exemplaren spielt die Dampflokomotive in China nach wie vor eine dominierende Rolle, ja sogar Neubauten der schweren 1 E 1-Klasse MARCH FORWARD verließen zumindest noch bis 1978 die Werkshallen in Tatung, nordwestlich von Peking. Es ist ja im Grunde auch nur logisch, wenn ein Land, das reiche Kohle-, aber nur geringe Ölvorkommen besitzt und eine äußerst hohe Bevölkerungsdichte aufweist, dieser mit heimischer Energie betriebenen, arbeitsintensiven Maschine einen wichtigen Platz einräumt.
Personenzüge werden mit 2 C 1-Loks der PEOPLE-Klasse bespannt, eine Vielzahl von 1 D 1-Maschinen wie LIBERATION, CONSTRUCTION und AIMING HIGH finden Verwendung im Rangier-, Übergabe- und Nebenbahndienst. Außerdem besitzen die Chinesischen Eisenbahnen noch eine große Menge 1 E 1-Loks der russischen Baureihe FD, die aus zweiter Hand gekauft und umgespurt wurden. Diese wenigen Baureihen, die in ihrer Mehrzahl erst entworfen und gebaut wurden, als man in aller Welt, mit Ausnahme Indiens, den Dampflokbau bereits einstellte, bewältigen auch heute noch einen hohen Prozentsatz der Zugleistungen in China.
Während der Zeit des von Mao Tse-tung propagierten »Großen Sprungs« zwischen 1958 und 1960 mußten die Chinesischen Eisenbahnen einige sehr schmerzliche Erfahrungen mit Diesellokomotiven aus einer vorschnell in großem Stil aufgezogenen Eigenproduktion machen. So ist es nicht verwunderlich, daß man daneben noch die letzte Dampflokfabrik der Welt aufbaute und den Dampflokbau bis in unsere Tage fortsetzte. Heute schätzt man, daß jährlich etwa 200 doch recht betriebstüchtige und zuverlässige Diesellokomotiven die chinesischen Werkshallen verlassen und sich der Bestand an Dieseltriebfahrzeugen gegenwärtig zwischen 1000 und 2000 Stück beläuft, wovon mehr als die Hälfte aus eigener Fertigung stammt.
Die Elektrifizierung befindet sich noch im Anfangsstadium. Nur eine abgelegene Strecke im Zentralchinesischen Gebirge zwischen Paochi und Changtu wird elektrisch betrieben; zum Einsatz kommen dabei französische Maschinen.

Nur ein Loch im Wagenboden

Einer Betrachtung wert sind auf jeden Fall auch die chinesischen Personenzüge. Die Schlafwagen der »Soft-Class« entsprechen in ihrem Standard den europäischen Erster-Klasse-Liegewagen und werden makellos saubergehalten. Bei verhältnismäßig niedriger Geschwindigkeit, die allgemein gefahren wird, ist der Fahrkomfort recht gut. Die Verpflegung in den Speisewagen entspricht bester chinesischer Tradition: einfach, frisch und geschmackvoll. Die einzige Besonderheit, die den westlichen Besucher etwas sonderbar, zumindest aber ungewohnt anmutet, sind die Toiletten, die lediglich aus einem Loch im Wagenboden bestehen.
Der Güterverkehr weist typisch nordamerikanische Charaktereigenschaften auf: lange, schwere Züge, bestehend aus druckluftgebremsten Drehgestellwagen mit automatischer Kupplung, geführt von massiven 1 E 1-Dampflokomotiven mit recht hoher Geschwindigkeit.
In Statistiken wird geschätzt, daß bei einem Bestand von 210 000 meist vierachsigen Güterwagen jährlich 900 Millionen Tonnen Güter über eine durchschnittliche Entfernung von mehr als 350 km transportiert werden.

Patrick B. Whitehouse

Als die Römer ihr Imperium aufgeben mußten, hinterließen sie in Britannien und den anderen besetzten Gebieten ihre Gesetzgebung und ihr Straßennetz; die Briten wiederum ließen in Indien ihren Verwaltungsapparat und ein Eisenbahnwesen zurück, das, seit der Unabhängigkeit verbessert und modernisiert, zu einem großen vereinigten Netz wurde und von seiner Ausdehnung her in der Welt an zweiter Stelle steht.
Am 18. November 1852 fuhr der erste Zug von Bombay aus zum rund 40 km entfernten Thana auf dem ersten Streckenabschnitt der Great Indian Peninsula Railway (GIPR), die heute als Central Railway bekannt ist. Die Strecke wurde von einer privat finanzierten Gesellschaft erbaut, mit Konzession und Bürgschaft seitens der indischen Regierung.

Von Kalkutta nach Delhi

Unter ähnlichen Bedingungen wurden auch die Strekken der East India Railway (EIR) von Kalkutta nach Delhi erbaut, deren erstes Teilstück im Jahre 1854 eröffnet werden konnte; der Betrieb auf der Gesamtstrecke begann 1864. Der Abzweigungsbahnhof zu der GIPR wurde 1871 in Allahabad eröffnet, womit eine Bahnverbindung quer durch den Subkontinent geschaffen war. Die ganze Angelegenheit vereinfachte sich durch die weise Voraussicht des Generalgouverneurs Lord Dalhousie, der beiden Gesellschaften die einheitliche Spurweite von 1676 mm vorgeschrieben hatte.
Leider ging sein Nachfolger Viceroys von diesem Gedanken wieder ab und führte für Nebenlinien 1000 mm Spurweite ein. Um 1900 gab es dann unter vielen anderen sogar eine durchgehende Meterspurstrecke zwischen Delhi und der Westküste sowie zusätzlich noch eine Reihe von Schmalspurstrecken (u. a. mit 762 und 610 mm Spurweite). In den Gebirgsgegenden hatten die Schmalspurstrecken allerdings schon ihre Vorzüge gegenüber der Breitspur; Bahnlinien wie die Darjeeling-Himalaya-Railway mit ihren Kurven von 20 m Radius wären natürlich unvorstellbar teurer gekommen, wenn sie in Breit- oder auch in Meterspur angelegt worden wären. Die Militärbehörden ließen sich von solchen Tatsachen allerdings nicht abschrecken, und strategisch wichtige Bahnlinien, wie die über den Khaiber-Paß – er liegt heute in Pakistan –, mußten in Breitspur erbaut werden, um das umständliche und zeitraubende Umladen von einer Spurweite auf die andere zu vermeiden.
Das System der Eisenbahnbetriebsführung durch Privatgesellschaften unter staatlicher Aufsicht und Bürgschaft funktionierte recht gut und brachte beachtliche Ergebnisse. Neben diesen quasi halbstaatlichen Eisenbahnen existierten gegen Ende des vorigen Jahrhunderts aber auch mehrere, unmittelbar vom Staat finanzierte Strecken, insbesondere die sogenannten »famine railways« (Hungersnot-Eisenbahnen), die errichtet worden waren, um so schnell wie möglich Lebensmittel in solche Regionen zu schaffen, in denen die Ernten zerstört worden waren.
Viele Herrscher der auf dem indischen Subkontinent zahlreich vorhandenen, mehr oder minder selbständigen Fürstentümer, die etwa ein Drittel der gesamten Fläche des Landes ausmachten, hatten ebenfalls ihre eigenen Eisenbahnnetze erbaut. Als diese Fürstentümer 1950 im indischen Staat aufgingen, gab es etwa 11 000 km solcher Streckennetze; dasjenige des Nizam von Haiderabad war mit einer Ausdehnung von rund 2200 km das umfangreichste.
Im Jahre 1947 wurde Indien von Großbritannien unabhängig und gleichzeitig geteilt. Viele Kilometer an Eisenbahnstrecken gingen nunmehr an die abgetrennten Länder Westpakistan, Ostpakistan (das heutige Bangladesh) und Ceylon (Sri Lanka) verloren.
Vor der Unabhängigkeit zog sich die indische Kolonialregierung während der heißen Jahreszeit in »Sommerresidenzen« im Bergland zurück. Einige dieser Refugien erhielten Bahnanschluß, wie zum Beispiel Simla, Darjeeling, Ootacamund (Ooty) und Matheran, die Ausweichquartiere von Delhi, Kalkutta, Madras und Bombay. Es ist interessant zu beobachten, welche

verschiedenartigen Lösungen zur Bewältigung der fast gleichartigen Probleme beim Bau dieser vier weltberühmten Bahnlinien gewählt wurden: Die 100 km lange Kalka-Simla-Linie wurde als herkömmliche, solide gebaute 762 mm-Schmalspurbahn ausgeführt. Sie weist 103 Tunnel bis zu 1,2 km Länge, Steigungen bis 1:33 und einen Kurvenmindestradius von 40 m auf. Kraftvolle 1 C 1-Tenderlokomotiven ermöglichten einen raschen Transport sowohl der Akten des Generalgouverneurs Viceroys wie des Güter- und Personenaufkommens; heute ist die Strecke vollständig auf Dieselbetrieb umgestellt.

Weltberühmte Bahnlinien

Die Linie zwischen Siliguri und Darjeeling ist fast genausolang, sie überwindet die Berge jedoch nicht mit Hilfe aufwendiger Kunstbauten, sondern vieler Spiralen, Spitzkehren und zahlloser äußerst scharfer Kurven. Ihr Scheitelpunkt liegt in rund 2300 m Höhe und stellt damit zugleich den höchsten Punkt im ganzen indischen Eisenbahnnetz dar. Die Kosten für diese Strecke waren nur halb so hoch wie die der Linie von Kalka nach Simla.

Die starke Steigung zur dritten Sommerresidenz in Ooty wird mittels einer meterspurigen Zahnradbahn vom System Abt überwunden, wobei eine Maximalsteigung von 1:10 erreicht wird. Zwar ist die Fahrgeschwindigkeit nur sehr niedrig, der Höhenunterschied wird dafür um so schneller bewältigt. Die in der Schweiz gebauten 1 D 1-Dampflokomotiven für Adhäsions- und Zahnradbetrieb sind noch heute im Einsatz.

Das Bemerkenswerteste an der Strecke nach Matheran ist, daß hier das Steigungsproblem durch noch schärfere Kurven als bei der Darjeeling-Bahn gelöst wurde. Hierbei kamen eigens für diese Strecke in Deutschland konstruierte und gebaute Tenderloks der Achsfolge C zum Einsatz, die ein Triebwerk mit patentierten beweglichen Lenk-Treibachsen besaßen. Heute verkehren Diesellokomotiven, die Dampflokomotiven dienen als Betriebsreserve.

Die Geschichte der indischen Dampflokomotiven kann in vier, sich überlappende, Perioden eingeteilt werden:

1. Die Anfangszeit der nicht-standardisierten Dampflokomotiven (1852–1914),
2. die Zeit der British Engineering Standards Association – BESA (1903–1950),
3. Indian Railway steam – IRS (1926–1939),
4. Nachkriegs-Dampflokomotiven (1947–1972).

Viele der Maschinen wurden in Indien selbst hergestellt, vor allem in der Lokomotivfabrik von Chittaranjan, die 1950 mit britischer Hilfe errichtet worden war.

Die elektrische Zugförderung fand ihren Eingang in Indien im Jahre 1925, als die GIPR ihre aus Bombay herausführende Strecke zuerst im Vorortbereich, später dann weiter über das Ghat-Gebirge nach Poona und Igatpuri mit 1500 V Gleichstrom elektrifizierte. Die dabei verwendeten C C-KROKODIL-Elektrolokomotiven verrichten noch heute Rangier- und Übergabedienste. Seit 1947 wurden zusehends mehr Strecken elektrifiziert, und zwar nunmehr mit 25 000 V 50 Hz-Wechselstrom, mit dem heute etwa 3850 Streckenkilometer betrieben werden. Seit 1962 werden nur noch in Indien gebaute Drehgestellelektroloks konventioneller Bauart beschafft.

Gegenwärtig stehen bei der Indischen Staatsbahn rund 8200 Dampf-, 1900 Diesel- und 850 Elektrotriebfahrzeuge in Betrieb. Zusätzlich besitzt auch das herrliche National Railway Museum in Neu Delhi eine ganze Reihe ebenfalls – zumindest teilweise – betriebsfähiger Maschinen.

Erstes und zugleich bemerkenswertestes Merkmal des indischen Eisenbahnpersonenverkehrs ist sein gewaltiges Ausmaß – jährlich werden nicht weniger als 3,3 Milliarden Fahrgäste befördert! Von allen anderen großen Eisenbahnnetzen der Welt erreicht keines ein auch nur annähernd vergleichbares Personenaufkommen im Verhältnis zu seiner Ausdehnung. Das zweite hervorstechende Merkmal sind die niedrigen Tarife der Indischen Staatsbahn im Personenverkehr; so kostet eine Fahrkarte 2. Klasse für eine Strecke von 300 km umgerechnet nur etwa 3,40 DM.

Patrick B. Whitehouse

Das Reich der Aufgehenden Sonne zeigt in manchen Dingen verblüffende Ähnlichkeit mit Großbritannien. Einmal im Landschaftlich-Historischen: Es ist ein Insel-Staat, es ist maritim orientiert, es ist (oder besser: es war) imperialistisch, es hat viel Industrie, das Klima ist mild und feucht, die landschaftlichen Extreme ähneln einander bis zu Einzelheiten: Hokkaido wirkt wie Schottland, Kyushu wie die Isle of Whight. Das japanische Volk ist reinlich, korrekt, sportlich; es vereinigt modernste Technik mit zähem Konservatismus.

Und dann im Bereich der Eisenbahnen: Die hohen Bahnsteige, die typisch britischen Signalbrücken und Stellwerke, mehr Bahnsteig-Übergänge statt Unterführungen; die Fenster in den Wagen öffnen sich (wenn überhaupt) von unten nach oben (statt umgekehrt); einsteigende Passagiere bilden ebenso diszipliniert wie in England eine »Queue«, anstatt sich – »catch as catch can« – auf den Zug zu stürzen; die sehr kleinen Güterwagen mit den typischen Bremswagen am Zugschluß . . .

Japan ist ein einmaliges Phänomen, im Politischen und im Verkehrswesen. Förmlich mit einem Schritt trat es vom mittelalterlichen Feudalstaat in das moderne Industriezeitalter: Etwa 1870 hatte sich das Land von heute auf morgen der westlichen Welt zugewandt, jedoch ohne die eigenen kulturellen, historischen Werte aufzugeben, ohne die innere Distanz gegenüber dem Neuen und Fremden zu verlieren. Die elegante Japanerin in Getas und Kimono in einem mit 200 km/h dahinrasenden HIKARI mag dafür Symbol sein. Japans Eisenbahnbau hatte mit Hilfe weißer Lehrmeister begonnen: Der Engländer Morel baute auf Hondo, der Amerikaner Crowford auf Hokkaido, der Deutsche Rumschottel auf Kyushu.

Die Shin-Kansen-Linie

Nach dem Zweiten Weltkrieg geschah dann das »Japanische Wunder«: Trotz des katastrophalen Kriegsendes wurde Japan rasch eine der mächtigsten und reichsten Industrienationen, und im Verkehrswesen geschah eine Art Revolution: Anläßlich der bevorstehenden Olympiade von 1964 begann 1959 der radikale Neubau der Haupteisenbahnlinie, vollkommen neu trassiert, in Normal-(anstelle der bisherigen Kap-)Spur und mit bisher nie dagewesener technischer Vollkommenheit und Geschwindigkeit. Schon 1963 war die New Tokaido-Linie (»Tokaido« ist der alte »Königsweg« zwischen Tokio und Kioto) bis Osaka fertig; die neuen Züge mit 230 km/h Höchstgeschwindigkeit erregten weltweites Aufsehen. Inzwischen ist die New Tokaido-Linie längst zur beinahe 1200 km langen Shin-Kansen-Linie geworden, die schon Kyushu erreicht hat, und im Lauf der nächsten Jahre wird sich der Verkehr nach Norden hin auf ähnlich neuen Gleisen und mit denselben Fahrzeugen und Geschwindigkeiten abspielen. Ebenso »demnächst« wird der längste Unterwasser-Tunnel der Erde – der Seikantunnel – zwischen Hondo und Hokkaido, 54 km lang, vollendet werden, durch den dann auch Hokkaido an das Super-Expreßnetz angeschlossen wird.

Mit der Shin-Kansen-Line, die völlig kreuzungsfrei, ferngesteuert und mit einer solchen Zugdichte befahren wird, daß man zu den Expreßzügen förmlich »wie zur Straßenbahn« gehen kann, hat Japan einen Schienenverkehrstyp geschaffen, der auf der Welt kein Gegenstück hat. Der technische Schüler hat den einstigen Lehrmeister längst übertroffen; europäische und amerikanische Eisenbahnfachleute fahren heute auf »Studienreise« nach Japan. Vor 100 Jahren war es genau umgekehrt.

Wer heute auf Japans Bahnen fährt, muß – als Europäer – umdenken: Ist die Eisenbahn in Europa ein Stiefkind, in Amerika sogar schon ein Aschenbrödel des Verkehrs, so nimmt sie in Japan die ihr zukommende Rangstellung ein, nämlich die des wichtigsten Verkehrsträgers. Technische Perfektion, Pünktlichkeit, Schnelligkeit, Sicherheit des Schienenverkehrs sind in Japan so groß, daß im Inlandsverkehr nicht einmal das Flugzeug eine Konkurrenz darstellt.

Neben der Shin-Kansen bilden aber auch die anderen,

in Kapspur verbliebenen Eisenbahnen ein äußerst dichtes Netz, und die darauf verkehrenden Züge (zumeist elektrisch) übertreffen europäische und amerikanische Bahnen an Präzision. Nicht zu vergessen endlich auch die noch immer sehr zahlreichen Privatbahnen (zum Teil mit Vollbahncharakter), die einen relativ hohen Anteil am Gesamtverkehr haben und sogar ausgesprochene Luxuszüge betreiben, wie z. B. die Linie von Tokio nach der berühmten Tempelstadt Nikko.

Hikari und Kodama

Das Phänomen Shin-Kansen sei an einigen Beispielen und Vergleichen charakterisiert: Es gibt bekanntlich zwei Typen von »Super-Expreßzügen« – Hikari (gleich Blitz oder Licht) und Kodama (gleich Echo). Die Garnituren beider Zugtypen sind die gleichen 16 Wagen-Triebwagenzüge, davon zwölf Wagen der Standard-, zwei Wagen der 1. Klasse (Green Cars) und zwei Speise- bzw. Buffetwagen. Der Unterschied zwischen »Blitz« und »Echo« besteht nur in den mehr oder weniger geringen Zwischenhalten: Hikaris halten zwischen Tokio und Osaka (553 km in drei Stunden und zehn Minuten!) lediglich in Nagoya und Kyoto, Kodamas überdies auch in drei anderen Bahnhöfen. Auf der weiteren Strecke bis Hakata auf der Insel Kyushu (1177 km von Tokio in sechs Stunden und 56 Minuten!) halten jene nur in Okayama, Hiroshima und Kokura, diese ein paarmal mehr.
Die Dichte dieses Super-Expreßverkehrs mag man aus folgendem Fahrplan ersehen: Es fahren von den Bahnsteigen 15 bis 19 des Hauptbahnhofs in Tokio täglich zwischen 6.00 und etwa 20.00 Uhr ab: Um die Minute Null ein Hikari nach Hakata, um die Minute 12 ein Kodama nach Hakata, um die Minute 16 ein Kodama nach Osaka, um die Minute 24 ein Hikari nach Hiroshima, um die Minute 36 ein Hikari nach Okayama, um die Minute 40 ein Kodama nach Osaka, um die Minute 48 ein Hikari nach Okayama – also sieben Super-Expreßzüge stündlich! Die durchschnittlichen Reisegeschwindigkeiten (einschließlich der kurzen Halte) eines Hikari betragen: von Tokio bis Hakata 166,5 km/h, bis Hiroshima 175 km/h, bis Okayama 175,9 km/h, bis Osaka 174,6 km/h und bis Nagoya 183 km/h.
Auf deutsche Verhältnisse übertragen, würde ein Fahrplan zwischen München und Hamburg etwa so aussehen: Stündlich fahren drei Züge in rund viereinhalb Stunden, die nur in Nürnberg und Hannover halten, daneben vier weitere Züge, die auch Augsburg und Göttingen bedienen und eine halbe Stunde länger brauchen! Sind das nicht Ziffern, von denen man in Europa – von Amerika ganz zu schweigen – nur träumen kann?

Weiße Handschuhe

Der Europäer oder Amerikaner, der auf Japans Schienen reist, muß wirklich umdenken und sich an neue Begriffskategorien gewöhnen! Wer je im Führerstand eines Hikari mitfahren konnte und sich mit dem lässig dasitzenden, weiß behandschuhten (!) Fahrer unterhalten hat, der lediglich auf elektronische Anweisung hin eine der fünf Geschwindigkeitsstufen mit Tastendruck einstellen muß, wird das verstehen können!
Es gibt in Japan den Begriff des »Bushido«, ein Ausdruck, der sich wörtlich überhaupt nicht, im übertragenen Sinne aber etwa mit Haltung, Korrektheit, Sauberkeit, Genügsamkeit, Ritterlichkeit, Anstand und ähnlichen Dingen übersetzen oder umschreiben läßt, ein Wort, dessen Inhalt und Ausübung aber auch im heutigen demokratischen und technisierten Japan nicht ausgestorben zu sein scheint. Mag der Vergleich auch vielleicht etwas weit hergeholt sein, so sei er doch angestellt: Die Ausübung des ehemals in Ehrensachen üblichen Harakiri scheint mir ebenso Ausdruck dieses »Bushido« zu sein wie im zwanzigsten Jahrhundert die geduldig auf dem Bahnsteig wartenden Passagiere, die militärisch korrekte Haltung eines Fahrdienstleiters bei der Einfahrt eines Hikari oder die weißen Handschuhe eines japanischen Lokomotivführers!

Fritz Stöckl

Australien ist für so manches berühmt, das es anderswo auf der Welt nicht gibt. Einzigartig ist aber noch etwas anderes, nämlich der totale Wirrwarr in bezug auf die Spurweiten der verschiedenen Eisenbahnen! Die fünf Bundesstaaten und das Nordterritorium, die zusammen die Australische Föderation ausmachen, entschieden sich ohne Rücksicht auf den jeweiligen Nachbarn für drei verschiedene Spurweiten, mit dem Ergebnis, daß nur zwei Nachbarstaaten übereinstimmende Spurweiten aufwiesen, nämlich Victoria und South Australia, die beide 1600 mm gewählt hatten. Der letztere Staat wiederum trug dafür im eigenen Land zur Verwirrung bei, indem die Nebenbahnen in 1067 mm-Kapspur errichtet wurden.
Dieser Mißstand besserte sich erst dann ganz allmählich, als die in 1435 mm gebauten Linien der New South Wales Railways (NSWR) wie Polypenarme um sich griffen und schließlich alle wichtigeren Städte Australiens erreichten. So gibt es endlich seit den sechziger Jahren eine durchgehende Transkontinentalstrecke ohne den vorher notwendigen dreimaligen Spurwechsel. Die verschiedenen Eisenbahnnetze werden im allgemeinen nach wie vor durch die einzelnen Bundesstaaten betrieben. Die Bundesregierung verwaltete anfangs lediglich die Teilstücke der Ost-West- und Nord-Süd-Transkontinentalstrecken (letztere ist noch nicht ganz fertiggestellt), die in den zentralen Wüstenregionen gelegen waren. Erst 1973 wurden diese Teilstücke von den neu gebildeten Australian National Railways (ANR) übernommen. Gleichzeitig versuchte man, die Bundesstaaten zu veranlassen, ihre regionalen Eisenbahnnetze ebenfalls in die ANR überzuführen. Bis 1978 kamen dieser Aufforderung jedoch nur South Australia (mit Ausnahme seiner Nahverkehrslinien) und Tasmania nach.
Die New South Wales Railways besitzen mit über 10 000 km Streckenlänge das bedeutendste Eisenbahnnetz Australiens. Von Sydney aus führen die wichtigsten Hauptbahnen strahlenförmig nach Brisbane, Broken Hill und Albury, wo Anschluß an die zweispurige Strecke der Victorian Railways nach Melbourne besteht. Bis heute wurden nur wenige Nebenlinien der NSWR stillgelegt, insgesamt nur 60 km während der letzten 20 Jahre.
Von allen australischen Eisenbahnnetzen wurde das der NSWR am stärksten von englischen Richtlinien und Praktiken bestimmt. Bahnhöfe, Signalanlagen und Rollmaterial schienen bis in die jüngste Vergangenheit hinein für englische Eisenbahnen konzipiert. Bis in die zwanziger Jahre galt dies auch für die Lokomotiven; mit dem Erscheinen der großen 2 D 1 und der Garrattmaschinen war es mit der Übereinstimmung dann allerdings vorbei. Erst mit der nicht stromlinienverkleideten Klasse C 38 von 1943 kehrte der britische Stil zum Abschluß der Dampflok-Ära nochmals zurück. Die modernen Diesellokomotiven sind, obwohl in Australien gebaut, typisch amerikanisch und verdienen daher keine sonderliche Beachtung.

Triebwagen mit Holzaufbauten

Die wichtigen Schnellzüge haben trotz nicht allzu hoher Reisegeschwindigkeit (nicht alle Hauptstrecken sind für die Höchstgeschwindigkeit von 110 km/h zugelassen) durch die Verwendung von modernem, mit Klimaanlagen ausgestattetem Wagenmaterial einen hohen Standard. Es sind aber auch noch einige weniger elegante Fernzüge übriggeblieben, einschließlich einiger der altherkömmlichen Nachtpostzüge mit Halt auf jeder Station. Fahrgäste auf ländlichen Nebenstrecken werden in Triebwagen mit Holzaufbauten befördert, eine Besonderheit, die es wohl außerhalb Australiens nirgends mehr geben dürfte.
Wie in den meisten anderen Staaten, so wurden auch die NSWR in erster Linie zur Erschließung des Landes errichtet, wobei die Kosten natürlich so niedrig wie nur möglich sein mußten. Hohe Verluste sind seit langem das Ergebnis, und die NSWR fanden bis heute noch kein Mittel, aus dieser mißlichen Lage herauszukommen.
Victoria ist mit Abstand das kleinste Bundesland auf dem australischen Kontinent. Seine größte Ausdeh-

nung in Ost-West-Richtung beträgt etwa 800 km, von Nord nach Süd 400 km. Mit Ausnahme der gebirgigen Region nordöstlich von Melbourne wird das ganze Land von dem 7000 km umfassenden Netz der Victorian Railways (VR) mit 1600 mm Spurweite gut bedient. Viele Strecken im Weizenanbaugebiet, den nordwestlichen Ebenen Victorias, weisen jedoch nur eine geringe Verkehrsdichte auf, so daß einige Stillegungen vorgenommen wurden. Personenbeförderung wird bislang auf einem Großteil der Strecken beibehalten.
Der Dampflokpark der VR war modern und zeitgemäß mit ansehnlichen Maschinen von individuellem Charakter und eigenem Stil, höchstens vergleichbar mit Lokbauten Indiens. Außer dem Melbourner Nahverkehrsnetz, wo jetzt auch ein unterirdisches Teilstück im Bau ist (der Vorsprung Sydneys auf diesem Gebiet war auf ein schon nicht mehr zu vertretendes Maß angewachsen), ist nur eine Strecke in das östliche Kohlerevier elektrifiziert.
Die South Australian Railways (SAR) waren in der Hauptsache auf eine kleine Region rund um die Hauptstadt Adelaide in der Südostecke des Bundeslandes mit etwa einem Viertel von dessen Fläche beschränkt. Daneben gab es noch ein isoliertes Kapspurnetz, ausgehend von Port Lincoln auf der Eyre-Halbinsel. Die zusätzlich das Land tangierenden Transkontinentalstrecken wurden von der Bundesregierung verwaltet und gehörten nicht zu den SAR, die damit das kleinste Eisenbahnnetz auf dem australischen Kontinent darstellten, mit einer größten Streckenlänge von 2500 km in 1600 mm-Breitspur und knapp 1600 km in 1067 mm-Kapspur. So ist es nur verständlich, daß die Landesregierung die Betriebsführung ihrer Linien im Jahre 1978 den Australian National Railways übertrugen.
Die SAR vermittelten früher als alle anderen australischen Staatsbahnen einen recht neuzeitlichen Eindruck. Dies wurde während der Dampf-Ära zu einem Gutteil durch den Einsatz moderner schwerer Dampfloks von typisch amerikanischem Aussehen – gebaut waren diese Maschinen kurioserweise in England – erreicht. Zusammen mit diesen standen aber seltsamerweise auch noch einige uralte Dampfrösser mit glänzenden Messingarmaturen, Relikte aus der Mitte des 19. Jahrhunderts, bis zur endgültigen Verdieselung in Betrieb.
Hauptschlagader der Eisenbahnen Queenslands ist die 1660 km lange Küstenstrecke von Brisbane nach Cairns. Ihre fünf langen »Neben«-strecken führen westwärts bis zu 800 km ins Binnenland; davon abgehende weitere Zweiglinien ermöglichen eine recht gute Bedienung fast aller Landesteile.

Ein Zug pro Woche

In Western Australia gab es bis vor etwa 20 Jahren ein Eisenbahnnetz von rund 6000 km Streckenlänge, davon 20 Prozent in 1435 mm-Normal- und 80 Prozent in Kapspur; etwa 140 km waren zweispurig ausgeführt. Einziger Knotenpunkt von größerer Bedeutung war Perth. Im Jahre 1957 wurden dann mit einem Schlag insgesamt etwas über 1200 km dieser Nebenbahnen stillgelegt, wovon – man beachte dies – lediglich solche betroffen waren, auf denen weniger als ein planmäßiger Zug pro Woche verkehrte!
Die Personenzüge haben seit jeher einen recht hohen Standard. So standen den Reisenden in den alten kapspurigen Anschlußzügen von Perth zum Transkontinentalexpreß in Kalgoorlie bereits 1938 Duschkabinen mit warmem und kaltem Wasser zur Verfügung; heute wird auf dieser Strecke auf 1435 mm-Normalspur mit über 75 km/h Reisegeschwindigkeit die höchste in Australien erreicht.
In den nördlichen Landesteilen von Western Australia wurden seit Mitte der sechziger Jahre vier vollkommen neue Eisenbahnlinien eröffnet, die ausschließlich dem Transport großer Mengen an Eisenerz von den Minen zu den Hafenstädten dienen, wobei Züge bis zu 18 000 t keine Seltenheit sind. Alle vier Strecken verlaufen durch Wüsten oder wüstenähnliche Gebiete, wo man im Umkreis von 1000 km nicht einen einzigen größeren Ort findet.

Patrick B. Whitehouse

Es ist in Europa ein weitverbreiteter Irrtum, Neuseeland mit Australien gleichzusetzen. Neuseeland hat nämlich infolge seiner wesentlich geringeren Flächenausdehnung mehr den Charakter einer Insel und bietet weitaus mehr landschaftliche Abwechslung und eindrucksvolle Naturschönheiten.

Das Eisenbahnwesen begann in Neuseeland mit einer langen Diskussion über die richtige Spurweite. So wurden die Strecken in der Canterbury Province mit 1600 mm Spurweite, die in Otago und Auckland demgegenüber in 1435 mm erbaut. Um 1880 jedoch wurden diese Linien auf 1067 mm, die sogenannte Kapspur, umgespurt, die seither in Neuseeland die Normalspur darstellt. Obwohl sie im Hinblick auf Lademaß, Zuggewicht und Zuglänge gewisse Einschränkungen mit sich bringt, brauchen sich die New Zealand Railways (NZR) gegenüber anderen Eisenbahnverwaltungen mit größeren Spurweiten nicht zu verstecken. Auf jeden Fall stellten die NZR während der Dampflok-Ära zusammen mit Japan und Südafrika die drei herausragenden Kapspursysteme der Welt dar, was die Abmessung des Rollmaterials sowie Verkehrsaufkommen und beförderte Zuglasten anbelangt.

Kingston Flyer

Wie Japan und Südafrika, so entwickelte auch Neuseeland seinen eigenen Stil in puncto Betriebsführung und Eisenbahntechnik, den man als gelungene Synthese von englischen und amerikanischen Einflüssen bezeichnen muß. In der herrlichen neuseeländischen Gebirgslandschaft boten die vor schweren Zügen hart arbeitenden Dampflokomotiven einen eindrucksvollen und unvergeßlichen Anblick. Das hatte zur Folge, daß während der letzten zwei Jahrzehnte des Dampflokzeitalters viele Eisenbahnfreunde Neuseeland besuchten. Daher wurden von den NZR nach Ende des planmäßigen Dampflokeinsatzes mehrere Hauptbahndampfloks in betriebsfähigem Zustand erhalten. Zudem werden vier Museumsdampfstrecken unterhalten, die wichtigste davon durch die Staatsbahn selbst. Dabei handelt es sich um die 61 km lange Nebenbahn von Lumsden nach Kingston in der Südostecke der Südinsel, etwa auf halbem Weg zwischen Dunedin und Invercargill. Diese Strecke bedient eines der schönsten Ferien- und Erholungsgebiete des Landes; daher verkehrte bis in die dreißiger Jahre täglich ein beschleunigter Personenzug, im Volksmund Kingston Flyer genannt, zwischen Gore an der Nord-Süd-Hauptbahn und Kingston. Ab etwa 1967/68 verkehrten auf der Strecke nur noch auf dem Teilstück Invercargill – Kingston zwei Güterzüge pro Woche ohne festen Fahrplan.

Die NZR beschloß jedoch im Jahre 1970, die Strecke unter gleichzeitiger Wiedereinführung des Dampfbetriebes zu reaktivieren. Die Arbeiten wurden umgehend in Angriff genommen. Zudem wurden zwei Maschinen der Klasse Ab (Achsfolge 2 C 1, Baujahr 1915), die mit 152 Stück die zahlenmäßig stärkste Gattung der NZR darstellten, vollständig überholt. Sie verließen die Werkshalle in leuchtendem Schwarz, sämtliche Messingarmaturen glänzend geputzt. Dazu wurden sechs ältere Waggons mit Holzaufbau restauriert und mit ihrem alten dunkelgrünen Anstrich versehen. Einer davon ist ein Salonwagen aus dem Jahre 1919, in dem Staatsminister und andere hohe Persönlichkeiten ihre Mahlzeiten auf der Reise genießen konnten. Heute verkehrt der Kingston Flyer von Weihnachten bis Ostern täglich zweimal zwischen Lumsden und Kingston.

Ansonsten haben sich die NZR jedoch aus dem Personenbeförderungsgeschäft weitgehend zurückgezogen. Mit Ausnahme des Nahverkehrs in den Ballungsräumen von Auckland und Wellington betreiben sie nur noch sehr wenige Schnell- und Personenzugverbindungen. Der luxuriöseste Zug ist der Silver Star, ein reiner Schlafwagenzug, der die Städte Auckland und Wellington miteinander verbindet. Lokbespannte Tagesschnellzüge, meist mit Speisewagen, verkehren zwischen Wellington und Napier, außerdem zwischen Christchurch und Invercargill sowie Picton.

Patrick B. Whitehouse

106

107

Eine GEA GARRETT muß schwer arbeiten, um das Ende der Steigung bei Langhoogte zu erreichen (104). Vor der imponierenden Kulisse der Schwarzen Berge: der PORT ELIZABETH–KAPSTADT-EXPRESS (105).

Eine 15 F (Achsfolge 2 D 1) beim Wassernehmen (106) und eine GEA GARRETT auf dem Weg nach Die Vlei (Südafrika) (107).

108

109

Die 15 F-Loks müssen schon ihre ganze Kraft aufbieten (108), um die 2300 t Kohle über die Steigung beim Modder River zu bringen. Wie ein langes Band zieht sich der Güterzug nach Kapstadt durch die Hügellandschaft bei

110

Während eines Halts auf der Strecke Springs – Breyten (Transvaal): Der Heizer einer F 15 versucht, sein Feuer von der Schlacke zu befreien. Die südafrikanische Kohle verschlackt leichter als andere und macht daher dem Heizer viel zu schaffen (110).

111

112

Die langen Steigungen und die hohen Pässe, die auf Südafrikas romantischsten Eisenbahnstrecken zu überwinden waren, setzten für viele Lokomotiven Maßstäbe. Sind nicht genügend GARRETTS verfügbar, dann müssen, wie hier im April 1975, die altgedienten 14 CRB einspringen (111). Kurz nach Sonnenaufgang schleppen eine GEA GARRETT und eine 14 CRB den schweren Güterzug in Richtung Kapstadt.

Eine Doppeltraktion von GARRETTS ist schon ein imposantes Bild – dreifach hintereinander gekuppelt wird man sie wohl nur noch im Foto festgehalten sehen (112). 1977 konnte man dieses seltene Gespann in Natal bewundern.

Eine riesige BEYER-GARRETT stampft durch die weiten Ebenen Australiens (113). Dieser Loktyp, der erstmals 1908 in Tasmanien eingesetzt wurde, lief auf zwei Drehgestellen mit zwei Triebwerken und vier Zylindern. Der Wassertank lag vor der Lokomotive, der Kohlebunker dahinter. Dadurch wurde das Gewicht des Kessels gleichmäßig auf die Treibräder und die kleineren Laufräder verteilt.
GARRETT-Maschinen sind auch für höhere Geschwindigkeiten auf Schmalspur geeignet, so daß sie sich nicht nur in Australien, sondern auch in Afrika durchsetzten. Als schwerste jemals für Schmalspur gebaute Lokomotive gilt die Baureihe 59 der East African Railways. Dieser Loktyp wurde noch bis 1958 bei Henschel & Sohn in Kassel gebaut.

113

115

116

Vor der Kulisse der kahlen Schwarzen Berge: Eine 19 D mit dem Personenzug Port Elizabeth – Kapstadt in Richtung Marevlakte (114).

Auf dem Weg zum Lootsberg-Paß bildet der Renoster-Berg für den JOHANNESBURG - MOSSEL-BAY-EXPRESS einen gewaltigen Hintergrund (115). Um an Höhe zu gewinnen, mußten die Erbauer der Strecke jeder Flußwindung nachgehen, da Tunnel und Brücken zu große Steigungen bedeutet hätten. Durch das Land der grünen Kleefelder und der zinnoberroten Felsen zieht diese 19 D in Richtung Oudtshoorn (116).

117

Ein Vorortzug auf Java (117) mit einer von Krupp 1951 gebauten D 52 092 (Achsfolge 1 D 1). Indonesien besitzt auf Java eines der ältesten und dichtesten Eisenbahnnetze Asiens, das ab 1867 von den Holländern errichtet wurde.
Die Trasse der Insular Lumber Company auf den Philippinen wurde ausschließlich für den Holztransport gebaut: Eine MALLET überquert die Holzbohlenbrücke nahe Minapasuk auf der Insel Negros (118). Dieser vollbeladene Zug mit

Nirgendwo sonst haben Dampflokomotiven so klingende Namen: SAKURA (Kirschblüte), AKAZUKI (Dämmerung), ASAKAZE (Morgenwind), HOKUSEY (Nordstern) oder YUUZUTU (Kranich). Drei Loks stampfen auf der Murorang-Bahnlinie (Insel Hokkaido) wie Bulldozer durch den Schnee (120).
In Südjapan ist es wärmer – eine D 50 318 auf dem Weg nach Tschikuho (121).

118

119

D 50 318

VII. DIE SCHÖNSTEN STRECKEN DIESER ERDE

Keineswegs dem modernen Reisetrend zuliebe, wohl aber aus wirtschaftlichen Gründen, wurde zwischen 1891 und 1903 die nördlichste Eisenbahn Europas gebaut: Die sogenannte ERZBAHN von Luleå über Kiruna nach Narvik. Bei Kiruna wird das beste Erz der Welt gefördert, doch die Abfuhr über den am Bottnischen Golf gelegenen Hafen Luleå stockt im Winter, der zugefrorene Hafen würde dann im Erz ersticken, und daher wurde der zweite, jederzeit eisfreie Ausweg hinauf nach Narvik gebaut. Die Reise dorthin ist wohl ein Superlativ, denn auf der geographischen Breite von Narvik (68 Grad Nord) liegt das mittlere Grönland wie auch in Sibirien der Kältepol Werchojansk.

Alle Tageszeiten scheinen aufgehoben, wenn man im Sommer mit dem NORDPILEN (NORDPFEIL) von Stockholm nach Norden reist: Vorbei an Uppsala, dessen Universität den »Codex Argenteus« bewahrt, vorbei an der lebhaften Handelsstadt Gävle (in der das schwedische Eisenbahnmuseum ist), durch die in den »Weißen Nächten« schweigende Wälder- und Seenlandschaft des mittleren und nördlichen Schweden erreichen wir am nächsten Vormittag Boden, von wo die Bahn östlich nach Luleå, nördlich nach der finnischen Grenze, abzweigt. Der Zug fährt nun nordwestlich weiter. Beim Kilometerstein 1242 verringert sich die Fahrt, alle Reisenden hängen mit Fotoapparaten zum Fenster hinaus, drei lange, schrille Pfiffe der Lokomotive machen auf die Sehenswürdigkeit der Fahrt aufmerksam: Links und rechts des Bahndammes zwei große weiße Tafeln – »Polcirkeln«, daneben ein Lappenzelt, um zu symbolisieren, daß wir nun im Land der Hyperboräer sind. Bald darauf Gällivare mit den Erzbergen in Malmberget, 100 km später Kiruna mit dem Kirunavaara, aus dem das fast rein zutage tretende Erz in ununterbrochenen Schichten abgebaut wird. Das Erz auf der Bahn und die Birke in den Wäldern beherrschen die Landschaft. Vorbei am Torneträsk – so groß wie der Gardasee, an dem aber kaum ein paar hundert Menschen wohnen, vorbei am Nuolja (durch den der kaum ein km lange längste Tunnel Schwedens führt) erreichen wir das norwegische Nachbarland bei Riksgränsen, der wohl liebenswürdigsten Grenzstation, wo die Zöllner den Reisenden wie ihren persönlichen Gast begrüßen. Nun geht es bald bergab, es erscheint 100 m unter uns der Rombakenfjord, zu dem wir uns hinunterschrauben; in der Ferne grüßt der offene Ozean, und man ahnt die steilen Felszacken von Lofoten und Vesteraalen. Dann sind wir unten in Narvik.

Unser NORDPILEN führt nur Schlaf- und Liegewagen von Stockholm bis Kiruna, daneben auch Schlafwagen nach Luleå und einen Speisewagen. Wer weiter will, muß ab Boden in die von Luleå kommenden und in Boden eingereihten Kurswagen 1./2. Klasse Luleå – Narvik umsteigen. Außer dem besagten NORDPILEN fährt so hoch hinauf heute auch der BOTTENVIKEN mit Schlaf-, Liege- und Sitzwagen von Stockholm nach Kiruna; nur dieser Zug, und auch das nur im Hochsommer, führt noch einen direkten Sitzwagen bis Narvik. Den größten Teil des Jahres kann man also heute Narvik von der schwedischen Metropole aus überhaupt nicht mehr direkt erreichen, zumindest nur durch Umsteigen im Zug selbst. Wohl aber gibt es seit einigen Jahren den LAPPLANDSPILEN, der Stockholm umfährt und Sitz- und Liegewagen direkt vom südschwedischen Malmö bis Narvik führt, im Hochsommer auch Liegewagen Kopenhagen – Narvik.

Wir wollen diese nördlichste Strecke Europas und den NORDPILEN nicht verlassen, ohne noch einen anderen Zug zu erwähnen, der schon vor mehr als 25 Jahren erstmals in diese hyperboräischen Breiten gefahren ist: Es ist ein Kreuzfahrtenzug, nämlich der SUNLIT NIGHT LANDS CRUISES TRAIN, in Schweden auch KRYSSNINGSTÅG oder schlichtweg (wegen der überwiegend amerikanischen Kundschaft) DOLLARZUG genannt. Für einen nicht gerade niedrigen, aber angemessenen Preis fährt dieser Zug hochsommers mehrmals eine Woche lang von Stockholm aus durch Mittelschweden hinauf nach Lappland, bis Abisko und Narvik und zurück. Man hört in ihm kaum Schwedisch, desto mehr aber Englisch, Spanisch, Deutsch, auch Arabisch oder

Hindi. Nicht nur wegen seiner exklusiven Klientel ist dieser Zug erwähnenswert, sondern auch wegen seiner Ausstattung: Aus den besten schwedischen Wagentypen (mit dem größten Lichtraumprofil aller Bahnen Europas) zusammengesetzt, besteht er aus einem Schlafwagen (mit Zweibettabteilen) für das Personal, einem Gepäckwagen (mit Duschen), je einem Speise- und Barwagen, fünf Schlafwagen 1. Klasse (durchweg nur Einzelabteile) und einem am Schluß eingereihten Schlaf- und Aussichtswagen. Dieser letzte Wagen (Nr. S03-LÅ3945) ist eigentlich der sogenannte »Generaldirektorswagen« der Schwedischen Staatsbahn, der aber im Hochsommer für den Dienst in eben diesem KRYSSNINGSTÅG abgestellt ist. Er enthält ein Dienstabteil, zwei normale Schlafabteile, zwei weitere Abteile in fast doppelter Größe (vergleichbar den amerikanischen Drawing-Rooms) mit zwei unteren Betten und beweglichen Fauteuils, und am Schluß einen Aussichtssalon mit Schreibtisch und Plattenschrank. Leider ist dieser Zug in den letzten Jahren nicht mehr im Programm gewesen.

Die Transsibirische Eisenbahn

Der längste zusammenhängende Schienenweg der Erde, rund dreimal so lang wie die amerikanischen Transkontinentalbahnen, führt mit 14 000 km Länge von Lissabon über Paris, Berlin, Warschau, Moskau, Omsk und Irkutsk nach Wladiwostok. Etwa zwei Drittel dieses Weges werden vom längsten durchgehenden Zug der Erde befahren, dem ROSSIJA, ohne Zug-, ohne Wagen-, ohne Spurwechsel von Moskau bis zum Stillen Ozean.

Mehr als ein Jahrzehnt ist es her, daß wir diese Mammutstrecke durch Sibirien bereisten, wenn auch in Abschnitten und größtenteils in verkehrter Richtung: Die Zufahrt von Wien nach Moskau machten wir mit dem CHOPIN, 22 Uhr ab Wien. Wir haben zwei Abteile im russischen RIC-Schlafwagen; bis zur tschechischen Grenze bringt uns die ÖBB-Diesellok 2050 14, von dort die ČSD-Elektrolok 499 091 bis zur polnischen Grenze und dann die PKP-E-Lok der Serie EU Nummer 0520 bis Warschau. Mittags längerer Aufenthalt auf dem Danziger Bahnhof, von wo uns dann die mächtig qualmende Pt 47-147 nach Brest befördert, wo Staats- und Spurgrenze ist. Der Umspurvorgang braucht fast zwei Stunden, dann stellt sich die Garnitur wieder an den Bahnsteig: voran die sowjetische Diesellok TE 360-001, dahinter dann zwei Schlafwagen aus Wien, einer aus Rom, je einer aus Prag und aus Warschau, denen nun in Brest noch einige »harte« Wagen angehängt werden (Rußland kennt ja keine »Klassen« mehr, nur »weiche« oder »harte« Wagen). Der ganze Zug heißt noch immer CHOPIN, heute gibt es zu seiner Entlastung einen nur aus blauen polnischen Schlafwagen zusammengesetzten POLONEZ, der in Brest ebenfalls umgespurt wird.

Die Fahrt auf der »Rollbahn« ist so ruhig, daß man bei gelegentlichem Erwachen nicht weiß, ob der Zug fährt oder steht! Morgens beginnt in Moshaisk das elektrische Vorortnetz der Hauptstadt; mit der Elektrolok ВЛ (Wladimir Lenin) Nr. 168 fahren wir pünktlich in den Bjelorussischen Bahnhof ein. Dann überspringen wir rund 8000 km in der Luft und landen schon fast am anderen Ende der Sowjetunion in Chabarowsk.

Unser Zug trägt die Richtungsschilder Chabarowsk–Tichokeanskaja (so heißt die Hafenstation von Nachodka) und präsentiert sich in folgender Zusammensetzung: Diesellok TE-3; ein Gepäckwagen; drei »harte« Wagen; ein Speisewagen; drei Schlafwagen (»Spalnij Wagon«, mit Zweibettabteilen europäischer Art); noch ein Speisewagen und nochmals vier Wagen der »harten« Kategorie. Hier hat nicht nur jeder Wagen eine eigene Schaffnerin, es fahren auch noch einige Stewardessen von »Intourist« mit, meist Studentinnen, die einige Fremdsprachen können und um die Bequemlichkeit der Ausländer besorgt sind.

Abendessen im blitzblanken Speisewagen, guter Schlaf im blitzblanken Bett; Frühstück wieder im Speisewagen. Die Strecke verläuft abends unweit des Ussuri, der hier die Grenze zu China bildet. Am Morgen haben wir das Küstengebirge erreicht, die Strecke wird kurvenreich, viele Flüsse kommen die Berge herab, dann öffnet sich die Bucht von Nachodka.

Der Bahnkörper ist hier stellenweise auf Sand verlegt. Die Signale sind um Chabarowsk herum elektrische Lichtsignale, weiterhin dann meist Formsignale und mechanische Stellwerke, aus deren Fenstern der Wärter mit einer gelben Fahne winkt. Die Strecke ist zweigleisig, die Brücken sind durchwegs doppelt und ziemlich weit auseinander, offenbar aus strategischen Gründen. Schon vor Ugolnaja beginnt der elektrische Fahrdraht (3000 V Gleichstrom), der aus dem nur 33 km entfernten Wladiwostok kommt.
Auf dem Bahnhof beginnt nun erst das eigentliche Abenteuer einer Einzelreise durch ganz Sibirien. ROSSIJA, aus Wladiwostok kommend, läuft ein und damit die erste Enttäuschung: Wir hatten »Spalnij Wagon«, also zweibettige Schlafwagen, bestellt und bezahlt. ROSSIJA hat aber gar keinen echten Schlafwagen, sondern nebst »harten« einen einzigen »weichen« Wagen mit Vierbettabteilen, ohne Waschtisch im Abteil und ohne Garantie, nicht noch einen fremden Vierten hineingesetzt zu bekommen.
Am frühen Nachmittag geht die Fahrt los. Die Zusammensetzung des Zuges: Dampflok Reihe SU Nr. 252-55 (1Cl); Post-/Gepäckwagen; vier »harte« Wagen; unser »weicher« Wagen; ein Speisewagen; drei weitere »harte« Wagen, diese alle durchgehend von Wladiwostok bis Moskau; in Chabarowsk werden noch zwei weitere »harte« Wagen angereiht. Unser »weicher« Wagen ist von Cegielski in Posen im Jahr 1958 gebaut, alle anderen Fahrzeuge stammen aus Görlitz.
Gleich nach der Abfahrt überqueren wir den breiten Amur, das Ussuriland entschwindet im Osten. Am Nordhorizont begleiten uns nun tagelang die weißen Sommerwolken. Schon auf dem Bahnhof In, dann in Bira, vollends in Biro-Bidschan fällt uns die hebräische Aufschrift des Stationsnamens auf: Wir sind im autonomen (jüdischen) Gebiet Birobidschan. Der erste Lokwechsel bringt die SU 212-38 an den Zug. Für heute gehen wir zu Bett, während sich am Horizont das Kleine Chingan-Gebirge zeigt; die SU keucht in Steigungen hinauf.
Am zweiten Tag haben wir uns schon akklimatisiert; einige Russen suchen Kontakt, um ihre Sprachkenntnisse zu erproben oder nur um überhaupt mit Ausländern ins Gespräch zu kommen.
Auf den kleineren Bahnhöfen – noch im einfachen Holzhausstil der Zarenzeit – breitet sich der »Freie Markt« aus: Bäuerinnen bieten ihre Produkte an: Himbeeren, Brombeeren, Yoghurt, Obst – als Emballage dient Zeitungspapier. (Achtung Nachfahrer: Nicht wegwerfen, denn schon am dritten Tag ist die ach so kostbare Rolle aufgebraucht und wird bis Moskau durch keine neue ersetzt werden!)
In Skoworodino schiebt sich die erste mächtige POBJEDA (SIEG) an den Zug, es ist die P 36-0086 mit Ölfeuerung. Mit imposantem Schnauben zieht sie uns die langen Steigungen des Jablonoi-(Apfel-)Gebirges hinauf; in Jerofei Pawlowitsch wird sie von der P 36-0180 abgelöst.
Am dritten Tag fahren wir längs der Schilka (auf der man vor Vollendung der Bahnstrecke zu Anfang des Jahrhunderts zu Schiff nach Chabarowsk fuhr), später entlang der Ingoda; einige Reiter traben am Ufer dahin. In Suwarewo ist wieder Lokwechsel: An Stelle der Л (Lenin) Nr. 3176, die wir nachts irgendwo bekommen hatten, tritt eine andere derselben Reihe; es sind schwere 1-E-Maschinen, die das oft steigende Gelände gut bewältigen. Auf dem Bahnhof Marki wird die Abfahrt noch mit drei aufeinanderfolgenden Glokkensignalen angekündigt; auf vielen anderen Stationen gibt es schon Lautsprecher. Einige Kartoffelfelder beleben die im übrigen recht nordisch aussehende Gegend.
Kurz vor Karimskaja mündet die aus Peking durch die Mandschurei kommende Strecke, auf der die direkten Züge Peking – Moskau fahren. Der Bahnhof zeigt den Kilometerstein 6294, so weit ist es noch bis Moskau. Karimskaja hat schon Gepäckschließfächer, und die Fahrplanblätter bestehen aus Blechtafeln zum Drehen; das Stellwerk ist elektrisch betrieben. Weiter geht die Fahrt hinter der L 3734.
Das Land ist einförmig, Straßen und Wege sind sumpfig, die Felder werden hier noch mit dem Pflug bestellt; wir sehen kaum Autos, dafür mehr Pferde. In Jablonnowaja beginnt der Anstieg zur Höhe des

Apfelgebirges, wir haben eine Nachschub-Lok erhalten. Als wir den höchsten Punkt erreicht haben, öffnet sich die weite Hochebene Mittel-Sibiriens. Seit Chabarowsk haben wir nun die Kilometersteine von 8533 bis 5795 abgefahren – nach 2738 km Dampftraktion setzt sich nun die Diesellok TE – 36034 vor den Zug.
Mitternacht in Ulan Ude. Hier zweigt die Bahn südwärts durch die Mongolei nach Peking ab. Nach bisher drei allein verbrachten Nächten gesellt sich der vierte Fahrgast zu uns. Der vierte Morgen dämmert grau und verhangen über dem Baikalsee. Seit Sljudjanka fahren wir hier schon mit der ersten E-Lok dieser Reise; es ist die ВЛ (Wladimir-Lenin) Nr. 22–1458. Von den ehemals 46 Tunnel der Baikal-Umgehungsbahn sind nur noch wenige vorhanden, da die Strecke hier teilweise neu trassiert ist. Als es heller Tag geworden ist, fahren wir in Irkutsk ein. Der Bahnhof hat moderne Inselperrons; am Nebengleis der blau und weiß gestrichene BAIKAL von Moskau; dahinter ein Schnellzug von Kiew nach Wladiwostok.
Bis Sima liegt Hochnebel über der Landschaft, alles tropft vor Feuchtigkeit, auf einem kleinen Güterbahnhof stehen sogar die Weichen unter Wasser. Güterzüge kreuzen wir nun immer mehr. Auffallend ist, daß die Bahnschranken, anders als bei uns, stets weit vor den Gleisen stehen, so daß nie die Gefahr besteht, daß ein Auto auf dem Gleis eingeschlossen wird. In Sima wechselt das Stromsystem zum erstenmal: An die Stelle des Gleichstroms tritt der Wechselstrom; wir bekommen eine WL 60 vorgespannt. Allmählich kommt die Sonne heraus, und wir genießen stundenlang die nun schnellere Fahrt am weit offenen Fenster des »harten« Nachbarwagens auf dem Korridor.
Drei- bis viermal täglich suchen wir den Speisewagen auf, dessen Betrieb anders ist als bei uns: nicht viel Auswahl und jeden Tag dasselbe – Borschtsch, Schtschij und zwei bis drei Fleischspeisen, darunter »Schniiitzel«, wie die Kellnerin Julia so schön sagt. Dafür ist man aber an keine festen Zeiten gebunden und bekommt praktisch den ganzen Tag alles, was man will oder was eben da ist.
Nishne-Udinsk hat ein großes Depot an Dampfloks. Beim Ausfahren erkenne ich auf einem Nebengleis ganz unzweifelhaft einen uralten, hier als Werks- oder Stationswagen abgestellten, altersgrau verfärbten einstigen Schlafwagen der »Compagnie Internationale des Wagons-Lits«, die ja hier bis 1918 auch den TRANSSIBERIEN betrieben hatte.
Abends heischt unsere resolute Schaffnerin den zweiten Wäsche-Coupon. Normalerweise braucht man nur einen einzigen zu lösen, aber auf der siebentägigen Reise hier wird zur »Halbzeit« die Bettwäsche gewechselt, und das kostet eben einen zweiten Coupon zu drei Rubel. In Taischet mündet sodann die Zweigstrecke von Bratsk ein. An die Stelle der Bäuerinnen, die bisher ihre Erzeugnisse feilgeboten haben, treten nun immer mehr Kioske. Iljanka: Wir erhalten eine F 05 (FRANZUSKIJ). Ein warmer Sommerregen geht nieder, der Abend ist mild, im Südwesten sieht man Wetterleuchten über den Bergen der Mongolei.
Den Jenissej überqueren wir schlafend bei Nacht. Am fünften Morgen haben wir in Atschinsk auf 56° 16 Breite den nördlichsten Punkt der Strecke erreicht. In Mariinsk wechselt das System wieder auf Gleichstrom; an die Stelle der FRANZUSKIJ tritt nun die ČS (TSCHECHOSLOVAKIJA) Nr. 164. Je weiter westlich, desto schneller fahren wir jetzt. Nachmittags sind wir in Nowosibirsk, der größten Stadt Westsibiriens: Großer Bahnhof, modernes Gebäude, Statuen von sportlichen oder politischen Heroen, viele Perrons.
Mit nur einem einzigen Zwischenhalt (in Barabinsk) geht es nun mit rund 100 km/h weiter nach Omsk, das wir in der Dämmerung erreichen. Seit Barabinsk zieht uns die ČS Nr. 309; die Geschwindigkeit ist auf 120 km/h gestiegen; nach kurzem, linden Abendregen geht die Sonne blutrot über der Barabinensteppe unter.
Wieder einmal haben wir nachts die Lok gewechselt, diesmal auf Diesel. Seit Omsk fahren wir nicht mehr auf der klassischen sibirischen Hauptstrecke, sondern auf dem erst später vollendeten Zweig Richtung Leningrad, über Ischim und Tjumen; wir sind hier im Ural, der geographischen Grenzlinie zwischen Asien und Europa. Freilich irrt man, wenn man sich unter

dem Ural ein Gebirge vorstellt: Die Landschaft ist eher hügelig, eine richtige Scheidelinie ist kaum zu merken. Vormittags halten wir in Swerdlowsk, heute eine große Industriestadt. Hier endet die Dieseltraktion, neuerlich beginnt der Fahrdraht, diesmal wieder mit Wechselstrom. Bis Perm begegnen wir vielen Triebwagenzügen, die meisten mit modernen Großraumwagen.
Im russischen Kursbuch von 1956 war Balesino noch nicht verzeichnet, inzwischen ist hier im Zuge der Elektrifizierung ein großer Bahnhof entstanden, auf dem wir zum fünften Mal das Stromsystem wechseln; wir bekommen nun die WL 60–1847. Der Rest des Tages vergeht im allmählichen Ordnen der Eindrücke, im Einsammeln der unzähligen Kleinigkeiten, die sich im Abteil verstreut haben, im Strecken und Recken der Gliedmaßen, die seit Tagen zu wenig Bewegung hatten.
Der siebente (und letzte) Morgen bringt eitel Sonnenschein. Allmählich freut man sich auch als Eisenbahnnarr auf das Aussteigen; überall wird gepackt, zusammengerechnet; Passagiere und Personal werfen sich in Zivil, die Pyjamas werden eingepackt.
Nachts in Kirow (früher: Wjatka) war der Draht zu Ende, wir hatten letztmals eine Dampflok (welche?) erhalten; in Bui sind wir von der Leningrader Strecke südlich abgebogen. Danilow bedeutet den allerletzten Lokwechsel; nochmals auf Gleichstrom und nochmals mit einer ČS Nr. 2–297 geht es die letzte Etappe dahin. Wir passieren Jaroslawl und bald darauf die heute Sagorsk genannte Ssergjejewskaja Lawra, eine bezaubernde Ansammlung grüner, goldener und blauer Kuppeln und Türme, im kleinen dem Kreml nicht nachstehend.
Mit erleichtertem Brummen kommt die E-Lok mittags auf die Minute pünktlich im Jaroslawler Bahnhof von Moskau zum Stehen. Sie (die Lok) hat erst einige Stunden hinter sich, wir aber haben fast sieben Tage abgefahren. Gewiß: Die Landschaft ist eintönig, es fehlen die großen Akzente, aber: »Nehmt alles nur in allem« – es war eine großartige Reise, und ich möchte sie nicht missen! Wir sind von Chabarowsk bis Moskau gezählte 8533 Kilometer in ein- und demselben Zug und Wagen gefahren, wozu wir 162 Stunden und 14 Minuten gebraucht hatten.

Die Eisenbahn nach Darjeeling

Eine Fahrt mit der kleinsten Bahn Indiens, hinauf nach Darjeeling, wo man den 8680 m hohen Kandschindschinga zum Greifen nahe hat, kann einer der Höhepunkte jeder Indienreise sein. Einst zum Fürstentum Sikkim gehörig, wurde Darjeeling schon 1835 von England erworben. Überschwemmungen durch Monsunregen waren die Ursache, daß nebst der häufig unterbrochenen Straße schon 1878 der Bau einer Bahn beschlossen wurde, die dann drei Jahre später bis Darjeeling vollendet war. Vom (heutigen) Ausgangsbahnhof New Jalpaiguri sind es bis Darjeeling 87 km, ab Siliguri 82 km, für die der Vormittagszug sechs Stunden 50 (heute nur mehr sechs Stunden 30) Minuten braucht, das entspricht also einem nicht gerade imponierenden Durchschnitt von etwa 10,5 km/h; der nachmittags herunterfahrende Gegenzug ist etwas schneller; unten in der Ebene werden über 26 km/h erreicht.
Die Trasse der in 600 mm-Spur erbauten Bahn ist eine der eindrucksvollsten der Erde: Die Steigung beginnt bei Sukna in 162 m Höhe, erreicht den Kulminationspunkt Ghoom mit 2258 m und senkt sich dann bis Darjeeling wieder auf 2076 m herunter. Nicht weniger als vier »Loops« und fünf »Reversing Stations« gibt es, also Kreisschleifen und Zickzack-Kehren; die durchschnittliche Steigung ist 1:25. Aus früheren Zeiten und von offenbar ängstlichen Reisenden stammen die Bezeichnungen »Sensation Corner« und »Agony Point« für zwei der imponierendsten Stellen! Der (auch heute noch ausschließliche Dampf-)Betrieb ist originell: Die Lokmannschaft ist stets sechs Köpfe stark: Lokführer, Heizer, zwei Mann sitzen auf dem Tender und zerkleinern während der Fahrt die Kohle, zwei Mann stehen vorne zwischen den Puffern und streuen Sand; bei der Bergab-Fahrt kommen dazu zwei bis drei Schaffner, die außen an den Wagen hängen, um die Handbremsen zu bedienen!

Es war ein fröstelnd-früher Februarmorgen, als wir (1970) am Bahnhof Siliguri-Junction unseren Zug erwarten; am ersten Bahnsteig laufen die schmalen mit den Breitspurgleisen der Anschlußstrecken durcheinander; am Perron lagern Passagiere, schlafend oder an kleinen Feuerchen den Tee bereitend. Endlich schnauft unser Züglein aus New Jalpaiguri herein und fährt zehn Minuten darauf mit uns ab. Wir sind die einzigen zahlenden Passagiere 1. Klasse. Hinter der Lok Nr. 801 reihen sich die Wagen: Gepäckwagen (zweiachsig), zwei Wagen 3. Klasse (einige Abteile sind »Ladies only«), unser Wagen 1. Klasse und noch ein Gepäck-und Postwagen, dies alles bis Darjeeling; bis Sukna fahren noch zwei weitere Wagen mit, die dann wegen der beginnenden Steigung abgehängt werden.

Nach dem kurzen Stück in der Ebene beginnt die eindrucksvollste Strecke, immer mehr ansteigend, durch den subtropischen Nebel- und Regenwald, wo alles wie mit Schleiern verhangen scheint und in märchenhafter Unwirklichkeit verschwimmt. Die Kurven sind scharf – schon vom dritten Wagen aus hat man den Zug samt Lokomotive vor sich. Fast dauernd läuft die Bahn neben der Straße, überquert sie öfter, was mit unendlichem Pfeifen verbunden ist. Mehrmals müssen wir an Ausweichstellen Güterzüge abwarten; bergauf fahren diese oft geteilt, aber auf Sicht hintereinander. Erstmalig für den Europäer die »Reversing Stations«: Um ein besonders steiles Stück zu überwinden, schiebt die Lok zurück und fährt zehn oder zwanzig Meter höher dieselbe Bergwand zurück; die ehemals nur vier Stellen dieser Art sind heute auf fünf vermehrt, seit ein »Loop« ebenfalls in eine solche Spitzkehre verkürzt wurde. Je höher hinauf, desto kühler wird es: Der Regenwald ist hinter uns, darüber hinaus gibt es immer noch einen Blick auf die im Süden entschwindende Tiefebene. Die Gegend wird bergig, die Menschen sind meist mongolischer Abstammung, das nahe Nepal und auch Tibet machen sich bemerkbar.

In Ghoom machen sich die mehr als 2000 m schon bemerkbar, man ist froh, einen warmen Mantel mitzuhaben. Das buddhistische Kloster hier mit seinen bunten Gebetsfahnen löscht endgültig die Vorstellung Indien, wir sind in den Vorbergen des Himalaya. Bis Darjeeling geht es nun wieder etwas abwärts, nach einer scharfen Kurve liegt der Ort vor und unter uns, aber über ihm die imposante Pyramide des dritthöchsten Berges der Erde – wir sind am Ziel.

Stupas und Geister am Khaibar-Paß

Es gibt Eisenbahnen, die weder durch ihre Anlage oder ihre Fahrzeuge noch durch ihre Verkehrsdichte, sondern aus anderen Gründen besonders interessant und romantisch sind. Dazu gehört die nur 52 km lange Bahn vom pakistanischen Peshawar hinauf nach Landi Kotal über den Khaibar-Paß an der afghanischen Grenze.

Dieser Gebirgspaß war von Alexander dem Großen über Timur Lenk bis zur jüngsten Vergangenheit stets ein neuralgischer Punkt in der großen Politik. Zuletzt war der Khaibar-Paß eine strategisch wichtige Linie im russisch-britischen Tauziehen um den Pufferstaat Afghanistan. Zur Sicherung dieses grenznahen Gebietes baute Großbritannien 1921–1925 die Eisenbahn durch den Paß. Angesichts der kurzen Strecke überrascht die lange Bauzeit. Aber zur Schwierigkeit des Terrains kamen die kriegerischen Auseinandersetzungen der Stämme untereinander: Man mußte statt der ansässigen Afridis von weiterher Pathanen zur Arbeit holen; zur Aufsicht dienten die Kyber-Rifles, eine aus afridischen Soldaten und britischen Offizieren gebildete Grenztruppe. Charakteristisch für die dortigen Verhältnisse ist es, daß die Schalter auf den wenigen Stationen gleichzeitig als Schießscharten verwendbar sind.

Kurios ist auch der Personenverkehr: Nur einmal die Woche (früher sonntags, jetzt freitags) fährt ein Personenzug von Peshawar morgens in dreieinhalb Stunden hinauf nach Landi Kotal, am Nachmittag zurück. Da wir eine halbe Woche zu früh (oder zu spät?) dort waren, konnten wir nicht fahren, sondern nur auf der parallel zur Bahn führenden Straße (die dann weiter nach Kabul geht) die Bahntrasse sehen.

Am eindrucksvollsten vielleicht die Stelle, wo man mit einem Blick durch die unterste Talstufe hinunter in die hitzeflimmernde Ebene des Pandjab sieht. Dann verschwindet die Bahn mehrmals in Tunneln, auch einige Spitzkehren gibt es.
Die Fahrzeuge der Khaibar-Paß-Bahn sind dieselben wie die aller anderen, von Peshawar aus nach dem inneren Pakistan führenden und in Breitspur (1676 mm) gebauten Linien. Die noch recht zahlreichen Dampfloks sind nahzu ausschließlich britischer Herkunft, sechsachsige Dieselloks stammen aus den USA, die Personenwagen zum Teil aus Deutschland (Linke-Hofman-Busch). Es gibt eine »air-conditioned«, eine 1. und eine 2. Klasse, die in ihrer Einrichtung wie auch im Preisverhältnis etwa den indischen Bahnen entsprechen. Die den Frauen vorbehaltenen Abteile (»Ladies only«) sind durch ein unmißverständliches Piktogramm gekennzeichnet – ein verschleierter Frauenkopf!
Zwischen der Endstation der Khaibar-Paß-Bahn, nämlich Landi Kotal, und der russischen Grenze bei Kuschka klafft noch immer die Schienenlücke durch eines der wenigen eisenbahnlosen Länder der Erde – Afghanistan.

Von Addis Abeba zu den Hyänen von Harrar

Rund 20 Jahre (1897–1917) hat der Bau dieser Bahn von der ehemaligen französischen Kolonie Djibouti (jetzt »Territoire des Afars et des Issas«) hinauf zur äthiopischen Hauptstadt Addis Abeba gedauert. Mit rein französischem Kapital begonnen, seit 1908 Compagnie Française du Chemin de Fer Ethiopien de Djibouti à Addis Abeba genannt, ist diese meterspurige Eisenbahn seit 1959 nun je zur Hälfte Besitz dieser Gesellschaft und des äthiopischen Staates.
Zur Zeit unseres Besuches (1972) gab es je einen Tages- und einen Nachtzug von Addis Abeba nach Diredaua und einen Nachtzug von dort hinunter nach Djibouti. Der momentane Fahrplan von Thomas Cook vermerkt für den ersten Teil »Service liable to interruption or suspension« und für den zweiten Teil überhaupt nur lakonisch »Service temporarely suspended!« Nun, damals waren wir Gäste der Direktion und traten als solche an einem kühlen Februarmorgen die Reise von der 2400 m hoch gelegenen Hauptstadt nach Diredaua an. Den Bahnhofsvorplatz schmückt das monumentale Symbol des »Löwen von Juda« (wie sich die Kaiser nannten). Am Bahnsteig geleitet uns der Generaldirektor zu dem bereitstehenden Triebwagenzug und überreicht mir die Erlaubnis zur Mitfahrt auf dem Führerstand. Die dreiteilige Garnitur ist von Billard in Tours im Jahr 1964 gebaut; der Triebwagen enthält 1. und 2. Klasse sowie ein kleines Buffet, die beiden Anhänger sind 3. Klasse, alles offene Saalräume. In der 1. Klasse ist außer uns nur ein französisches Ehepaar, das nach Djibouti reist. Das Buffet in Wagenmitte ist stets frequentiert, obwohl es nur Kaffee und Limonaden bietet; dafür steigen später auf Zwischenstationen öfter Verkäufer ein, die ausgezeichnete Kekse anbieten.
Pünktliche Abfahrt, ein wehmütiger Blick auf eine verrostende »MacArthur-Lok«, deren museale Erhaltung sich nicht lohnt – der Dampfbetrieb ist auch in Äthiopien schon zu Ende. Die Atmosphäre im Wagen ist rein französisch: Die 1. Klasse blau, die 2. Klasse (im rückwärtigen Teil) braun, mit Kunstleder gepolstert; angefangen damit bis hinunter zu Aschenbechern, WC-Papierrollen und ähnlichen Accessoires wie in einem Autorail zwischen Lyon und Nevers.
Langsam fahren wir durch die Vororte hinaus. Menschen und Tiere überqueren hier, wie auch später überall, ungeniert den Bahnkörper, oft ganz knapp vor dem tutenden Zug. Die anfangs bescheidene Geschwindigkeit erhöht sich auf dem flachen Land. Die mir angebotene Mitfahrt auf dem Führerstand erweist sich als wenig ergiebig: Nebst dem »mécanicien« sind noch zwei weitere Eisenbahner hier, so daß man recht gedrängt sitzt; also kehre ich bald wieder ins Abteil zurück. Die Laufruhe ist in den scharfen Kurven nicht gerade gut zu nennen.
Inzwischen ist die Sonne durchgebrochen, es ist klar und schon recht warm geworden. Lange Zeit durchfahren wir nun eine Art Mondkraterlandschaft, es sieht

aus, als habe eine Riesenfaust hier die Lavatrümmer wahllos verstreut. Die Vegetation, soweit überhaupt vorhanden, ist spärlich. So vergeht der Vormittag, bis wir die wichtigste Zwischenstation, Awash, erreichen. Hier legen die einander kreuzenden Autorails einen längeren Aufenthalt ein, der für die Mittagspause im Bahnhofsrestaurant bestimmt ist. Wir sind auf die Minute pünktlich, was für die Einnahme des Mittagessens wichtig ist, denn bei wesentlicher Verspätung wird diese Essenspause rücksichtslos gestrichen. Vom Gegenzug ist noch weit und breit nichts zu sehen. Das Restaurant auf dem Bahnsteig ist blitzsauber, das Essen gut.

Endlich fährt der Gegenzug aus Diredaua ein. Wir fahren sofort ab. Wenige Minuten später überfahren wir die große Awash-Brücke, das bedeutendste derartige Werk auf dieser Bahn. (1977 wurde es gesprengt.) Ein wirklich eindrucksvoller Bau, der das gewaltige Flußbett in ansehnlicher Höhe überspannt. Was uns an Zügen begegnet, sind nur Mineralöl- und Auto-Transporte von Djibouti herauf, eine Straße existiert von dort nicht. Gegen Abend ist unser heutiges Ziel – Diredaua – erreicht; der Anschlußzug mit Schlafwagen nach Djibouti steht schon bereit.

Anderntags ausgiebige Besichtigung der Lok- und Wagendepots, der Werkstätten und der bereits ausgeschiedenen älteren Hofwagen des Löwen von Juda, die inzwischen durch zwei neuere ersetzt wurden. Ein Idyll für sich ist ein alter Triebwagen italienischer Herkunft (LITTORINA), der schon von einem Baum überwachsen ist. Für den nicht nur an der Eisenbahn interessierten Reisenden sei ein Tagesausflug von Diredaua nach Harrar empfohlen. In der Nähe dieser Stadt findet jeden Abend das Schauspiel der Hyänen statt, die in der Finsternis wenige Meter an die Menschen herankommen und friedlich das angebotene Fleisch verzehren, um dann ebenso friedlich wieder in der Dunkelheit zu verschwinden.

Am nächsten Abend geht es wieder heimwärts nach Addis Abeba. Dem Nachtzug wird ein sogenannter Lits-Salon angehängt, wenn wenigstens zwei Bestellungen dafür vorliegen. Nun, wir waren zwei, und der Wagen war da. Die Abfahrt ist wieder pünktlich; da wir allein in unserer LS-Abteilung sind, versperrt der Schaffner vorsorglich die Übergangs- und Korridortüren. In unserem Kühlschrank sind weder Eis noch Getränke; da die Nacht warm und der Durst groß ist, besorgt der Schaffner beim ersten Halt Mineralwasser aus einem Bahnhofsbuffet. Die Nacht ist rabenschwarz geworden, die Geschwindigkeit ist eher mäßig zu nennen; wir erinnern uns, daß es ursprünglich auf der CFE überhaupt keine Nachtzüge gab, sei es der wilden Tiere, sei es räuberischer Stämme wegen.

Die große Awash-Brücke verschlafen wir diesmal, aber beim ersten Sonnenstrahl sind wir wach; der Morgen ist hell, aber recht kühl, dann sind wir wieder in Addis Abeba.

Von Kapstadt nach Kairo

»Baut den Telegraphen und folgt mit der Bahn nach« – Cape to Cairo: Dieses verkehrspolitische Fernziel des großen Cecil Rhodes ist nie ganz verwirklicht worden: Auf dem seinerzeit rein britischen Weg von Ägypten nach Südafrika klafft auch heute noch der riesige unwegsame Raum der »Sudds« im Sudan; zudem unterscheiden sich die Eisenbahnen zwischen Kairo und Kapstadt durch drei verschiedene Spurweiten.

Immerhin ist eine Fahrt im untersten Drittel des Kontinents ein großartiges Erlebnis. Wir waren am Moshi na Tunya (the thunder, that smokes), an den Victoria-Fällen des Sambesi, und starteten hier zu der über 2500 km langen Reise. An einem atemberaubend schönen Sommerabend präsentiert sich unser Zug hinter der riesigen Garrat-Lok Nr. 707 (Class 20 A = 2 D 1-1 D 2) mit vier Wagen 4. Klasse (dies gibt's in Rhodesien noch und nicht weniger bequem als manche 2. Klasse in anderen Ländern), zwei Wagen 3., einem Wagen 2. und zwei Wagen 1. Klasse, nebst dem Gepäck- und dem Speisewagen Kariba (der heute schon im Eisenbahnmuseum von Bulawayo steht). Wie überall im mittleren und südlichen Afrika, gibt es auch bei den Rhodesia Railway (RR) keine eigentlichen Schlafwagen, aber jedes Abteil wird nachts mit einem

»Bedding« versehen, gegenüber dessen Preis die europäischen Schlafwagenzuschläge wie reine Piraterie wirken!
Kurz vor Abfahrt die Stimme aus dem Lautsprecher: »Ladies and Gentlemen, Rhodesia Railways announces the departure of the Mail-Train to Bulawayo in about five minutes. Conductor MacIntosh wishes you a good journey«! Wo gibt's so etwas noch auf der Welt! (Außer in Südafrika, wo der Zugführer des BLUE TRAIN nach Abfahrt durch den Zug geht und jeden Passagier mit Shakehand und Nennung seines Namens begrüßt!) In der beginnenden Nacht genießen wir das Dinner im Kariba.
Morgens in Bulawayo zwei Stunden Zeit zum Anschlußzug nach Kapstadt. Wie geschaffen für »Rail-Fans« die große Brücke über den Bahnsteigen, auf denen weiße und farbige »Loc-Spotters« sich an den rangierenden Dampfloks begeistern. Dann schiebt sich langsam unsere Garnitur auf den ersten Bahnsteig. Wir finden – nach guter britischer Sitte – unsere Namen auf der Tafel und auf dem Wagen selbst; es ist der 14. Wagen in der langen Reihe, die teils aus rhodesischen, teils aus südafrikanischen Wagen besteht, diese in rot-gelb, jene in braun-gelb, im übrigen beide von gleichem Komfort. Von der South African Railway (SAR) sind der Gepäck-, vier Wagen 1. und vier Wagen 2. Klasse nach Kapstadt, je ein Wagen 1./2. Klasse nach East London und nach Port Elizabeth, von der RR sind zwei weitere Wagen 1. Klasse nach Kapstadt und die »Twin-Unit« des Speise- und Salonwagens (Kafue), die nur bis Artesia läuft. Ganz vorne die imposante Garratt-Lok der »Class 15 A« (1 C 2-2 C 1).
Mittag und früher Nachmittag vergehen im langsamen Anstieg zur Grenze zwischen Rhodesien und Botswana (früher Betschuanaland genannt, dessen Gleise jedoch auch heute noch von der RR bedient werden). In Plumtree ist längerer Aufenthalt, dann geht es das letzte Stück hinauf zur Wasserscheide von Vakaranga mit der angeschriebenen Höhe von 1480 m, wo man die Sommerhitze keineswegs als unangenehm empfindet. Aber nach Süden zu wird es immer kühler werden.
Nun sind wir im Betschuanaland. Rund neun Zehntel nimmt die Kalahari-Wüste ein, an deren Ostrand wir fahren, aber auch der Rest des Landes ist dünn bevölkert, fast unfruchtbar und ohne Industrie, es sei denn häusliche Manufaktur, die den Leuten nahe der Bahnstrecke einen bescheidenen Nebenverdienst bringt. In den wenigen Stationen, die wir passieren – Tessebe, Francistown, Palapye, Mahalapye, die Hauptstadt Gaberones durchfahren wir erst in der Nacht –, bieten auf der Bahnsteigseite viele Eingeborene ihre wirklich hübschen Holzschnitzereien um noch keineswegs vom Touristen-Boom verdorbene Preise zum Kauf an.
Die Landschaft bietet wenig Akzente. Morgens um sechs Uhr sind wir in Mafeking, kaum die Andeutung einer Dämmerung. An Stelle der beiden Kafue-Wagen werden nun zwei Wagen der SAR in den Zug gereiht: Es ist der Speisewagen Nr. 109 (Umhlanga) und der namenlose Salonwagen Nr. 696, beide klimatisiert. An die Zugspitze setzt sich die SAR-Dampflok Nr. 2649 (2 D 2), die später in Warrington von der Elektrolok E 1022 (Class 5 E 1) bis Kimberley, von da an von einer anderen Dampflok und ab Beaufort-West wieder von einer Elektrolok desselben Typs abgelöst wird.
Qualität und Service des südafrikanischen Speisewagens gleichen dem rhodesischen, die Landschaft ist vorläufig noch dieselbe, das heißt, ohne wesentliche Akzente. Am späten Vormittag sind wir in Vrijburg, bis wohin früher die Bahnstrecke noch der RR gehört hat. Nach dem Übergang auf Elektrotraktion in Warrington folgt nachmittags Kimberley, wo der Draht vorläufig wieder zu Ende ist. Das berühmte »Big hole«, wo der legendäre größte Diamant der Erde gefunden wurde, ist von der Bahn aus nicht zu sehen, dafür begeistert uns eine museal aufgestellte Dampflok. Die Abendstunden vergehen im Passieren der Großen Karroo – die Vorstellung, sie zu Fuß durchwandern zu müssen, erhöht die Behaglichkeit des Zuges! Vor dem Anbruch der dritten Nacht seit den Victoria-Fällen noch der letzte Lokwechsel in Beaufort-West.
Am Morgen schlängelt sich der Zug die engen Kurven des romantischen Hex-River-Passes hinunter, ein Ge-

lände, das seinerzeit für die Wahl der schmalen Kapspur (1067 m) ausschlaggebend war. Unten in der Ebene der Kap-Provinz mehren sich nun die Anzeichen der Zivilisation – zahlreichere und größere Siedlungen, Fabriken, Industriegleise, Gegenzüge, erhöhte Geschwindigkeit, die bisher infolge der geographischen Gegebenheiten und der schmalen Spur nie aufregend war. Pünktlich um elf Uhr vormittags fahren wir in den Bahnhof von Kapstadt ein, der mit seinen gezählten 24 Gleisen schon für das Jahr 2000 gebaut zu sein scheint. Die Reise vom »Rauchenden Donner« zum Kap der Guten Hoffnung ist wie im Flug vergangen, und das in einer Atmosphäre, die den besten europäischen oder amerikanischen Zügen nicht nur nicht nachsteht, sondern sie wesentlich übertrifft.
Genau dies kann man auch von dem wohl »Besten rollenden Hotel der Erde« sagen, das zweimal wöchentlich Kapstadt verläßt, um nach 26stündiger Fahrzeit die südafrikanische Hauptstadt Pretoria zu erreichen, – es ist der BLUE TRAIN (oder BLOU TREIN auf afrikaans, der zweiten Staatssprache dieses Landes). Schon als wir diesen Zug benutzten (es war 1971), war er ein Luxuszug »par excellence«: nur Schlafwagen 1. Klasse, mit Abteilen für einen oder zwei Reisende (nur untere Betten), jedes Abteil mit Waschtisch; Speise- und Salonwagen mit erlesenster Eleganz eingerichtet; das schon erwähnte »Shakehand« des Zugführers.
Inzwischen ist diese Garnitur aus dem Zug des BLUE TRAIN abgezogen worden und fährt nun als DRAKENSBERG wöchentlich den Rundkurs von Kapstadt über Durban nach Johannesburg und Pretoria. An ihre Stelle ist ein neuer Zug getreten, aus 16 Wagen bestehend, alle in Blau und Silber gestrichen, alle in südafrikanischen Fabriken entstanden, der wohl den Höhepunkt all dessen darstellt, was man sich als Reisekomfort auf der Erde vorstellen kann. Für nur 108 Passagiere eingerichtet, stehen hier nicht weniger als 26 Mann Besatzung zur Verfügung, vom Zugführer über den »Maître d'Hotel« bis zum Schlafwagenschaffner, der morgens den »Early Tea« bringt und die Schuhe geputzt hat. Obwohl dem Breitengrad nach vielleicht unnötig, ist der ganze Zug klimatisiert. Neben Gepäck-, Maschinen- und Küchenwagen (in denen auch Schlafabteile für das Personal sind), gibt es hier die verschiedensten Abstufungen an nächtlichem Reisekomfort: »Standard«-Abteile für einen, zwei oder drei Passagiere, »Semi-Luxe«- und »Luxe«-Abteile für einen oder zwei Fahrgäste, mit nicht nur Dusche-, sondern sogar auch Badeeinrichtungen, und als Höhepunkt des ganzen eine mehr als sieben Meter in der Wagenlänge messende »Suite« für zwei Personen, bestehend aus Tagessalon, Schlafraum und Badezimmer. Wo findet man in der »Alten«- oder gar in der »Neuen Welt« einen solchen Reisekomfort?

Vom Cook-Inlet zum Mount MacKinley

Die Alaska Rail Road (ARR) (deren drei Großbuchstaben zugleich das Symbol ihres besten Schnellzuges AuRoRa sind) hat zweierlei Eigenheiten: Einmal ist sie die nördlichste Eisenbahn in der Neuen Welt, und zum zweiten ist sie die einzige Staats- (und nicht: Privat-)Bahn der USA.
In Anchorage wohnen wir im Westward-Hotel, dem besten Haus der Stadt und für den Eisenbahnfreund selbstverständlich: Zehn Meter über dem Bahnhofsvorplatz gelegen, beherrscht der Blick von hier aus nicht nur das ganze Eisenbahnterrain, sondern auch das offene Wasser des Cook-Inlet weit draußen. Am Morgen erweisen wir der vor der Station aufgestellten Lok »Nummer 1« der ARR und den Totempfählen davor unsere Reverenz, bevor wir unseren Zug – besagte AuRoRa – besteigen. Hinter zwei 1500pferdigen Dieselloks (Co Co) reihen sich die blau-gelben Wagen wie folgt: zwei Gepäckwagen, zwei Coaches, ein Salon-(Lounge-)Wagen, ein Speisewagen, zwei Coaches mit »Dome« im Oberstock und nochmals zwei Coaches.
Im Umkreis der Stadt ist die Geschwindigkeit noch mäßig; der erste Halt in Fort Richardson dauert planwidrig fast 20 Minuten. Eine Stunde später – Eklutna, mit einem riesigen Hydro-Elektrowerk.
Gleich darauf über den Knik-River, der im Spätsommer viel Eis aus dem weit drinnen gelegenen Lake

George nach dem Cook-Inlet hinaus schwemmt. Dann folgt Matanuska, von wo ein Zweig der Bahn nach den Kohlenfeldern von Palmer führt.

Beim Halt in Wildon erinnern wir uns an den Prospekt, der von hier aus den ersten Blick auf den Mount MacKinley, den höchsten Berg Nordamerikas verspricht – aber der Horizont ist von Wolken bedeckt! Mittagessen im Speisewagen – gut und wohlfeil. Während des Hauptganges halten wir in Talkeetna, von wo aus der »beste Ausblick« auf den Mount MacKinley sein soll – wir sehen einige Berge um ihn herum, aber den »König der Berge« wiederum nicht.

Zehn Minuten später die atemberaubende Fahrt über den »Hurricane-Gulch« des Chulitna-Flusses: eine Stahlbrücke von 300 m Länge und ebensolcher Höhe. Gleich darauf links hinaus ein Blick auf eine alte Hängebrücke, die vor bald einem Jahrhundert von den »Prospectors«, die nach den Goldfeldern Alaskas zogen, gebaut worden war. Bald danach über den Honolulu-Creek und durch die gleichnamige Station. Pünktlich um 15.14 Uhr sind wir am Broad-Paß (Höhe 720 m).

Ebenso pünktlich, um 16.40 Uhr, erreichen wir das heutige Tagesziel: Mount MacKinley-Park – das Zentrum des Tourismus von ganz Alaska.

Anderntags geht's weiter nach Norden. Die Strecke zwischen Mount MacKinley-Park und Healy ist die schönste der ganzen Fahrt: Hoch über der rauschenden Nenana schlängelt sich der Zug mit geringer Geschwindigkeit an den Felswänden entlang, die hier einen Canyon bilden, durch den sich die Schiene stellenweise nur mit Tunneln einen Weg bahnen konnte. Wegen des lockeren Gesteins, der vielen Felsstürze und häufiger Überschwemmungen halber wurde die Trasse hier weiter hinauf verlegt; der alte Bahnkörper ist tief unten noch zu sehen.

Um die Zeit des Abendessens hat sich das Tal verbreitert, die Gegend hat den Gebirgscharakter verloren. Unsere Fahrt biegt nun von der bisher fast nördlichen in nord-östliche Richtung ab. Wir überqueren den Tanana-Fluß auf der »Meara-Memorial-Bridge«, benannt nach dem bedeutendsten Ingenieur dieser Bahn, in einem einzigen Bogen von 700 m Länge, eine der eindrucksvollsten Stahlkonstruktionen dieser Art.

Gegen Ende unserer Reise ist der Abend mild, die Sonne steht noch höher als unten in Anchorage. Dann laufen wir, pünktlich auf die Minute, im Bahnhof von Fairbanks, ein. Anderntags führt uns die »Morgenröte« wieder nach Anchorage zurück.

Transkontinentalfahrt mit dem CANADIAN

Unter dem gemeinsamen Kennwort »VIA« hat die Canadian Pacific (CP) kürzlich mit ihrer Konkurrentin, der Canadian National (CN) – deren Gleise ebenfalls ganz Kanada durchqueren – eine Art Betriebsgemeinschaft geschlossen. Die Linien beider Gesellschaften beginnen in Quebec, überqueren einander noch in Ontario, treffen in Winnipeg zusammen, um von da an wieder im Abstand einiger 100 km voneinander nach Vancouver zu verlaufen.

Diesmal (1975) vertrauen wir uns dem berühmtesten und besten Zug der CP an, der uns in einer drei Tage langen Reise vom Pazifischen bis zum Atlantischen Ozean bringt – dem CANADIAN. Vor dem Einsteigen in Vancouver der überall in Amerika übliche »Check-in« der Pullman-Klasse-Passagiere beim Schalter: Der Zugführer prüft nicht nur die Tickets, sondern gibt auch schon Platzkarten für das Dinner aus. Die drei Loks sehen etwas verstaubt aus; die Wagen sind alle aus blankgeputztem rostfreiem Stahl in Naturfarbe. Die Wagen der Coach-Klasse sind offene Saalräume mit verstellbaren Schlafsitzen. »Skyline« hat eine kleine Bar mit Soft-Drinks. Die Schlafwagen sind zweierlei Typs: Die Manor-Klasse enthält vier »Sections« (bekanntlich die Ur-Form des amerikanischen Pullman-Schlafwagens mit offenen Liegestellen beiderseits des Mittelganges, der nachts nur durch Vorhänge abgeschlossen wird), am anderen Ende vier »Roomettes« (entsprechend den »Kleinen Einbettabteilen« in Deutschland, aber verbessert durch eigenes WC) und in der Mitte sechs Zweibettabteile, jedes mit eigenem Waschraum und WC. Die Château-Klasse hingegen hat auf der einen Seite gleichfalls vier Sections, auf der anderen aber acht »Duplex-Roomettes«, d. h. eineinhalbstöckig übereinander verschachtelte kleine Einbettabteile, und in der Mitte nebst drei Zweibettabteilen noch einen (für zwei Personen bestimmten) »Drawing-Room«: Hier stehen nachts ein Bett längs, das zweite quer zur Wagenachse, tagsüber ein Diwan und zwei bewegliche Fauteuils; daneben Wascheinrichtung und WC. Hier kann man es drei Tage lang aushalten.

Es ist 17.45 Uhr – wir fahren pünktlich ab. Das Gleis ist anfangs mäßig, ebenso die Geschwindigkeit. Der Abend ist trübe; wir fahren den Frazer-Fluß aufwärts, den Rockies entgegen. Dieses erste Viertel der Reise (bis Calgary) ist das anstrengendste: für die Passagiere, die die Natur bewundern wollen; für die Crew, die am meisten zu tun hat (drei Dinner-Serien!); für den Zug selbst, der klettern, enge Kurven durchqueren, wieder herunterfahren und oft scharf bremsen muß. Im Frazer-Canyon ist es schon finster, dafür ist der Vollmond aufgegangen, der nicht nur die Berge, sondern auch – vom Dome des »Algonquin-Park« aus gesehen – die rot-silberne Schlange des CANADIAN beleuchtet.

In der Morgenfrühe mehren sich Lawinendächer und Schneeschutzüberbauungen. In der Station Glacier (von den Gletschern ist nichts zu sehen) überholen wir einen Güterzug: fünf Dieselloks vorne, zwei in der Mitte, insgesamt 120 Wagen – die Vorbeifahrt währt mindestens 10 Minuten! Nach dem Frühstück hoch oben in den Rockies der Halt in Field: Alles steigt aus, um sich die Beine zu vertreten; die Berge sind noch immer verhangen. Dann begegnet uns ein weiterer, unendlich langer Güterzug – von einer Plattform aus lachen uns drei langbärtige Hippies an: Offenbar Schwarzfahrer (man denkt an Jack Londons Romane), die sich irgendwo auf den Zug aufgeschwungen haben und irgendwo wieder abspringen werden.

Zwei Spiraltunnel folgen, die Wasserscheide wird überschritten; auf der einen Seite türmt sich nun der Mount Stephen (benannt nach einem der ersten Präsidenten der CP), auf der anderen Seite der Mount Cathedral, dann sind wir im Bahnhof Lake Louise. (Der See liegt unsichtbar abseits.) Zwischen wirklich kathedralartigen Bergen öffnet sich nun das Hochtal, die Sonne bricht durch, es wird zum ersten Lunch aufgerufen. Banff: Zentrum des Fremdenverkehrs in den kanadischen Rockies.

Nach dem Dessert passieren wir das sogenannte »Tor des Felsengebirges«, den plötzlichen und kurzen Übergang von der Hochgebirgs-Szenerie der Rockies zu den unübersehbaren, weiten Prärien und Getreidefeldern des mittleren Kanada. Der Übergang ist etwas enttäuschend. Das »Tor« ist ganz plötzlich sehr breit, unvermittelt treten wir in die Ebene ein. Sehr schön im Rückblick die Sicht auf die fast geschlossene Bergfront.

Calgary, die größte Stadt Albertas, präsentiert sich mit ragender Skyline. In ziemlicher Hochsommerwärme geht es dann weiter durch die prärieartige Landschaft. Die Nachmittagsruhe gibt Gelegenheit zu einigen technischen Betrachtungen: Die Schienen sind besser als in den USA; die Strecke ist teilweise zweigleisig, wobei einmal rechts, dann links gefahren wird. Durchgehend doppelgleisig wird es zwischen Winnipeg und dem Lake Superior und östlich von Ottawa. Auch den Oberbau kann man eher mäßig nennen. Die Weichen sind zum Teil handbedient, kombiniert mit ferngesteuerten Lichtsignalen; zusätzlich gibt es auch noch Formsignale (mit aufrecht stehenden Armen) in der Mitte der Bahnhöfe. Zum Auftanken fahren die Dieselloks manchmal vom Zug weg ins Depot, auf größeren Bahnhöfen gibt es aber auch Tankstellen an den Bahnsteigen.

Die Landschaft Albertas erinnert teils an Anatolien, mit langgestreckten Tafelbergen am Horizont, teils an die Nul-Arbor-Wüste Australiens; dazwischen wieder unendliche Weideflächen oder Getreidefelder; auf jedem Bahnhof ein riesiger Silo. Bei Medicine Hat treten wir in die Provinz Saskatchewan ein, wo der beste Weizen der Welt gedeiht; die Hauptstadt Regina passieren wir nachts. Am nächsten Morgen sehr zeitiges Frühstück, denn in Winnipeg wird die ganze Crew ausgewechselt, die vorher ihren Papierkram erledigen muß. Vor der Einfahrt in diese Metropole

Manitobas kreuzen wir rechtwinklig die Trasse der Canadian National.
Gegen Abend ist auch Manitoba hinter uns, und wir durchfahren die Provinz Ontario, wo die Landschaft neuerlich wechselt: Man wird an Schweden oder Finnland erinnert.
Am frühen Abend erreichen wir Thunderbay am Lake Superior, dem größten Binnensee der Erde. Stundenlang, in immer wechselnder Beleuchtung, mit einem traumhaften Sonnenuntergang, umfahren wir die Buchten dieses meerartigen Sees. Am Vormittag 40 Minuten Halt in Sudbury, wo wir uns wieder mit der CN überkreuzen: hier ist Abzweigung nach Toronto, der zweitgrößten Stadt Kanadas.
Die Landschaft wird – mit Verlaub gesagt – uninteressant. Im so gut wie leeren Dome unseres »Algonquin-Park« überdenken wir die drei Reisetage, die wie im Flug vergangen sind und uns einen großen Überblick über »Das Weltreich des Bibers« verschafft haben. Bald laufen nun unsere und die Gleise der CN parallel nebeneinander, manchmal durch einen Drahtzaun getrennt. Pünktlich um fünf Minuten nach acht Uhr abends läuft unser CANADIAN dann in die Windsor-Station von Montreal ein.
4633 km von Vancouver bis Montreal, eine reine Fahrzeit von 71 Stunden und 20 Minuten und damit eine durchschnittliche Reisegeschwindigkeit von 65 km/h. Außer dem Erlebnis der Fahrt selbst – in ein und demselben Zug, durch den ganzen nordamerikanischen Kontinent, vom Pazifischen bis zum Atlantischen Ozean – bleibt für den Eisenbahn-Narren die eine Tatsache als Superlativ zu verzeichnen: Wir sind zwar in Sibirien noch mehr als 2700 km ununterbrochen mit Dampf gefahren, aber der Durchlauf unserer beiden braven Diesellokomotiven Nr. 1405 und 4068 von Vancouver bis Montreal, ganze 4633 km, ist wohl der längste Lokomotivdurchlauf der ganzen Erde!

Von Cuzco zur letzten Inka-Festung

Die einstige Inka-Metropole Cuzco hat zwei Bahnhöfe: Auf dem Normalspurbahnhof der FC del Sur sind wir vor wenigen Tagen vom Titicaca-See angekommen; der andere ist der der FC Cuzco a Santa Ana, der Bahn (Spurweite 910 mm), mit der wir heute nach dem rund 800 m tiefer gelegenen Machu Picchu fahren wollen, dieser erst 1912 von dem amerikanischen Archäologen Hiram Bingham entdeckten letzten Zufluchtstätte der Inkas vor dem Einbruch der Spanier, die erst seit einigen Jahren dem großen Fremdenverkehr erschlossen ist.
Am frühen Morgen verlassen diesen Bahnhof mehrere Züge: Einmal der TREN ORDINARIO, für das einheimische Publikum bestimmt und mit Dampflok bespannt – und dann der TREN TURISTICO, der in zwei Teilen fährt: voraus der Hauptzug, bestehend aus einer in Montreal gebauten Diesellok (CoCo) und sechs grün-gelben Wagen der Einheitsklasse. Diesem Zug folgt ein neuer Triebwagen (FERROSTAAL) in glänzender Aluminium-Farbe, hier wie auch sonst in Südamerika FERROBUS genannt.
Als wir unseren Zug besteigen, ist der TREN ORDINARIO bereits abgefahren, wir sehen ihn aber noch: Weit oberhalb der Stadt raucht die Fahne seiner Lok, die das Blickfeld von ganz Cuzco beherrscht. Das gleiche Schauspiel haben wir am nächsten Abend vom hochgelegenen Speisesaal unseres Hotels in umgekehrter Richtung und in der Finsternis, untermalt durch die bis herunter zu hörenden Pfiffe der Dampflok. Die Wagen unserer Einheitsklasse sind gut eingerichtet – offene Saalwagen, Sitze 2:2 beiderseits des Mittelganges, grüne Kunststoffpolsterung, alles peinlich sauber. Pünktliche Abfahrt, der Zug ist recht voll, ausländische Touristen aller Sprachen und Farben.
In steilen Kurven steigen wir in die Höhe mit prächtigem Ausblick auf die Stadt. Noch enger, noch steiler geht es bald nicht mehr, daher folgen nun zwei Zickzacks, in denen die Lok abwechselnd zieht und schiebt, wir sind etwa 3500 m hoch. Nach etwa zwei Stunden sind wir im Tal des rauschenden Urubamba-Flusses. Die Sonne ist durchgebrochen, die Landschaft wird immer schöner, die Felsen um das Flußtal treten immer näher aneinander. In romantischer Schlucht – weit und breit keine Siedlung – hält der Zug; was ist

los? Keine 100 m vor der Lok steht der Tren Ordinario, dem durch einen Felssturz die Weiterfahrt versperrt ist. Alles steigt aus, geht nach vorne, einige Waghalsige klettern ein Stück der unsicheren Böschung zum Fluß hinunter, der schäumt und glitzert; Blumen duften, Grillen zirpen, Bienen summen in der warmen Sommerluft – ein wahrlich romantischer Halt. Doch er dauert nicht lange: Längst kribbelt vor dem Tren Ordinario ein Ameisenheer von Arbeitern, beseitigt die Felstrümmer und den Schutt soweit, daß beide Züge im Sichtabstand weiterfahren können.
In der nächsten Station läßt uns der Ordinario vorfahren, denn das Programm der Touristen ist wichtiger! Während des kurzen Halts bieten Indianerfrauen ihre Erzeugnisse an. Das Tal wird nun immer enger, brausend bricht sich der Urubamba seinen Weg durch die Felsen, die kaum mehr Platz für die Schienen lassen, Tunnel und Kurven folgen einander, immer höher ragen beiderseits die bis oben begrünten Felsabstürze, immer mehr geht es abwärts. Um die Mittagszeit sind wir im Bahnhof von Machu Picchu, nur noch 2000 m über dem Meer.
Die Menge der Touristen ergießt sich in die wartenden Autobusse, die in einer knappen halben Stunde, mit unzähligen Kurven die 500 m höher liegende Ruinenstätte erreichen. Der Rundgang öffnet so überwältigende Ausblicke hinunter in die Urubamba-Schlucht, in der die Züge wie ein Spielzeug aussehen, und hinauf zu den senkrechten, aber bis zu den Gipfeln grünen Höhen, daß es schwer ist, diese Eindrücke zu beschreiben – eine der einmaligen Szenerien dieses Kontinents, ja dieser Erde.
Am späten Nachmittag geht es heimwärts nach Cuzco. Wieder sind einige 100 Ausflügler am Bahnhof versammelt, wieder fahren zwei Garnituren, unser lokbespannter Zug und der Ferrobus. Die Dämmerung bricht nun rasch herein, die Fahrt dauert jetzt länger, da es ja dauernd bergauf geht. Als – schon in völliger Finsternis – die beiden Zickzacks erreicht sind, bietet sich nochmals der überwältigende Anblick des nun im Schein der erleuchteten Häuser und Kirchen tief unter uns liegenden Talkessels von Cuzco.

Die höchste Eisenbahn der Erde

Zu erwähnen, daß die Central del Perú die spektakulärste Eisenbahn der Erde ist, hieße Eulen nach Athen tragen. Von dem polnischen Ingenieur Malinowski geplant, von dem Amerikaner Meiggs ausgeführt, war diese Wunderstrecke schon begonnen, als in Europa noch nicht einmal der Mont-Cenis-Tunnel fertig war. Meiggs war ein wahrer Himmelstürmer, bekannt ist sein Appell an seine Mitarbeiter: »Wenn Sie nirgends eine Strecke finden, wo Sie die Schienen hinlegen können, so müssen Sie sie eben an Luftballons aufhängen.« Ein Reisetag auf dieser Bahn ist ein einmaliges Erlebnis!
In Desemperados, dem Bahnhof von Lima, steht der Tren De Sierra bereit: An der Spitze zwei rote Dieselloks (CoCo), beide erst 1974 in Montreal gebaut. Die Personenwagen sind teils grüne Stahlwagen neuerer Bauart, teils ältere Holzwagen in teakbrauner Farbe. Die Reihung sieht so aus: Zwei Dieselloks, ein Wagen 1. Klasse mit Buffet, ein Wagen 1., zwei Wagen 2. Klasse (diese Holzwagen), wieder ein Wagen 1./Buffet und ein Wagen 1. Klasse, schließlich drei Holzwagen 2. Klasse. Wir haben unsere Plätze im vorderen Buffetwagen 1. Klasse; hier überwiegen ausländische Touristen, in der 2. Klasse die einheimische Bevölkerung.
Pünktliche Abfahrt um 7.40 Uhr, vorerst gemächlich durch die Vororte und die Küstenebene, dann erster Halt in Santa Clara, wo uns beide Loks verlassen und durch eine einzige ersetzt werden; es ist wieder eine CoCo, gebaut 1964 von Alco; sie ist mit 2600 PS der stärkste Diesellok-Typ in ganz Südamerika.
Santa Clara war schon 403 m hoch; mehr als doppelt so hoch der nächste Bahnhof – Chosica; eine weitere Stunde darauf San Bartolomé; die rasante Steigung bis hierher war kaum zu merken, wir sind hier schon über 1500 m! Hier macht der Zug »Kopf«, die Lok setzt sich ans andere Ende: Wir wechseln die Sitze und sehen die Reisegefährten nun sozusagen von der anderen Seite: Amerikaner, Japaner, Skandinavier, dazu einige Einheimische.

Höher steigt nun der Zug, die Umgebung wird allmählich im wahrsten Sinn des Wortes himmelragend, die Berge treten immer näher aneinander, das Genick schmerzt bald vom Hinaus- und Hinaufsehen. Auf den halsbrecherischen Puente Carrión folgt in nun schon 2390 m Höhe die Station Matucana. Von hier sind bis zum nächsten Bahnhof Tamboraque nur 17 Streckenkilometer, aber eine Höhendifferenz von 600 m. Kein Wunder, daß der Zug halbiert, besser: verdoppelt wird, da die jetzt beginnenden Spitzkehren für die Länge von elf Wagen zu kurz wären. Die zweite Lok, eine grüne Alco desselben Typs, steht schon bereit; nach kurzem Halt fahren wir voraus. Es folgen die beiden ersten Zickzacks, dazwischen wieder eine wüste Brücke.

Oben in Tamboraque sind wir schon 3008 m. Noch 200 m höher – San Mateo in einem Abstand von sechs km, die wir in zwölf Minuten bewältigen. Knapp vorher überquert eine Material-Seilbahn die Trasse, der Blick hinauf und hinunter ist schwindelerregend! Weitere neun Streckenkilometer bringen uns in einer Viertelstunde weitere 400 m höher nach Rio Blanco, aber diese 15 Minuten haben es in sich: Wir überqueren hier die Brücke Infernillo zwischen zwei Tunneln – der Blick hinaus und in die Tiefe läßt den Atem stocken!

Nun sind wir längst in hochalpinen Bereichen. Jetzt wird uns das Mittagessen an unseren Plätzen serviert, die Steigung geht weiter: Nicht weniger als vier Spitzkehren hintereinander, mehrmals wechseln wir die Talseite. Die Namen der hiesigen Haltestellen: »Johnston«, »G. W. Markill«, »van Brooklyn«, erinnern an Ingenieure, die hier gebaut haben. An den Berghängen mehren sich die Anzeichen von Industrie in Form von Halden, Schloten und kurzen Abzweiggleisen zu den Bergwerken, deren Schätze ja der Bahn zu ihrer Existenzberechtigung verhelfen.

Elf Minuten nach Mittag ist es in Tíclio; wir sind inzwischen auf 4758 Meter Meereshöhe angekommen, wir nähern uns dem »Punto . . . mas alto«.

Der 1177 m lange, unter dem Mount Meiggs hindurchführende Galerattunnel bringt uns zum Bahnhof Galera, mit 4781 m der höchstgelegene Personenbahnhof der Erde, in Normalspur und ohne Zahnrad, nur 29 m unter dem Mont Blanc-Gipfel! »Von jetzt an geht's bergab« mit uns: Die Haltestellen Rumichaco-»Arriba« und Rumichaco-»Abajo« kennzeichnen den Abstieg. Yauli liegt »nur noch« 4142 m hoch, benannt nach dem daneben schäumenden Fluß. Hinter dem Mahrtunnel (wieder der Name eines Ingenieurs) folgt die 3954 m hohe Station »Cut off«, wo sich die von Tíclio abgezweigte Strecke wieder mit uns vereinigt. Schließlich fahren wir auf die Minute genau um 13.40 Uhr in den 3726 m hoch gelegenen Bahnhof von Oroya ein.

Die 208 km von Lima hierher haben wir in sechs Stunden zurückgelegt, was einem Durchschnitt von 35 km/h entspricht – eine bei diesen geographischen Gegebenheiten wohl sehr respektable Geschwindigkeit! Während der Fahrt war noch kaum Gelegenheit, die technischen und betrieblichen Eigenheiten dieser Bahn zu registrieren: Signale fehlen auf der Strecke völlig, in den Bahnhöfen stehen »Train-Order-Signale« amerikanischer Art, in Oroya auch Formsignale, die der anschließenden FC Cerro de Pasco gehören. Die Weichen werden durchweg handbedient. Wegen der kurzen Spitzkehren (»Zickzacks«) werden die meisten Züge geteilt.

Eine weltweit bekannte Spezialität der Bahn ist der Sauerstoffzylinder im Buffetwagen: Man muß nicht besonders alt, kränklich oder sonstwie allergisch sein, aber eine Differenz von fast 5000 m in sechs Stunden zu verkraften, verlangt schon einen maßgeschneiderten Brustkasten! Und deshalb führt hier jeder Zug den besagten Sauerstoff-Zylinder mit, den ein weiß-bekittelter, wohl nicht Arzt, sondern eher Sanitäter betreut, dessen Aufgabe die Luftversorgung der Passagiere ist. Wir selbst waren ja schon durch längeren Aufenthalt in den Andenstaaten sozusagen vortrainiert, aber selbst Einheimische hat es hier erwischt: Von etwa 3000 m an füllte der gute Mann laufend kleine Sauerstoff-Ballons ab und versorgte damit einmal einen blonden Wikinger, dessen Nase ab San Mateo immer spitzer und grüner wurde, einmal einen Amerikaner, dessen Rede- und Trinkfreudigkeit zusehends nachließ.

Fritz Stöckl

202

123

124

125

In einigen Ländern vernehmen wir auch heute noch des Dampfrosses schnaubende Signale – so auch auf der Angola – Benguela-Bahn (122) und in der Türkei, nahe Ankara (124). Diese 1 D-Lok wurde in den späten dreißiger Jahren in England gebaut und als Kriegslok in den Vorderen Orient geliefert.

Der längste zusammenhängende Schienenweg der Erde führt mit 14 000 km Länge von Lissabon über Moskau nach Wladiwostok. Über 8500 km sind es von Chabarowsk bis Moskau, für die der Rossija gut acht Tage benötigt (123). Ein Blick aus der Transsibirischen Eisenbahn auf die menschenleere

Indonesien ist ein Lokomotivmuseum: Die
ersten Trassen, die den flachen Küstenebenen

127

128

129

Ein Kuriosum finden wir auf Java: Die Dampfstraßenbahn von Surabaya auf ihrem Weg von Wonokromo (127). Leider ist diese holzgefeuerte Tram 1978 außer Dienst gestellt worden. Ein Güterzug der berühmten Darjeeling-Bahn: Die Lok ist mit durchschnittlich sechs Mann besetzt. Neben Lokführer, Heizer und Leuten zum Zerkleinern der Kohle sitzen zwei Mann auf der vorderen Pufferbohle zum Streuen von Sand (128).

Wie ein glitzerndes Band windet sich der BLUE TRAIN um Hügel und Flußbiegungen von Pretoria nach Kapstadt (130). Es ist ein rollendes Hotel, in dem man à la carte im Speisewagen tafeln kann und mit Tempo 110 durch karge Goldgräberlandschaften gezogen wird. Luftgefedert und vibrationsfrei schwebt der BLUE TRAIN mit seinen 108 Passagieren dahin – wo findet man in der Alten oder gar in der Neuen Welt noch diesen Reisekomfort?
Zu den großen Eisenbahn-Abenteuern dieser Erde zählt auch eine Fahrt mit dem CANADIAN durch die Rocky Mountains (133). Zwischen kathedralartigen Bergen und wildromantischen Schluchten geht es hinunter Richtung Pazifik. Wenn man auf dieser Strecke einen der unendlich langen Güterzüge überholt, kann die Vorbeifahrt mehr als zehn Minuten dauern. Bis zu 120 Wagen kann dieser Zug der Canadian National, der gerade den Thompson River bei Walhachin/British Columbia überquert, ziehen (132).
Vom Cook Inlet zum Mount MacKinley erwartet uns eine atemberaubende Fahrt: einsame Wälder, tiefblaue Seen, viel Moorlandschaft und die weißen Gipfel Alaskas (131).

131

132

ALAS
1803

FERROCARRILES
ARGENTINOS

135

137

Südamerikanisches Eisenbahn-Kolorit: Durch unberührte Landschaften geht es hinauf in die unwirtlichen Anden Argentiniens (134, 137). Außergewöhnliche technische Leistungen waren nötig, um diese wilde Natur zu bezwingen. Eine der spektakulärsten Strecken Südamerikas ist die peruanische Süd-Bahn. Sie erreicht bei der Station La Raya mit 4319 m alpine Höhen (135).
In steilen Kurven steigen wir von Cusco hinauf zur letzten Inka-Festung Macchu Pichu – eine der einmaligsten Szenerien dieser Erde (136).

138

Bolivien besitzt als einziger Andenstaat Eisenbahnverbindungen zu allen Nachbarländern. Nicht weniger als drei Andenbahnen führen über die Küstenkordillere. Die Südbahn verbindet das Hochland Boliviens mit Argentinien. Hier windet sich eine 1 E 1 am frühen Morgen die Schleifen über Arenales hinauf, auf dem Weg zur argentinischen Grenze (138).

139

Argentiniens ausgedehntestes Streckennetz ist die General-Belgrano-Bahn. Besonders imposant ist die Trasse zwischen der chilenischen und bolivianischen Grenze. Das erschöpfte Stampfen der großartigen Berglokomotiven hallt durch das karge Hochland der argentinischen Anden (139).

Diese 750 mm-Bahn bei São João del Rei (Brasilien) verkehrt noch heute! (140)
Die Dona Teresa Crestina ist eine meterspurige Bahn, die entlang des Atlantischen Ozeans zwischen Tubarão und Imbituba fährt und ausschließlich für den Kohlentransport gebaut wurde (141, 143).

Unter Volldampf bergan: Eine 1 D 1 der bolivianischen ENFE bei Potosi (142).

141

142

156

144

Aus dem Tunnel heraus geht es über einen eißenden Fluß: Ein kombinierter Güter-ersonenzug auf der Hauptstrecke der uayaquil & Quito-Railways auf einer starken teigung (144). Die 1953 bei Baldwin gebaute D ist eine der zwei Dampfloks, die auf dieser trecke noch eingesetzt werden. Inzwischen aben auch hier Dieselloks die Zeit des ampfes beendet, so auf der Strecke von uran nach Bucay (146).

Die United Fruit Company war der einflußreichste Eisenbahnunternehmer und -gründer in Mittelamerika. Sie unterhielt Bahnen in Panama, Honduras, Costa Rica und Guatemala, die vor allem zum Abtransport von Bananen und Kaffee nach der Ernte dienten. Aber in dem Maße, wie diese Produkte auf LKWs verfrachtet wurden, ist die Bedeutung der Eisenbahn in diesen Ländern gesunken. Ein letztes Relikt aus vergangenen Zeiten: Ein Treno Mixto der Ferrocarriles Guatemala (145).

145

147

Während der ersten Meilen droht der Urwald
n der Schlucht des Chanchan-Flusses
Ecuador) die Bahnstrecke zu erdrücken.
Höher und höher steigt der Zug. Die Umge-
bung wird allmählich im wahrsten Sinne des
Wortes himmelragend. Beim Verlassen des
Bahnhofs von Simbambe (147) steht plötzlich
die steile Wand eines Canyons vor der Bahn

148

Zuerst glaubt man, der Zug wolle eine Mauer durchbrechen, dann schlängelt er sich an einem schmalen, ausgewaschenen Vorsprung an der Wand hoch. Das Gelände steigt ununterbrochen weiter an. Die Passagiere fahren zum Teil auf dem Dach der Güterwagen (148).

Der Blick hinauf und hinunter ist schwindelerregend (149) – ein Treno Mixto der Ferrocarriles Ecuatoriane auf dem Weg von Guayaquil nach Rio Bamba.

VIII.
KLEINBAHNEN NEBENBAHNEN GEBIRGSBAHNEN ZAHNRADBAHNEN

Bis zum Beginn des 19. Jahrhunderts waren Gebirge – hier sind vor allem die Alpen gemeint – ein schier unüberwindbares Hindernis für Handel und Verkehr. Dann revolutionierte die Eisenbahn das Verkehrswesen – zunächst nur im Flachland. Hier war bald ein höherer Maßstab an Reisekomfort und -geschwindigkeit gegenüber der Postkutsche gesetzt. Aber man glaubte, am Ende der technischen Möglichkeiten zu sein, als man daran ging, auch die Alpenpässe mit Zügen zu überqueren. Doch der menschliche Erfindungsgeist kapitulierte auch vor dieser Aufgabe nicht.

Ein Pionier

Den Anfang machte Karl Ghega mit dem Bau der Semmeringbahn. Eine der Pioniertaten beim Bau von Gebirgsbahnen ist zweifellos der Bau der Rigibahn unter Niklaus Riggenbach (1817–1899). Riggenbach war von der Eröffnung der Bahnlinie Paris – St. Germain so fasziniert, daß er beschloß, Lokomotiven zu bauen. Er ging daher 1840 zu Kessler nach Karlsruhe und brachte es dort bis zum Geschäftsführer. Eine der unter seiner Leitung gebauten Loks war die LIMMAT der Spanisch-Brötli-Bahn, die er dann 1853 selbst auf der Strecke Zürich – Schlieren erprobte. Später wurde er Maschinenmeister der Schweizer Zentralbahn in Olten.
Auf der 1:26-Steigung im alten Hauensteintunnel bemerkte er das Schleudern der Räder auf den Schienen. Da diese im Zuge der Strecke Olten – Läufelfingen – Sissach zum Netz der Zentralbahn gehörte, stellte Riggenbach Überlegungen an, wie dem Übel abzuhelfen sei. Dabei erkannte er, daß Steigungen am besten überwunden werden konnten, wenn ein von der Maschine angetriebenes Zahnrad in eine Zahnstange eingreift. Seine Ansichten fanden nicht überall Anerkennung. Die Schwierigkeiten wurden als unüberwindbar hingestellt. Zuletzt wollte in der Schweiz niemand mehr von der Riggenbachschen Erfindung etwas wissen. In seinen Erinnerungen schreibt Riggenbach: »Ich zögerte nicht, kleine Modelle zu konstruieren und allen mich besuchenden Technikern zu zeigen, zumal Herr Professor Dr. Culmann vom Züricher Polytechnikum, der in der Hauptwerkstätte Olten öfters Proben mit anderen Erfindungen anstellte, mich in meinen Gedanken bestärkte.«
Er erhielt in Frankreich am 12. August 1863 ein Patent für 15 Jahre, das von der Firma André Köchlin & Co. in Mühlhausen vermittelt wurde. Darin wurden zwei Ausführungen einer Dampflokomotive mit liegendem Kessel, zentralem Zahnrad und Leiterzahnstange patentiert. Diese zwei Ausführungen betrafen eine Maschine für reinen Zahnradbetrieb und eine für gemischten Zahnrad- und Reibungsbetrieb.
1866 lehnte die Generalversammlung der Schweizer Ingenieure in Glarus aus technischen und finanziellen Erwägungen die Ideen Riggenbachs ab. Auch bei einer in Stuttgart stattfindenden Architekten- und Ingenieurversammlung fand er kein Gehör.
Riggenbach war tatsächlich der erste, der eine Zahnradbahn entwickelte. Er erhielt am 12. August 1863 das französische Patent Nr. 59 625. In den Jahren 1865 bis 1868 reiste er auf einer Studienreise durch Nordamerika. Sylvester Marsh aber trat erst 1869 mit seiner Erfindung hervor. Er erbaute in den White Mountains auf dem Mount Washington (1917 m) eine Zahnradbahn, die heute noch verkehrt, z. T. mit Fahrzeugen aus den ersten Betriebstagen.
Am 18. April 1869 wurde ein Konzessionsgesuch beim Kanton Luzern eingereicht. Zum Bau einer Bahn auf die 1798 m hohe Rigi, einem schon damals berühmten Aussichtsberg am Vierwaldstätter See. Am 16. Juni erteilte der Kantonsrat die Genehmigung für den Bau der Bahn von Vitznau bis Rigi-Staffelhöhe. Die Reststrecke Rigi-Staffelhöhe – Rigi-Kulm liegt auf dem Gebiet des Kantons Schwyz. Dessen Rat verweigerte die Konzession und erteilte sie einer Aktien-Gesellschaft, die die Arth-Rigi-Bahn erbauen ließ. Im Auftrag der Arth-Rigi-Bahn wurde von Riggenbach die Bahn auf der Reststrecke Staffelhöhe – Kulm fortgesetzt. Die Strecke Vitznau – Rigi-Staffelhöhe

wurde am 54. Geburtstag Riggenbachs, am 31. Mai 1871, eröffnet, der Betrieb auf der Gesamtstrecke Vitznau – Rigi-Kulm konnte am 27. Juni 1873 aufgenommen werden. Einige Zahlen von dieser ersten europäischen Bergbahn: Spurweite 1435 mm, Bahnlänge 6854 m, Maximalsteigung 250 Promille, engster Kurvenradius 180 m, Höhe des Bahnhofs Vitznau 441 m, Höhe des Bahnhofs Rigi-Kulm 1751 m, Höhenunterschied 1310 m. Die Strecke Freibergen – Rigi-Kaltbach wurde später zweigleisig ausgebaut.
1937 wurde die Strecke elektrifiziert. Der Betrieb wird heute mit Triebwagen abgewickelt, aber es stehen für Sonderfahrten noch die zwei Dampflokomotiven Nr. 16 (Baujahr 1923) und 17 (Baujahr 1925) zur Verfügung. Die Lok Nr. 7, die Fabriknummer 1 der Lokomotivfabrik Wintherthur, Baujahr 1873, steht heute im Verkehrshaus in Luzern.

Die Grundlagen

In Deutschland sind auf Hauptbahnen 25 Promille maßgeblicher Neigung zugelassen. Auf Nebenbahnen sind 40 Promille für den Normalbetrieb gestattet, stärker geneigte Streckenbahnabschnitte gelten als Steilstrecken, für die besondere Bestimmungen erlassen werden. Alle Züge müssen luftgebremst gefahren werden, die Höchstgeschwindigkeit beträgt 30 km/h. Vor der Einfahrt in das Gefälle ist eine vereinfachte Bremsprobe durchzuführen.
In Deutschland haben wir relativ viele Steilstrecken im Bereich der Mittelgebirge, während nur wenige im Bereich der süddeutschen Alpen gebaut wurden, so im Zuge der Strecken Freilassing – Berchtesgaden und München – Garmisch-Partenkirchen. Dagegen sind Gebirgsbahnen im Adhäsionsbetrieb sehr oft in Österreich und in der Schweiz zu finden.
Noch weniger als in der Ebene kann die Eisenbahn im Gebirge dem kürzesten Weg folgen. Um die Steigungen im zulässigen Rahmen zu halten, muß die Längenentwicklung künstlich erweitert werden. Die einfachste Methode wäre die Anlage von Spitzkehren. Diese Betriebsart wurde gewählt beim Bahnbau im Aufstieg des Himalaya, aber auch die Halberstadt-Blankenburger-Bahn benötigte in ihrer heute elektrifizierten Fortsetzungsstrecke Blankenburg – Königshütte die Spitzkehre Michaelstein.
Dieses aufwendige und zeitraubende Wenden des Zuges und der Lok wird vermieden beim Ausrunden der Kehren in Seitentälern. Ein Beispiel einer solchen Seitentalausfahrung befindet sich auf der Semmeringbahn, wo die Bahnhöfe Gloggnitz und Eichberg in der Luftlinie nahe beieinanderliegen, der eine sich jedoch 171 m über dem anderen befindet. Der große Höhenunterschied wird durch eine weit ausholende Schleife im Seitental über Payerbach erstiegen. Wenn Seitentäler nicht zur Verfügung stehen, muß die Längenentwicklung im Haupttal selbst stattfinden. Dies ist nur möglich durch die Anlage von Kehrtunnel, wie sie zum erstenmal beim Bau der Gotthardbahn angelegt wurden.
Zum Erreichen kürzerer Fahrzeiten und größerer Höchstgeschwindigkeiten, zur Vermeidung des Einsatzes reiner Berglokomotiven auf den nur kurzen Strekken über die Paßhöhe, zur Vermeidung von Streckenunterbrechungen im Winter und zur Erhöhung der Streckenkapazität ging man schon bald daran, die Berge mit Basistunnel zu unterqueren. Dabei entstanden die berühmten großen Alpentunnel. Folgende Durchstiche haben eine Länge von mehr als 10 km: Simplon (1898 – 1905) 19 800 m; Gotthard (1872 – 1881) 14 900 m; Lötschberg (1906 – 1912) 13 700 m; Mont Cenis (1857 – 1871) 12 200 m; Arlberg (1880 – 1884) 10 200 m.
Die Vorteile der Untertunnelung eines Bergmassivs gegenüber dessen Überquerung in der Paßhöhe können sogar zu der Überzeugung führen, daß der Bau eines tiefer liegenden Tunnels anstelle eines früher in größerer Höhe gebohrten und deshalb kürzeren, nützlicher und damit wirtschaftlicher sein kann. So wurde der Tunnel, der 1853 – 1857 mit einer Länge von 2,5 km in 562 m durch den Hauenstein auf der Strecke Basel – Olten hergestellt wurde, in den Jahren 1912 – 1915 durch einen um 110 m tiefer liegenden, 8148 m langen Durchstich ersetzt. Die Fahrzeit Basel –

Olten ist seinerzeit um 25 Minuten verringert, die Bahnlinie um 30 km verkürzt worden.
Neben den Tunnel ermöglichen Brücken der Eisenbahn den Übergang über das Gebirge. Das große Vorbild aller Gebirgsbahnen, die Semmeringstrecke, setzte auch hier Maßstäbe. Das 46 m hohe Kalte-Rinne-Viadukt besteht aus Steinbögen in Ziegelmauerwerk mit doppelter Reihe übereinander. Weitere berühmte Eisenbahnviadukte sind unter vielen anderen das Landwasserviadukt der Rhätischen Bahn, die Göltzschtalbrücke bei Plauen, die Müngstener Brücke über die Wupper und die Pfaffenberg-Zwenbergbrükke der Tauernbahn.
Die laufende Steigerung der Zuggewichte durch den Einsatz von vierachsigen Wagen mit Stahlaufbau in den internationalen Zügen erforderte immer leistungsfähigere Lokomotiven, die imstande waren, diese Lasten über die Rampen zu ziehen. In Österreich reichte die Steigerung von den Loks des Semmeringwettbewerbs bis zur 1F-Lok der Reihe 100 der österreichischen Bundesbahn für die Tauernstrecke. In der Schweiz bildete die C 5/6 den glänzenden Abschluß einer Dampflokomotiventwicklung, die dann durch eine umfassende Elektrifizierung abgelöst wurde. Diese erreichte im Bau berühmter E-Loks wie den Doppelloks Ae 8/14 und der Re 6/6 einen Höhepunkt. Vielen Freunden der Eisenbahn ist die Ce 6/8, das KROKODIL, bekannt, von der zwischen 1916 und 1927 über 50 Stück beschafft wurden und die auch Österreich als Reihe 1100 und 1100^{100} ab 1923 in 16 Exemplaren bestellte und auf den Gebirgsrampen, hauptsächlich dem Arlberg, einsetzte. Die Loks wurden von der Reichsbahn als E 89 eingesetzt und die letzten dieser Reihen werden erst in diesen Tagen als Reihe 1089 und 1189 ausgemustert.
In Deutschland können die REMORQUEURE der königlich-bayerischen Staatsbahn aus dem Jahre 1847 als erste Gebirgslokomotiven angesehen werden. Diese dreifach gekuppelten Maschinen hatten zur Erhöhung des Reibungsgewichtes einen Behälter auf dem Kessel, der mit Wasser oder Sand gefüllt werden konnte. Gebaut wurden sie als Vorspann- und Schiebelok von der Münchner Firma J. A. Maffei für die Schiefe Ebene der Ludwigs-Süd-Nord-Bahn Neuenmarkt-Wirsberg – Marktschorgast.
Gleichen Zwecken sollten auch die gewaltigen bayerischen Gt 2 x 4/4 und die preußischen T 20 dienen. Letztere wurden aus den vier Loks der Halberstadt-Blankenburger-Eisenbahn mit den Namen WISENT, ELCH, BÜFFEL und MAMMUT entwickelt. Aus ihnen entstanden wiederum die schweren Einheitsloks der BR 84 und 85. Für die elektrische Traktion entstanden die E-Loks der BR E 91. Die Reichsbahn stellte dann die E 94 in Dienst, die für schwere Güterzüge in Süddeutschland und in Österreich und in wenigen Exemplaren auch in der DDR immer noch unentbehrlich ist.
Alle Staatsbahnverwaltungen bemühten sich, auch unter Einsatz schwerster Lokomotiven, die außerordentlich teuer in Anschaffung und Unterhaltung sind, den noch wesentlich teureren Zahnradbetrieb zu vermeiden oder Strecken auf Adhäsionsbetrieb umzustellen. Dies wurde gerade in jüngster Zeit bei der Erzbergbahn praktiziert.
Für den Zahnradbetrieb sprechen heute nur noch zwei Gründe. Zuerst werden Strecken für gemischten Betrieb aufrechterhalten, die wegen der Bedeutung für den durchgehenden Personenverkehr oder wegen des hohen Güteraufkommens die erheblichen Infrastrukturkosten rechtfertigen. Dafür gibt es heute nur noch wenige Beispiele. Man könnte die Brüninglinie der SBB und die chilenische Transandino-Bahn nennen. Der zweite Grund, der noch für den Zahnradbetrieb spricht, ist der Betrieb reiner Touristenbahnen.
Die Ursprünge der Zahnradbahnen reichen bis weit in die Urzeit des Eisenbahnwesens zurück. John Blenkinsop, der Besitzer der Middleton Steinkohlengrube bei Leeds, ließ 1811 eine Lokomotive bauen, deren Fahrschienen mit Angüssen versehen waren, die eine Zahnstange bildeten. Diese lag also seitlich. Von den Kolbenstangen der beiden in den Kessel eingebauten Zylinder wurde durch Schubstangen eine Welle gedreht, auf die ein Zahnrad gesetzt war. Dieses Zahnrad bewegte die Lok, während die Räder nur tragende

Funktion hatten. Die Lok beförderte 30 Kohlewagen. Nur sehr langsam gewann man Vertrauen zur Leistung des Rad-Schiene-Systems. 1926 wurde der heute anachronistisch anmutende Seilzugbetrieb zwischen Erkrath und Hochdahl aufgelassen. An ihn erinnert die im Bahnhof Erkrath aufgestellte Umlenkrolle. Der Bau starker Dampflokomotiven und die Elektrifizierung machten den Zahnradbetrieb auf der Höllentalbahn im Schwarzwald überflüssig.

Das Abtsche System

Der Grundgedanke, den Niklaus Riggenbach (1817–1899) in den Bau der Bergbahnen eingebracht hat, ist, zwischen die Laufschienen eine Zahnstange zu legen, in die ein an der Lokomotive befestigtes Zahnrad eingreift. Die Zahnstange der Vitznau-Rigi-Bahn besteht aus zwei aufrecht gestellten Platten, zwischen die Bolzen gesetzt sind, so daß das Ganze einer Leiter ähnelt.
Ein Schüler Riggenbachs, Roman Abt, schuf im Jahre 1882 für die Harzbahn Halberstadt – Blankenburg eine wichtige Verbesserung. Bei der Leiterstange greift immer nur ein Zahn des Lokomotivrades in die Stange ein. Dieser Zahn muß also imstande sein, den gesamten Druck auszuhalten, den das Gewicht des Zuges bewirkt. Die Festigkeit beträgt ca. 10 000 kg je Zahn. Wenn man jedoch besonders schwere Züge, z. B. Güterzüge befördern will, so kommen noch größere Zahndrücke vor. Abt überwand sie, indem er zwei oder drei Zähne gleichzeitig eingreifen ließ.
Seine Zahnstange besteht aus zwei oder drei nebeneinander gesetzten, hochkant gestellten Platten, in welche die Zähne eingeschnitten, also nicht mehr wie bei Riggenbach eingesetzt sind. Die Zähne sind gegeneinander verschoben, bei doppelter Stange um eine halbe Zahnteilung. Bei dreiteiliger Stange beträgt die Verschiebung ein Drittel der Zahnteilung. Das an der Lokomotive befindliche Zahnrad besteht ebenfalls aus zwei oder drei getrennten Scheiben, deren Zähne gegeneinander versetzt sind. Neben dem sicheren Übergang beim Zahnwechsel und der höheren Belastbarkeit entsteht auch ein ruhigerer Lauf der Züge. Abt erfand auch die Zahnstangenweiche.

Die Gefahr des Aufsteigens

Im Jahre 1896 schuf Strub für die Jungfraubahn eine neue Zahnstangenart. Sie wurde notwendig, weil bei sehr starken Steigungen die Gefahr besteht, daß das Zahnrad auf der Stange aufsteigt, das heißt, der Zahn, statt den Zug vorwärts zu ziehen, die Maschine in die Höhe hebt, indem er an der Eingriffsstelle senkrecht emporklettert. Die Folge müßte natürlich sein, daß der Eingriff verloren ginge und der Zug ins Rutschen käme. Strub verhinderte das Aufsteigen, indem er der Zahnstange die Form einer Breitfußschiene mit keilförmig verdicktem Kopf gab. In diesen Kopf werden die Zähne eingeschnitten. Von der Lokomotive hängen zwei zangenförmige Eisen herunter, die um den Keilkopf der Schiene herumgreifen, diesen umfassen, ohne jedoch die Zahnstange zu berühren. Aufsteigen ist dadurch unmöglich, außerdem kann die Zange auch als Notbremse verwendet werden.
Die Gefahr des Aufsteigens hatte schon im Jahre 1885 beim Bau der steilsten Zahnradbahn, der Pilatusbahn, zur Schaffung einer besonderen Zahnstange geführt, die aber sonst nirgends mehr verwendet wurde. Locher, der Erbauer dieser Bahn, benutzte als Zahnstange eine liegende Platte, in deren beide Seiten die Zähne eingeschnitten sind. Ein Zahnrad greift von jeder der beiden Seiten ein, so daß beim Aufsteigen keine Neigung, wie beim Eingriff von oben, entstehen kann. Die Anlagen zur Überführung der Fahrzeuge von einem Gleis aufs andere sind bei Zahnradbahnen recht schwierig. Bei gemischten Bahnen sind alle Weichen im Reibungsabschnitt. Bei der Bauart Locher sind Weichen unmöglich, man muß sich mit Drehscheiben oder Schiebebühnen behelfen.
Beim Betrieb der Zahnbahnen sind zwei Arten zu unterscheiden. Die eigentlichen Bergbahnen, bei denen an allen Stellen starke Steigungen überwunden werden müssen, sind durchgehend mit der Zahnstange ausgerüstet. Eine große Zahl von Strecken ist jedoch so

angelegt, daß geringere Steigungen zwischengeschaltet sind. Zur Erzielung größerer Geschwindigkeiten werden auf derartigen Linien die flachen Abschnitte im Reibungsbetrieb durchfahren. Bei reinen Zahnbahnen steht die Lokomotive stets talwärts. Beim Steigen schiebt sie den Zug, bei der Talfahrt hält sie ihn auf. Man läßt oft den Zug von Reibungslokomotiven über die ebenen Abschnitte befördern und ersetzt sie für die Zahnstrecken durch Zahnradloks, die dann talwärts stehen müssen.
Wenn ein häufiger Wechsel zwischen Reibungs- und Zahnradbetrieb stattfindet, setzt man entweder Fahrzeuge mit Zahnrad- und Adhäsionsantrieb ein (z. B. Brüninglinie der SBB), oder man setzt vor den Zahnstrecken eine Zahnradlokomotive zusätzlich an den Zug. Dies geschah auf der Höllentalbahn im Schwarzwald, die von Freiburg nach Donaueschingen führt und nur eine kurze Zahnstrecke besaß.

Die Wendelstein- und Zugspitzbahn

In Deutschland, d. h. im Gebiet des ehemaligen Deutschen Reiches, bestanden Zahnradbahnen hauptsächlich in den Mittelgebirgen. Folgende Bahnen sind heute auf Reibungsbetrieb umgestellt oder stillgelegt und abgebaut: Dillenburg – Wallau, System Abt, heute Adhäsionsbetrieb; Boppard – Buchholz, System Abt, Adhäsionsbetrieb; Linz (Rh) – Flammersfeld, System Abt, abgebaut; Heiligenstadt – Schwebda, System Abt, abgebaut; Erlau – Wegscheid, System Strub, abgebaut; Hirschsprung – Hinterzarten (Höllentalbahn), System Bissinger-Klose, Adhäsionsbetrieb, elektrifiziert; Honau – Lichtenstein, System Klose, abgebaut; Freudenstadt – Klosterreichenbach (Murgtalbahn), System Klose, Adhäsionsbetrieb; Blankenburg – Tanne, System Abt, Adhäsionsbetrieb, elektrifiziert; Abschnitt Königshütte – Tanne stillgelegt; Schleusingen – Ilmenau, System Abt, Adhäsionsbetrieb; Suhl – Schleusingen, System Abt, Adhäsionsbetrieb. Diese Bahnen dienten dem Reiseverkehr der Staatsbahnen, waren also keine nur touristischen Zwecken dienenden Linien.

Die Wendelsteinbahn wurde am 12. Mai 1912 eröffnet. Sie führt auf den 1838 m hohen Aussichtsberg und erreicht mit 1723 m ihren Gipfelpunkt. 1910 hatte der bayerische Prinzregent Luitpold die Konzessionsurkunde unterzeichnet. Als Talstation wurde der 472 m über NN liegende Bahnhof Brannenburg der Strecke Rosenheim – Kufstein gewählt. Die Reibungsstrecke Brannenburg – Ortsteil Waching mit einer Länge von 2,3 km wurde 1961 aufgelassen. Daher hat die Talstation heute eine Höhe von 506 m. Die Strecke führt auf 8,4 km mit einer Spurweite von 1000 mm und einer Maximalsteigung von 237 Promille durch eine vielfältige Gebirgslandschaft. 1,51 km der Strecke werden im Reibungsbetrieb durchfahren. In diesen Teilabschnitten liegen alle Weichen und der Kreuzungsbahnhof. Der Rest der Strecke besitzt eine Zahnstange der Bauart Strub, die mit 9 km/h befahren werden darf. Die Höchstgeschwindigkeit der Reibungsstrecke beträgt 15 km/h. Die Wendelsteinbahn fährt durch mehrere Tunnel und Galerien zur Gipfelhöhe, die von Osterhofen noch durch eine Seilschwebebahn derselben Gesellschaft erschlossen ist. Der Betrieb der Zahnradbahn erfolgt durch vier 1912 und 1935 gebaute und mit 1500 V Gleichstrom betriebene Elektrolokomotiven.
Die zweite bekannte deutsche Zahnradbahn führt auf den höchsten Berg Deutschlands, zur Zugspitze (2963 m). Diese Bahn beginnt am DB-Bahnhof Garmisch-Patenkrichen und führt als meterspurige Reibungs- und Zahnradbahn zum Hotel Schneefernerhaus in 2650 m Höhe. Die Reibungsstrecke beginnt am Zugspitzbahnhof in Garmisch-Partenkirchen und endet in Grainau. Sie wird mit besonderen Tallokomotiven betrieben. Ab Grainau schieben die Zahnradloks, betrieben mit 1650 Gleichstrom, die Wagen auf der Zahnstange System Riggenbach über die 250 Promille-Steigung. Ab 1954 wurden besondere Zahnradtriebwagen in Dienst gestellt. Die Zahnstrecke ist 11,1 km lang und führt auf einer Länge von 4,5 km durch einen Tunnel. Vom Endpunkt der Bahn, dem Hotel Schneefernerhaus, erreicht man den Zugspitzgipfel mit einer Seilschwebebahn.

Weitere interessante Zahnradbahnen bestehen in Deutschland auch auf den inzwischen völlig modernisierten Strecken der Drachenfelsbahn in Königswinter und der Stuttgarter Filderbahn nach Degerloch. Die Niederwaldbahnen von Assmanshausen und Rüdesheim sowie die Petersbergbahn ab Königswinter sind inzwischen abgebaut. Sie hatten bzw. haben alle eine Spurweite von 1000 mm und Zahnstangenbetrieb System Riggenbach.

Die Erzbergbahn über den Präbichl

In Österreich besteht nur eine Zahnradbahn für die Normalspur von 1435 mm und durchgehenden Reise- und Güterzugverkehr, die Erzbergbahn von Vordernberg über den Präbichl nach Hieflau zum Abtransport des Eisenerzes vom steirischen Erzberg, der schon seit Jahrtausenden abgebaut wird. Die Strecke Hieflau – Eisenerz (heute elektrifiziert) wurde am 6. Januar 1873 eröffnet. Zwischen dem Erzberg und Vordernberg bestand schon lange ein schmalspuriger (920 mm) Schienenweg, auf dem ab 1878 auch Dampfloks fuhren. Am 15. September 1891 wurde die 19,953 km lange Gesamtstrecke Vordernberg – Eisenerz in Betrieb genommen. Die Aufnahme des Personenverkehrs erfolgte ein Jahr später. Betrieben wurde die Strecke schon damals mit den z. T. noch heute betriebsfähigen Dampflokomotiven der Reihe 69, heute 97. Von der Gesamtlänge der Strecke wurden 14,6 km im Zahnradbetrieb durchgeführt nach dem System Abt mit einer größten Steigung von 740 Promille.
Die Strecke beginnt im 768 m hoch gelegenen Bahnhof Vordernberg, wo sich auch das Heizhaus befindet. Die Zahnstangenstrecke beginnt ab dem Bahnhof Vordernberg-Markt (844 m) und steigt dann bis zum Bahnhof Präbichl, in dessen Bereich sie ihren höchsten Punkt von 1206,12 m über NN erreicht. Anschließend liegt die Strecke, die jetzt viele Tunnel und Viadukte aufweist, in einem Gefälle, das sich über den 1070 m hoch gelegenen Bahnhof Erzberg bis zum Endpunkt, dem Bahnhof Eisenerz, in 692 m Höhe erstreckt. Die Zahnstange endet an der vor dem Bahnhof Eisenerz gelegenen Haltestelle Krumpenthal und ist selbstverständlich in den Bahnhöfen unterbrochen.
Die Bahn dient vor allem dem Abtransport des gewonnenen und mit einer werkseigenen Bahn mit Zahnradbetrieb herangefahrenen Erzes. Auf ihr findet aber auch durchgehender Reiseverkehr statt, der bis 1975 planmäßig mit Dampflokomotiven abgewickelt wurde. Die Dampfloks wurden von Uerdinger Schienenbussen der Reihe 5081 abgelöst. In den letzten Jahren wurden die Zahnradlokomotiven durch neue Dieselloks ersetzt, die die gleichen Leistungen im Adhäsionsbetrieb erbringen. Die Zahnstange wurde aber belassen, um fallweise Sonderfahrten mit den noch betriebsfähigen Dampflokomotiven durchführen zu können. Die drei Ausführungen dieser Maschinen stehen am Bahnhof Vordernberg, darunter auch der »Riese vom Erzberg«, die 1941 fertiggestellte 1 F 1 297 401, die schwerste und stärkste Zahnraddampflok der Welt. Dagegen ist die auch von der ÖBB betriebene Schafbergbahn eine reine Ausflugsbahn.
Die Salzkammergut-Lokalbahn-Gesellschaft erhielt am 13. Januar 1890 die Genehmigung zum Bau einer meterspurigen Zahnradbahn von St. Wolfgang-Schafbergbahnhof zur Schafbergspitze. Vorbild war hier die Rigibahn, obwohl das Zahnstangensystem Abt eingebaut wurde. Die Gesamtlänge der Verbindung beträgt 5842 m, auf denen die Bahn einen Höhenunterschied von 1192 m zu überwinden hat. Die schwächste Steigung beträgt 40 Promille, die stärkste 255 Promille.
Für die Bergfahrt von rund sechs km benötigt der Zug mit den 1893 gebauten Dampfloks 59 Minuten, der Dieseltriebwagen schafft es in 39 Minuten. Von den ursprünglich sechs Lokomotiven sind noch fünf im Einsatz, die sich bis auf die nachträglich eingebauten Giesl-Schornsteine noch im Originalzustand befinden. 1964 stellte man zwei dieselhydraulische Triebwagen in Dienst, die je 74 Personen befördern können.
Die zulässige Höchstgeschwindigkeit beträgt 7 km/h. Sobald die Geschwindigkeit infolge Unachtsamkeit des Lokführers die atemberaubende Höhe von 8 km/h erreicht, wird durch eine elektrische Überwachungs-

vorrichtung eine sofortige Bremsung eingeleitet.
Weitere Zahnradbahnen in Österreich sind bzw. waren die Schneebergbahn, 1000 mm Spurweite, System Abt, Dampfbetrieb; Achenseebahn, 1000 mm Spurweite, System Riggenbach, Dampfbetrieb; Gaisbergbahn (bei Salzburg), 1000 mm Spurweite, System Riggenbach, abgebaut; Kahlenbergbahn (bei Wien), 1435 mm Spurweite, System Riggenbach, abgebaut.

Jungfraujoch – der höchste Bahnhof Europas

Das Land mit den meisten Gebirgsbahnen ist aber die Schweiz. Aus dem großen Angebot seien nur einige bekannte Bahnen herausgegriffen. Auffallend ist, daß die meisten der Zahnradbahnen zum Ende des 19. Jahrhunderts eröffnet wurden, als in der Schweiz der touristische Wert der Berge entdeckt wurde. Da man damals die heute üblichen Seilschwebebahnen noch nicht mit der jetzigen Perfektion bauen konnte, wurde fast auf jeden bekannten Aussichtsberg eine Zahnradbahn gebaut. Neben der bereits eingangs erwähnten Vitznau-Rigi-Bahn wurde 1875 die nach dem Riggenbachschen System betriebene Arth-Rigi-Bahn eröffnet. Sie hat wie die Vitznau-Rigi-Bahn eine Spurweite von 1435 mm, ist 8,5 km lang und seit 1907 elektrifiziert. Das Stromsystem wurde 1949 auf das der Vitznau-Rigi-Bahn umgestellt.
Die Wengeralpbahn besteht seit 1893, ist seit 1908 elektrifiziert (1500 V Gleichstrom) und fährt auf 19 km Länge auf einer Spurweite von 800 mm nach dem System Riggenbach. Die größte Steigung der Bahn beträgt 250 Promille.
1889 wurde das System Locher das einzige Mal bei der nur 4,2 km langen Pilatusbahn eingesetzt. Sie ist mit 480 Promille Steigung die steilste Eisenbahn der Welt. Ihre Spurweite beträgt 800 mm. Der Betrieb wurde anfangs mit Dampftriebwagen durchgeführt, deren Kessel quer eingebaut war, um auch bei wechselnden Neigungsverhältnissen immer einen konstanten Wasserstand zu sichern. Einer dieser Dampftriebwagen ist im Deutschen Museum in München aufgestellt. Die Elektrifizierung der Pilatusbahn war 1937 beendet. Die Bahn wird seitdem mit Triebwagen mit 1550 V Gleichstrom betrieben. Die Triebwagen der Pilatusbahn hatten immer schon die typischen treppenförmig versetzten Abteile.
Einen anderen Rekord hält die auf 3454 m Höhe führende Jungfraubahn, deren Endstation Jungfraujoch der höchste Bahnhof Europas ist. Sie wurde von dem Schweizer Industriellen Guyer-Zeller entworfen, der vor der Vollendung der Bahn starb. Am 19. September 1898 wurde die erste Station »Eigergletscher« eingeweiht. 1902 wurde die Haltestelle »Eigerwand« in der berüchtigten Eigernordwand erreicht. 1905 folgte der Halt »Eismeer«, und 1912 war man am vorläufigen Endpunkt »Jungfraujoch«. Der vorläufige Endpunkt blieb endgültig, da eine Fortsetzung zum Gipfel aus Sicherheitsgründen nicht in Betracht kommt. Die Strecke beginnt an der kleinen Scheidegg, wo sie an die von Grindelwald und Lauterbrunnen kommende Wengeralpbahn anschließt. Sie steigt nach weitem Umweg durch Eiger und Mönch zur Jungfrau. Ab der Station Eigergletscher verläuft sie im Tunnel. Die Haltestellen sind Durchschläge des Tunnels durch den Fels, Fenster zu einer Gletscherwelt, die einmalig ist.
Bei Eröffnung der Gesamtstrecke von 9,34 km wurden noch rund drei km im Adhäsionsbetrieb durchgeführt, der Rest der Strecke 6,249 km hatte eine Zahnstange der Bauart Strub. Die Bahn besitzt Meterspur und eine Maximalsteigung von 250 Promille. Die Jungfraubahn wurde von Anfang an mit Triebwagen betrieben und hatte elektrische Traktion mit Drehstrom 650 V, 40 Hz. 1955 wurde die Bahn gründlich renoviert. Zuerst wurde die Zahnstange auf der Gesamtstrecke eingebaut, die Betriebspannung wurde auf 650 V, 50 Hz Drehstrom und dann nochmals 1964 auf 1125 , 50 Hz Drehstrom geändert.
Die durch die Landschaft um das Matterhorn führende, von Zermatt ausgehende Gornergratbahn wurde 1898 eröffnet und wird mit Abtscher Zahnstange betrieben – Spurweite 1000 mm. Die Bahn ist ebenfalls 9,3 km lang und hat eine Höchststeigung von 200 Promille. Der Betrieb wurde von Anfang an mit

elektrisch angetriebenen Triebwagen durchgeführt.
Die letzte Schweizer Zahnradbahn, die noch heute mit Dampflokomotiven betrieben wird und schon deswegen eine besondere Attraktion darstellt, ist die Brienz-Rothorn-Bahn, die seit 1892 nach dem System Abt betrieben wird. Sie hat eine Gesamtbetriebslänge von 7,6 km und hat dabei eine größte Steigung von 250 Promille. Die Spurweite der Brienz-Rothorn-Bahn beträgt 800 mm.
Die Brüninglinie, die von Luzern nach Interlaken führt und von den Schweizer Bundesbahnen verwaltet wird, wurde 1888 in Meterspur eröffnet, ist 64,3 km lang, wobei 9,3 km mit Zahnstange, System Riggenbach, betrieben werden. Die stärkste Neigung dieser Strecke beträgt 120 Promille.
Die größte Streckenlänge besitzt die Furka-Oberalp-Bahn (1914 eröffnet, Meterspur, 65,1 km Länge, 31,8 km Zahnstrecke nach System Abt). Der vielleicht landschaftlich schönste Teil der Bahn wird durch einen im Bau befindlichen 12 km langen Tunnel von Oberwald nach Realp nach dessen Fertigstellung im Jahre 1980 überflüssig und eingestellt. Diese Strecke führt heute noch durch das enge Rhônetal durch einen Kehrtunnel und den Furka-Scheiteltunnel bis zu einer Höhe von 2160 m. Der Streckenteil Oberwald – Andermatt ist nur im Sommer in Betrieb. Im Winter wird wegen der Schneehöhen und der Lawinengefahr teilweise die Fahrleitung entfernt und sogar die Steffenbachbrücke abgebaut und zu jedem Sommer neu aufgebaut.
Ein wohl einmaliger Eisenbahnknotenpunkt ist die auf 2060 m Höhe gelegene Kleine Scheidegg. Die Berner Oberlandbahn (1000 mm Spurweite, 1890 eröffnet, 23,6 km Länge, Zahnstangenbetrieb System Riggenbach) besitzt Endpunkte in Grindelwald und Lauterbrunnen, wo jeweils die Wengeralpbahn bis zu deren Endpunkt Kleine Scheidegg anschließt. Hier kann man dann in die Jungfraubahn umsteigen.
Die private Bern-Lötschberg-Simplon-Bahn (BLS) ist eine normalspurige Gebirgsbahn, die im Reibungsbetrieb mit einer Maximalsteigung von 27 Promille betrieben wird. Die BLS verfügt über ein Streckennetz von insgesamt 250 km mit 49 Tunnel, darunter dem 13,7 km langen Lötschbergtunnel. Die Bahn wurde schon ab 1908 mit dem heutigen Standardsystem von Einphasen-Wechselstrom von 15 kV und 16 ⅔ Hz betrieben. Ihre Maschinen sind in der Lage, schwerste Güter- und Schnellzüge über die Alpenrampen zu ziehen. Sie erfüllt als Privatbahn eine wichtige Aufgabe im internationalen Fernverkehr.
Der Bogen des Begriffes »Gebirgsbahnen« spannt sich also von einem kleinen Ausflugsbähnchen, das zu einer Aussichtshöhe führt, bis zu einer internationalen »Rollbahn«, wie dem Semmering, dem Brenner, Arlberg, Mont Cenis oder Simplon. Es ist auch heute noch ein Erlebnis, im klimatisierten Wagen eines TEE über Strecken zu fahren, deren Bau und Betrieb in den Anfangszeiten eine Meisterleistung und oft auch ein Abenteuer war, wie z. B. eine Fahrt über die Tauernbahn.
In diesem Kapitel sollten keineswegs alle Möglichkeiten beschrieben werden, die der Eisenbahn zur Überwindung des Gebirges zur Verfügung standen. Es sind nur einige Variationen, die von den Erbauern der Bahnen über die Höhen der Alpen und Mittelgebirge angewandt wurden, die wir hier zeigen können.
Im Rahmen der heutigen Technik werden kaum noch Zahnrad- und Gebirgsbahnen angelegt. Zum Transport großer Menschenmassen zu den Gipfellagen der Skiabfahrten dienen moderne, kilometerweit frei hängende Seilschwebebahnen. Berge wie Mont Blanc und Arlberg werden in gewaltigen, dem Straßenverkehr dienenden Basistunnel durchstochen.
Trotzdem zeigt es sich, daß die jetzt noch bestehenden Gebirgsbahnen eine reelle Chance haben, das nächste Jahrhundert nicht nur als Museumsbahn zu erleben. Am Beispiel der Wendelsteinbahn in Bayern zeigt sich, daß die Öffentlichkeit Interesse hat an leistungsfähigen, sicheren und umweltfreundlichen Transportmitteln, die touristische Anziehungspunkte erschließen, ohne, wie die Schlepplifte, eine unkontrollierbare Menschenmasse auf eine noch wenig berührte Natur loszulassen.

Peter Aschenbrenner/Walter Hien

Romantische Kleinbahnen« – gibt es sie noch? Lohnt es sich überhaupt, heute über Nebenbahnen zu schreiben, da für einen europäischen Durchschnittsbürger Städteflüge durchaus erschwinglich geworden sind? Die Beifügung »romantisch« scheint keine Schwierigkeiten zu bereiten, zumal im Zeitalter der europäischen Vollmotorisierung die restlichen, ums Überleben kämpfenden Kleinbahnen ohnedies nur noch historisch behandelt werden können.
Dennoch sei schon hier eine erste Einschränkung angebracht: Von der Stimmung einmal abgesehen, die der dampfgeführte, in heiler Landschaft dahinzuckelnde Kleinbahnzug ausstrahlte – vernachlässigtes Rollmaterial, unkrautüberwucherte Gleisanlagen, erneuerungsbedürftige Gebäude täuschen mitunter dort Romantik vor, wo tatsächlich das Geld für die einfachsten Dinge fehlt und das Wirtschaften mit unzulänglichen Mitteln zur Tagesordnung gehört. Dennoch – über den Begriff »Romantik« wird man sich schnell einigen können. Anders mit dem übrigens recht jungen Wort »Kleinbahnen«. Rölls »Enzyklopädie des gesamten Verkehrswesens« von 1893 widmet diesem Wort ganze vier Zeilen: »Kleinbahnen, neuestens in Übung gekommene Bezeichnung für die Bahnen niederster Ordnung.« Ist der Begriff damit klar erfaßt? Wohl kaum. A. Liebmann umreißt ihn 1910 in seiner Arbeit »Die Klein- und Straßenbahnen« so: »Als Kleinbahnen wird man etwa solche dem öffentlichen Verkehr dienende Bahnen zu bezeichnen haben, deren Verkehr für die Allgemeinheit von geringer Bedeutung ist, sei es, daß er an sich klein ist oder daß er sich nur auf ein kleines Gebiet erstreckt.«
Umfassender ist der Versuch einer Beschreibung, wie sie im Berliner Tageblatt Nr. 201 von 1902 erschien: »Die Kleinbahn ist ein durchaus vollwertiges Glied in der Reihe der öffentlichen Verkehrsmittel ... sie unterscheidet sich von den Vollbahnen dadurch, daß sie nur die Bedürfnisse eines beschränkten Verkehrsgebietes zu decken hat ... ihr Streben geht dahin, durch tunlichstes Vereinfachen ihrer Einrichtungen zu ermöglichen, daß auch entlegene Gegenden in den Genuß eines Bahnanschlusses gelangen.«
Es bleibt die Frage, ob sich der Begriff »Kleinbahnen« überhaupt einwandfrei und mit einheitlichen Maßstäben auf die verschiedensten Bahnen dieser Art anwenden läßt. Wahrscheinlich nicht. Trifft etwa die Beifügung »klein« zu, weil es sich um schmalspurige Linien handelt oder weil eine bescheidene Streckenlänge diese Einschränkung verdiente? Leistungsfähige und technisch aufwendige Schmalspurbahnen in allen Teilen der Welt lassen diese Auslegung nicht zu. Die in 760 mm-Spur ausgeführte Darjeeling-Himalaya-Eisenbahn zum Beispiel mit ihren 82 km Streckenlänge bewies mit dem Überwinden von 2130 m Höhenunterschied, daß eine Schmalspurbahn selbst im Hochgebirge betriebssicher ist. Zahlreiche Spitzkehren, Einfach- und Doppelschleifen verlängerten in diesem Fall aber die Strecke ungemein, denn die beiden Endpunkte Darjeeling und Siliguri sind in der Luftlinie lediglich 37 km voneinander entfernt.
Gewährleisten vielleicht Privatbahnen das Zutreffen der Bezeichnung »Kleinbahn«? Wohl auch nicht immer. Denn, um aus der heimatlichen Sicht ein Gegenbeispiel anzuführen: Die längst verstaatlichten Strekken der Steyrtal- und der Niederösterreichischen Waldviertelbahn weisen mehr Kleinbahncharakter auf als so manche, vergleichbare Privatbahn.
Klammert man einmal reine Vergnügungsbahnen (380 mm-Spur), Werks-, Wald- und Straßenbahnen sowie Heeresfeldbahnen aus, so beginnen schon hier bedeutende Zuordnungsschwierigkeiten. Werks- und Waldbahnen mit beschränkt öffentlichem Personenverkehr etwa, auch Überland-Straßenbahnen mit Kleinbahn-Betriebsweise, sind rein vom Verstand her mit dem Kleinbahn-Begriff schwer zu erfassen. Man sollte daher ruhig dem Gefühlsbereich seine Geltung lassen und auf eine klare Auslegung verzichten. Lohnender ist es, auf Wesen und Eigenart der kleinen Bahnen einzugehen. Die ihnen in Vergangenheit und Gegenwart oftmals zugefallene Geringschätzung verdienen sie weder in technischer noch in volkswirtschaftlicher Hinsicht. Gerade das, was manchmal zu Spott, Witz

und Karikatur herausforderte, nämlich die Arbeit mit bescheidenen Mitteln und das Anpassen an einfachste Verhältnisse, bildete den Vorzug und das eigentlich Wesentliche der Kleinbahnen. Aus diesem Anpassen und Einfügen in die Märkte, Dörfer und Landschaften, den meist von der zwingenden Sparsamkeit herrührenden einfachen Begleitumständen, der betrieblichen Gemächlichkeit, aber auch dem meist herzlichen Nahverhältnis zu Bediensteten und Mitreisenden entstand jenes Ganze, das wir heute mit dem Begriff der »romantischen Kleinbahn« umfassen und das uns einzelne Museumsbahnen nur unzulänglich wiederzugeben vermögen.

Wer, um die unvergessene Salzkammergut-Lokalbahn zu erwähnen, seinerzeit im »Hotel zum Erzherzog Franz Karl« in Mondsee oder im St. Gilgner »Gasthof Lueg« abstieg, fand nichts dabei, daß die Häuser sozusagen in den SKGLB-Bahnbetrieb eingebunden waren. In J. Fischers »Hotel Plomberg« am Mondsee konnte der Gast sogar unmittelbar vom Gasthof-Vorgarten aus den Zug besteigen, da dieser gleichzeitig die Haltestelle Plomberg bildete. Es war noch ein »miteinander« statt des heutigen »nebeneinander«.

Ein Spottvers, der den Schaffner der Breslauer Kleinbahn im vollbesetzten Sonntagszug vor einer Steigung nächst Trebnitz angeblich ausrufen ließ: »Erste Klasse sitzenbleiben, zweite Klasse aussteigen, dritte Klasse aussteigen und anschieben!«, mag stellvertretend für viele stehen. Er zeigt aber gleichzeitig, daß diese Bahnen volksnah, anerkannt und Teil des Lebens breiter Bevölkerungskreise waren.

Die Blütezeit der Kleinbahnen begann zu Ende des vergangenen Jahrhunderts. Als damals im dichtbesiedelten Europa die wesentlichen Hauptbahnen bereits bestanden, ergänzten in zunehmendem Maße Klein- und Nebenbahnen die verkehrsmäßige Aufschließung von Gebieten, die noch abseits lagen, am wirtschaftlichen Aufschwung aber auch teilhaben wollten. Ihre große volkswirtschaftliche Bedeutung, als der bis dahin von Pferdefuhrwerken bewerkstelligte Güterverkehr von der Landstraße auf die ungleich raschere und leistungsfähigere Eisenbahn überging, ist unbestritten. Hierzu ein zeitgenössischer Vergleich: Im Deutschen Reich kostete ein Tonnenkilometer Ware beim Fuhrwerksbetrieb 1910 durchschnittlich 30 Pfennig gegenüber 13 Pfennigen auf Kleinbahnen, beim Reiseverkehr waren 10 gegenüber 4 Pfennig je Personenkilometer zu bezahlen. Dazu kommt natürlich die wesentliche Zeitersparnis! In der klaren Erkenntnis der sich daraus für Land und Leute ergebenden Vorteile nahm sich die Gesetzgebung schon früh dieser Sache an. In Frankreich regelte bereits 1865 ein Gesetz grundsätzlich das Zustandekommen von Lokalbahnen, 1879 folgte Italien in ähnlicher Form, in Belgien brachte die Gründung der SNCV 1884 den Kleinbahnen einen kräftigen Auftrieb. In den deutschen Ländern förderte Bayern mit einem Gesetz vom 29. April 1869 den Bau von Vizinalbahnen, in Preußen begünstigte der Staat durch eine Reihe von Spezialgesetzen den Bau von Kleinbahnen ungemein. Das preußische Kleinbahngesetz vom 28. Juli 1892 ist das in seiner Art wohl umfassendste. In Österreich nahm das Lokalbahngesetz vom 25. Mai 1880 eine bevorzugte Stellung ein, nachdem in den Nachwirkungen der Börsen- und Finanzkrise von 1873 die private Bahnbau-Tätigkeit nahezu erlahmt war. Ungarn erstellte am 14. Juni 1880 ebenfalls ein Sekundärbahn-Gesetz, und noch viele weitere ließen sich aufzählen.

Aus heutiger Sicht würde man dabei allerdings vornehmlich an Auflagen und Einschränkungen denken. Dem war nicht so. Solche Verordnungen, ja eigene Kleinbahngesetze, brachten den Bahnen wesentliche Erleichterungen in Form staatlicher Beihilfen, Übernahme des Betriebs durch die Staatsbahnverwaltung, vollständigen oder teilweisen Erlaß von Gebühren und Abgaben, erleichterte Auflagen, Tariffreiheit, Fahrplan-Freizügigkeit, befristete Steuerbefreiung, Zinsendienst und dergleichen mehr. Kein Wunder, daß demnach durch die Rührigkeit kapitalstarker Einzelpersonen, von Bankhäusern, aber auch zahlreicher Gemeindeverwaltungen gerade in Europa ein überaus dichtes Netz von Klein- und Zubringerbahnen entstand.

Obgleich nicht nach denselben Richtlinien zugezählt,

gibt eine Übersicht der Verbreitung von Kleinbahnen im Europa von 1909 doch ein brauchbares Bild:

	Anzahl	km	Dichte ($km/100 km^2$)	
Belgien	139	2536	8,75	
Niederlande	71	1931	5,84	
Schweiz	106	1276	3,11	1)
Ungarn	136	9162	2,83	
Italien	293	3955	1,36	2)
Deutschland	250	7565	1,40	3)
Frankreich	–	6421	1,20	Lokalbahnen
Österreich	–	3659	1,03	Lokalbahnen

1) 11 Zahnrad- und 29 Drahtseilbahnen sind miteingerechnet.
2) Einschließlich Straßenbahnen.
3) Das Wort von der so und so auslegbaren Statistik scheint sich hier zu bestätigen, denn allein Preußen führte am 31. März 1909 bereits 8389 km nebenbahnähnlicher Kleinbahnen, wovon Pommern mit 1488 km den weitaus größten Anteil aufwies. Die Durchschnittslänge einer preußischen Kleinbahn betrug 34,15 km.

Bei den Fahrbetriebsmitteln unterschieden sich die zunächst vorherrschenden Kleinbahn-Dampflokomotiven in ihren Bauarten kaum von den Vollbahn-Konstruktionen. Laufachslose Tenderloks bewährten sich; infolge weitgehenden Fehlens von Drehscheiben sollten die Maschinen in beiden Fahrtrichtungen mit nahezu gleich günstigen Eigenschaften für Sicht und Laufruhe betrieben werden können. Da die Wegübergänge bei Kleinbahnen durchweg unbewacht blieben, mußten die Lokomotiven mit handbetätigten Glocken oder Dampfläutewerken ausgestattet sein, womit die Herkunft des Begriffs »Bimmelbahn« geklärt sein dürfte.

Aus wirtschaftlichen Überlegungen herrührende Versuche zur Einmann-Bedienung konnten sich bei den Dampfloks nicht durchsetzen – selbsttätige Feuerung, frei überschaubare Strecke und Übergang zum Wagenzug, damit im Notfall der Zugführer auch während der Fahrt auf die Maschine gelangen konnte, sollten dies ermöglichen. Zwei- und dreifach gekuppelte Tenderlokomotiven herrschten vor, in nord- und ostdeutschen Provinzen galt die preußische T3 als die klassische Kleinbahn-Lok.

Die Notwendigkeit, trotz meist geringen Personen- und Güterverkehrs dennoch ein ausreichendes Zugangebot zur Verfügung stellen zu müssen, dabei aber die Kosten niedrig zu halten, führte die Klein- und Privatbahnen schon sehr früh zum Verwenden von Triebwagen. Dampftriebwagen, also Lokomotive und Fahrgastraum zugleich, waren die kleinste, im Bahnbetrieb verfügbare derartige Einheit. Ein günstiges Verhältnis zwischen Roh-und Nutzlast ergab gegenüber einer Zugeinheit vorteilhaft niedrige Anschaffungskosten, dazu ließ die hohe Anfahrbeschleunigung ein häufiges Halten ohne Verlängern der Reisezeit zu. Der überstaatliche Straßen- und Kleinbahn-Kongreß in München errechnete 1908 einen Zugkilometer-Preis von 38 Pfennigen beim Dampftriebwagen gegenüber 80 bis 104 Pfennigen beim Elektrotriebwagen und gar 122 Pfennigen beim lokbespannten Zug. Allerdings dürfen häufige, entwicklungsbedingte Rückschläge bei den verschiedenen Bauarten der schon ab 1878 (Belpaire-»Dampfmotorwagen«) eingeführten Dampftriebwagen nicht verschwiegen werden. Bei oft einmänniger Bedienung, zu geringer Dampfleistung bei angehängtem Wagenzug und technischer Unausgereiftheit gab es zahlreiche Ausfälle, reichlich Grund zum Ärger und oft nur wenige Betriebsjahre. Dennoch sind die Dampftriebwagen in ihren mannigfachen Bauformen (Serpollet, de Dion et Bouton, Turgan, Purrey, Stoltz, Komarek, Kittel u.a.m.) aus der Geschichte der Kleinbahn-Zugförderung nicht mehr wegzudenken. Aus den ab 1881 aufkommenden Speicher- und benzinelektrischen Triebwagen erwuchs ihnen ein Wettbewerber, doch erst die ab 1893 entwickelten Triebwagen mit Verbrennungsmotoren führten diese Fahrbetriebsmittel zum Durchbruch. Mit den Dieseltriebwagen hatten die Kleinbahnen ab den zwanziger und dreißiger Jahren ein brauchbares Mittel zur Abwehr der erdrückenden, oftmals sogar von öffentlicher Hand betriebenen Straßenkonkurrenz (Postkraftverkehr!) zur Hand.

Von einigen Traditions- und Museumsbahnen abgesehen, ist die Dampflokomotive auf europäischen Kleinbahnen (ausgenommen die später noch zu erwähnenden südosteuropäischen Waldbahnen) verschwunden. Das Feld beherrschen die ausgereiften, wartungsfreundlichen und nun tatsächlich einmännig zu fahrenden Motorlokomotiven und Dieseltriebwagen. Hierzu die Fahrzeugübersicht aus dem deutschen »Handbuch der öffentlichen Verkehrsbetriebe« (HÖV) von 1940 für Privatbahnen und nebenbahnähnliche Kleinbahnen; in Klammern zum Vergleich die Zahlen aus dem westdeutschen VDNE-Mitgliederhandbuch von 1957:

Dampflokomotiven	1994	(727)
Elektr. und Motorlokomotiven	120	(338)
Triebwagen	758	(682)
Personenwagen	4276	(1389)
Gepäckwagen	1018	(347)
Güterwagen	25 295	(9094)
Spezialwagen	2862	(1113)

Von den rund 600 Lokomotiven der im BDE-Mitgliederhandbuch von 1969 für Westdeutschland und West-Berlin genannten Privatbahn-Lokomotiven waren nur noch acht Prozent Dampfloks, die überdies Reservefahrzeuge darstellten, dafür war der Anteil der Diesellokomotiven schon auf 85 Prozent gestiegen. Die nebenbahnähnlichen Kleinbahnen Preußens, um noch eine Vergleichsziffer aus alter Zeit zu nennen, verfügten am 31. März 1909 über 1099 Dampfloks, acht »Dampfmotorwagen«, elf Elektroloks, 2557 Personen- und 13 949 Güterwagen. Nur 29 dieser 234 Bahnen wiesen 1908 keinen Reingewinn aus!

Die Anlagekosten spielten bei den zumeist privaten Unternehmen durch die Notwendigkeit, trotz des geringen Verkehrsaufkommens einen Ertrag herauszuwirtschaften, eine bedeutende Rolle. Der Anlagenaufwand mußte auf ein Mindestmaß herabgedrückt werden. Schmalspurbahnen, kleine Krümmungshalbmesser, starke Neigungen, das Anpassen ans Gelände, ja, oft das Mitbenützen von Landstraßen, einfache Ausstattung von Wagen, aber auch von Gebäuden sind einige der bei Klein- und Nebenbahnen zweckbedingt angewandten Vereinfachungen. Die geringe Fahrgeschwindigkeit erlaubte leichte Lokomotiven und schwachen Oberbau; Signal- und Sicherheitseinrichtungen bestanden häufig nur in einfachster Form. Das Ergebnis: Bei durchschnittlichen Anlagekosten von 265 000 Mark je Vollspur-Bahnkilometer (Deutsches Reich, 1910) kam in Preußen ein km nebenbahnähnlicher Kleinbahn bei Normalspur auf durchschnittlich 78 000 Mark, bei Schmalspur (meist 750 mm und Meterspur) auf rund 48 000 Mark. Die Hümmlinger Kreisbahn (26 km, 750 mm-Spur) brachte es einschließlich des Grunderwerbs gar auf nur 18 000 Mark je Kilometer! Dazu noch ein Beispiel aus der österreichischen Reichshälfte der Habsburger-Monarchie: Im Januar 1913 waren für eine 28 km lange, normalspurige Lokalbahn von Edlitz – Grimmenstein (Aspangbahn, heute ÖBB-Strecke 52) über Kirchschlag (Bucklige Welt) zur damaligen ungarischen Landesgrenze 75 800 Kronen je Kilometer veranschlagt.

Nach der Art der Anlage und der Erfüllung ihres Zwecks könnte man, grob gesehen, drei Gruppen von Kleinbahnen unterscheiden:

Stichbahnen verbinden einen abseits der Hauptbahn gelegenen Ort, einen Industriebetrieb oder ein ganzes Seitental mit dem Hauptverkehrsweg.

Verbindungsbahnen erzielen durch das Verbinden zweier oder mehrerer Hauptstrecken Wegkürzungen und erschließen das Umland.

Netzbahnen erschließen ein ihnen zufallendes Gebiet mit einem ganzen Bahnnetz, was besonders im Flachland oder bei Waldbahnen anzutreffen ist – oder leider meist schon war.

Doch genug der Theorie. Viel wurde besonders in Europa an Klein- und Nebenbahnen geschaffen, eine große Zahl weiterer Vorhaben stand vor der Verwirklichung – der Erste Weltkrieg, die Not der darauffolgenden Jahre, die spätere Wirtschaftskrise und sodann die zunehmende Motorisierung breiter Bevölkerungsschichten ließen selbst sinnvolle, ja zwingende Vervollständigungen und Abrundungen unvollständiger Strecken und Bahnnetze unterbleiben.

Obgleich die Wirtschaftskrise der dreißiger Jahre so manche Kleinbahn sang- und klanglos verschwinden ließ, nennt das HÖV von 1940, also in der bislang größten staatlichen Ausdehnung, von der »Kleinbahn-AG Bebitz-Alsleben« bis zur »Zschornewitzer Kleinbahn GmbH« (wer kennt die heute noch?) 297 nebenbahnähnliche Kleinbahnen mit 9501 km Streckenlänge, dazu noch 138 Privatbahnen mit weiteren 4815 km Strecken sowie 68 gewerbsmäßig betriebene Privatanschlußbahnen – Straßenbahnen natürlich ausgenommen!

Im westdeutschen Teilstaat führt das VDNE-Mitgliederhandbuch von 1957 dann noch 192 Klein- und Nebenbahnen des öffentlichen Verkehrs sowie 43 Industrie-und Hafenbahnen auf. 1969 waren es noch 138 im BDE zusammengeschlossene Eisenbahnen des öffentlichen Verkehrs, nahezu alle bereits mit angeschlossenem Kraftverkehrsbetrieb, sowie rund 45 Hafenbahnen. Die Gegenwart der deutschen Privat- und Kleinbahnen ist wenig romantisch – der Verdrängungswettbewerb der Straße zwingt den Betriebsleitungen rücksichtsloses Rationalisieren auf. Die Romantik im alten Sinn spiegelt sich vielleicht noch bei dem einem oder anderen alten Triebwagen wider, muß aber schon gesucht werden. Dampf gibt's noch bei Museumsbahnen oder Sonderfahrten für Eisenbahnfreunde. Wer etwa auf der Strecke Frankfurt – Königstein noch die in den fünziger Jahren verkehrenden pfälzischen P5 und preußischen $T9^1$ in Erinnerung hat und heute im DB-Wendezug die Strecke abfährt, um noch einiges an Romantik zu entdecken, wird seine Erwartungen gehörig zurückstecken müssen.

In Mitteldeutschland behielten die 1949 zwangsverstaatlichten Privat- und Kleinbahnen wohl noch weitere Jahre ihr ureigenes Kleinbahn-Wesen, bis sie eben auch hier dem Straßenwettbewerb zum Opfer fielen. Bad Doberan – Kühlungsborn an der Ostsee, die Schmalspur auf Rügen oder aber die Harzquerbahn Nordhausen – Wernigerode sind das Ziel nicht nur dampflokbegeisterter Eisenbahnfreunde, sondern breiter Bevölkerungskreise überhaupt. Diese Bahnen sind längst mehr als reine Beförderungsmöglichkeiten, zumal im Harz sogar noch die Mallet-Loks der ehemaligen NWE Reihe 99^{590} dampfen. Irgendwie drückt sich das auch in den Erwägungen der DR aus, bestimmte Schmalspurstrecken wie etwa Radebeul – Radeburg im Nahbereich Dresdens als »Traditionsbahnen« weiter zu erhalten. Wir werden uns mit dieser stark geminderten, ja gewandelten Form von Romantik im Bahnbereich abfinden müssen, wollen wir nicht nur der Vergangenheit nachhängen. Oder ist die 750 mm-Strecke von Wolkenstein nach Jöhstadt im Erzgebirge, heute wegen der noch verkehrenden Meyer-Gelenklok 99^{51-60} ein Zielpunkt nicht nur der mitteldeutschen Eisenbahnfreunde, noch eine romantische Kleinbahn im klassischen Sinn? Von der Landschaft und vom Fahrpark her wohl. Vom ganzen Drumherum her aber ... die früher einmal zum Ausflugsgebiet der Chemnitzer zählenden Cafés und Gasthöfe sind geschlossen, umgewidmet – die gemütlichere Vergangenheit ist unleugbar dahin.

Wenden wir uns Kleinbahn-Eindrücken, Augenblicks-Aufnahmen romantischer Kleinbahnen außerhalb der deutschen Lande zu – schauen wir uns ein wenig in der Welt um! Grün lackierte, stattliche, vollverkleidete Dampfstraßenbahnen-Loks mit Personenzügen aus Zweiachsern auf belgischen Landstraßen, gleichartige Maschinen von Güterzügen, im Werksverschub, mit Vollbahngüterwagen auf Rollwagen – jahrzehntelang prägten die Dampftramway-Loks der SNCV das Bild auf den Straßen Belgiens mit. Dieses Land mit seinem an sich überaus dichten Hauptbahnnetz erhielt nach Gründung der Nationalgesellschaft für Vizinalbahnen (Société Nationale des Chemins de Fer Vicineaux = SNCV, 28. Mai 1884) als alleinigem Konzessionsträger durch diese zweckmäßige Organisation ein einheitliches, weitverzweigtes Kleinbahnnetz. Das Zusammenwirken von Staat, Provinz und Gemeinden war gesichert. 1882 besaß Belgien ganze 81 km Lokalbahn, 1884 nahm die SNCV 1200 km in Angriff. 1911 bestanden bereits 179 durchwegs meterspurige Linien mit zusammen 4670 km Streckenlänge. Die Gegenwart? Soweit die Strecken nicht eingestellt sind, gibt es Dieselbetrieb sowie auf elektrischen Straßenbahnbetrieb umgestellte Linien.

Luxemburgs Schmalspurstrecken, von den breiten Straßen der Hauptstadt ausgehend und mit Dampflokomotiven bis in die fünfziger Jahre betrieben, sind leider reine Vergangenheit. Vielfältig ist das Bild französischer Kleinbahnen. Es reicht vom klassischen PmG (Personenzug mit Güterbeförderung, also dem »gemischten Zug«) auf der Dorfstraße über weitverzweigte Landwirtschaftsbahnen, etwa dem ausgedehnten Meterspurnetz der Résau Breton in der Bretagne, bis hin zu Waldbahnen in den Vogesen und schmalspurigen Dampfzahnradbahnen vor prächtigen Alpengipfeln. Ein besonderer Hang zur Mallet-Bauart sowie zu Dampfstraßenbahn-Lokomotiven ist festzuhalten. Gerade aber Frankreichs Kleinbahnen hatten stets besonders mit wirtschaftlichen Rückschlägen, bedingt durch geringes Verkehrsaufkommen in dünnbesiedelten Gebieten, zu kämpfen. Kleinbahngesetze von 1865, 1880 und 1913 brachten nur wenig Erfolg – viele Bahnen erwiesen sich trotz staatlicher Hilfeleistung als nicht lebensfähig. Mit Motortriebwagen suchte man die Kosten zu drücken, doch schon in den fünfziger und sechziger Jahren waren umfangreiche Gleisanlagen mit verrottetem Rollmaterial und unkrautüberwucherten Lokomotiven ein leider allzu häufiges Bild in Frankreich.

In den Niederlanden gab es 1878 ein erstes Kleinbahngesetz und 1911 bereits 79 Gesellschaften mit 2414 km Betriebslänge. Besonders häufig waren auch hier »Tramway-Lokomotiven« mit verkleidetem Triebwerk, da sich der Verkehr häufig auf Dorf- und Landstraßen abwickelte. Als krasser Gegensatz dazu sei die mächtige Henschel-Garratt-Lok der LTM erwähnt, die aber auch Triebwerksblenden trug. Im überaus modernen Holland der Gegenwart – die Bewohner gelten als begeisterte Busfahrer – wird man von der Erinnerung an die niedlichen Zugkompositionen der verschiedenen »Tramweeg-Maatschappijs« zehren müssen.

Das klassische Fremdenverkehrsland Schweiz hat zahlreiche Privatbahnen in meist prächtiger Alpenlandschaft. Die vorwiegend meterspurigen Linien sind durchweg elektrifiziert und auf einen technisch hochwertigen Stand gebracht. Auch sie kämpfen ums Überleben, doch scheint die Einstellung der Eidgenossen zu ihren Bahnen eine recht bejahende zu sein. Einige Gesellschaften halten auch Dampfloks betriebsfähig, welche bei zahlreichen, gutbesetzten Sonderfahrten ungeschmälertes Interesse finden.

Italien galt als Land der Dampfstraßenbahnen, die unter der Entwicklung der Großstädte naturgemäß früh auf elektrischen Betrieb umgestellt wurden. Auf Sizilien hingegen oder dem weitverzweigten Schmalspurnetz Sardiniens, aber auch am Festland wie zum Beispiel bei der Kleinbahn Bari – Barletta, konnte man bis in die jüngste Zeit hinein Eisenbahn-Romantik vorfinden. Um Südosteuropa zu streifen: Die alten Bosnisch-Herzegowinischen Landesbahnen (BHLB) könnten als Vertreter einer vollbahnähnlichen, leistungsfähigen Schmalspurbahn gelten, die slawonische Drautalbahn (SPZ) hingegen als romantische Kleinbahn schlechthin.

In Jugoslawien fällt es nicht leicht, Schwerpunkte zu setzen – für zahlreiche Schmalspurbahnen traf noch vor 25 Jahren die Beifügung »romantisch« voll zu. Ein vergangener Leckerbissen besonderer Art war die Bahn am Ochrid-See nahe der albanischen Grenze. Von deutschen Feldeisenbahnern während des Ersten Weltkriegs erbaut, hielt sich diese 600 mm-Strecke mit ureigenstem Fahrpark bis in die fünfziger Jahre. Griechische Kleinbahn-Impressionen sind besonders einprägsam. Vollbahnähnliche Dampfzüge mit 1D1-Schlepptenderloks unter Palmen und Olivenhainen auf den meterspurigen Thessalischen Kleinbahnen, die den Peloponnes umrunden, daneben geschmackvoll gestaltete Dieseltriebzüge. Oder dampfgeführte Personenzüge derselben Gesellschaft auf der 600 mm-Strecke Volos – Milea, vorbei an lethargischen Eselgespannen und stehengebliebenen Radfahrern – das gab es noch in den sechziger Jahren.

Ebenso bunte, vielfältige Bilder boten Kleinbahnzüge auf der Iberischen Halbinsel. Vor allem in Nordspanien kam der Eisenbahnfreund voll auf seine Kosten. Auf der vollbahnähnlichen Meterspurstrecke Bilbao – Leon etwa, gab es 2C1-Schlepptenderloks vor Garnituren mit vierachsigen Reisezugwagen, im Gegensatz dazu etwa die gemischten Züge der 1969 eingestellten

AG (Alcoy-Gandia) in wildspanischer Landschaft, vorbei an Burgen und Obstgärten, ja durch romantische Canyons. Die Kastilischen Kleinbahnen (FSC) seien noch stellvertretend erwähnt oder die einfach einmalige, 1968 leider eingestellte Kleinbahn Onda – Castellon: Durch schmale Straßen Castellons durchgelotste Dampfzüge oder aber das handbetätigte Drehen der Loks in einem Hinterhof von Onda – das kommt nicht wieder. In Nordportugal läuft der Meterspur-Dampfbetrieb in diesen Jahren aus.

Den zahlreichen britischen Eisenbahn-, Romantiksprich Dampflok- und Schmalspurliebhabern bleibt heute die Isle of Man oder Wales mit seiner Talyllyn Railway, Rheidol, Welshpool & Leanfair Railway und wie sie sonst noch alle heißen. In waldreicher Landschaft gelegen, haben die acht Linien heute bereits den Charakter von Museumsbahnen und dienen vornehmlich dem Fremdenverkehr.

Skandinavien und Dänemark? Hier stach besonders letzteres hervor – Privatbahnen, die noch in den fünfziger Jahren richtige Bilderbuch-Garnituren mit Dampflok, Dienst- und etlichen Personenwagen führten, aber auch recht eigenwillig aussehende Motortriebwagen älterer Bauart prägten das Bild dänischer Nebenbahnen.

Und sonst? In Indien, Indonesien, Japan, in Amerika und Afrika? Soweit aus unserer Sicht auf manche Bahnen der Leitbegriff zutreffen mag, wird er von den Menschen dort nicht in der gleichen Weise gewertet werden – dazu ist die Denkungsart zu verschieden.

Die Waldeisenbahnen

Ein letztes Wort zu einer besonders romantischen Art von Kleinbahnen, den Waldeisenbahnen. Obgleich in Bayern die Waldbahnen Spiegelau und Zwieselau längst Vergangenheit sind, die Lanckoronskysche Waldbahn in Steinhaus am Semmering auch nur noch wenigen ein Begriff ist, die Reichraminger Waldbahn vor gut drei Jahren den Betrieb einstellte – um nur einige zu nennen – und auch die Lunzer Waldbahn als letzte in Österreich bis auf ein Reststück verschwunden ist – es gibt sie noch.

In Rumänien und der Slowakei, vielleicht auch noch in Karpatho-Rußland. Die slowakischen Waldbahnen werden, soweit zugänglich, nun auch durch devisenbringende Sonderfahrten staatlich vermarktet. Wäre ein freies Bewegen im Land möglich und berührte man nicht häufig irgendwelche militärischen Sperrgebiete – ein Aufspüren dieser Bahnen, oder was von ihnen übrig ist, böte Anreiz in Fülle.

Das slowakische Erzgebirge war mit seinen vielen Hüttenbetrieben besonders reich an Industrie- und Waldbahnen. Zurück zu letzteren: In waldreichen, verkehrsmäßig noch nicht erschlossenen Gebieten führen deren Strecken aus einem oder mehreren Nebentälern zu einer Ladestelle oder einem Verarbeitungsbetrieb. Bergan waren nur die leeren Schemelwagen zu befördern, weshalb große Steigungen bis zu 100 Promille (Waldbahn Lubochna) in Kauf genommen werden konnten. Talwärts ging's beladen, mitunter wurde auch ein beschränkt öffentlicher Personenverkehr betrieben. Leider gibt es die meisten der zahlreichen slowakischen Waldbahnen nicht mehr. In letzter Zeit wurden die Bahnen Viglas und Lubochna aufgelassen, das Netz Zakamenne in den Beskiden (mit Spitzkehre) schon um 1970. Nunmehr ist auch die PLZ (Povazska Lesne Zeleznice, ursprünglich Vaag Erdei Vasut) im Tal der schwarzen Waag bereits stillgelegt, ein Dammbau besiegelte ihr Ende. 15 Jahre zuvor traf die Waldbahn Krivan das gleiche Schicksal – auch sie mußte einem Dammbau weichen. Das beachtenswerte Netz der Waldbahn Hronec hingegen dürfte erhalten bleiben. In Siebenbürgen, ja, in ganz Rumänien gibt es noch mehrere Waldbahnen. Wie lange noch?

Zweifellos gab es sie, die »romantischen Kleinbahnen«. Gibt es sie noch? Die Antwort auf diese eingangs gestellte Frage wird von den Eigenschaften abhängen, die der einzelne Leser bei der Beurteilung voraussetzt, und von den Maßstäben, die er anlegt. In der ureigenen, gemütlich-liebenswerten Form werden wir sie in unserer hektischen Gegenwart nicht mehr finden.

Helmut Griebl

152

153

Die Blütezeit der Kleinbahnen begann zu Ende des vergangenen Jahrhunderts. Sie ergänzten die verkehrsmäßige Aufschließung von Gebieten, die noch abseits lagen, jedoch am wirtschaftlichen Aufschwung teilhaben wollten. Ihre große volkswirtschaftliche Bedeutung, als der bis dahin von Pferdefuhrwerken bewerkstelligte Güterverkehr von der Landstraße auf die ungleich raschere und leistungsfähigere Eisenbahn überging, ist unbestritten. Die durch das Innerste-Tal von Langelsheim hinaufführende Bahn nach Altenau schloß die Oberharzer Bergbaugebiete an das Hinterland an (150).

Ebenso romantisch wie das Zillertal ist dieser Personenzug bei Schlitters, gezogen von einer C 1-Lok Nr. 3, früher Reihe Uv, Spur 760 mm (151). Da die Wegübergänge bei Kleinbahnen durchweg unbewacht blieben, mußten die Lokomotiven mit handbetätigten Glocken oder Dampfläutwerken ausgestattet sein, womit die Herkunft des Begriffs »Bimmelbahn« geklärt sein dürfte.

Von der Landschaft und vom Fuhrpark her ist die 750 mm-Kleinbahn von Wolkenstein nach Jöhstadt im Erzgebirge noch eine Kleinbahn im klassischen Sinn. Wegen der heute noch verkehrenden Meyer-Gelenklok, Reihe 99, ist diese Strecke ein Zielpunkt nicht nur für mitteldeutsche Eisenbahnfreunde.
Die 99 1590-1 wartet vor dem Lokschuppen in Jöhstadt auf ihren nächsten Einsatz (152) – Fahrt frei heißt es für die 99 1606-5 im Bahnhof von Wolkenstein (153).

154

Noch im August 1965 konnte man auf der Zahnstangenstrecke von Sarajewo nach Ploče diese Zahnradlok der Reihe 97 bewundern. Sie überquert gerade mit einem Güterzug die Brücke nahe Konjič (154).

Hier kann jeder sein eigener Lokführer sein: Seit 1968 kann man auf der 760 mm-Strecke der Murtalbahn (Österreich) seine Kindheitsträume erfüllen und unter Leitung eines erfahrenen Maschinisten eine B-Lok lenken (155). Obwohl auf der Zillertalbahn normalerweise Dieselloks eingesetzt werden, verkehren im Sommer zwischen Jenbach und Mayrhofen noch romantische Dampfzüge (156).

155

156

157

158

Mit besonderer Liebe erhalten die Briten ihre traditionsreichen Kleinbahnen, wie diese auf der Insel Man, die während der Saison mit 1 B-Loks aus der Viktorianischen Zeit (157) fährt. Wales ist das Mekka der Museumsbahnen: Die Festiniog Railway, ursprünglich eine Bahn zum Transport von Schiefer, wurde bereits 1836 eröffnet.

Die Lok Mountaineer (158) ist jüngeren Datums – diese 1 C 1 wurde zur Zeit des Ersten Weltkrieges gebaut. Sie verkehrt auf der 8 km langen Trasse der Bluebell Railway, die von Sheffield Park nach Horsted Keynes führt.

Die Llywelyn der walisischen Rheidol Railway auf ihrem Weg von Aberystwyth nach Devil's Bridge (159).

160

161

162

Hoch über dem Wolfgangsee: Die Schafberg-
bahn kurz unterhalb der Gipfelstation mit
Blick auf das Dachsteingebirge (160). Die Zahn-
radlok der Reihe 999, Spur 1000 mm, bewältigt
diese steile Gebirgsrampe mühelos. Zur Siche-
rung gegen Kupplungsbruch werden Zahnrad-
lokomotiven meist an die Talseite des Zuges
gesetzt (161).

Die Rhätische Bahn ist die größte Schmalspurbahn der Schweiz (1000 mm). Sie entstand zwischen 1889 und 1913 im Kanton Graubünden und bildet zusammen mit der Furka–Oberalb- und der Brig–Visp–Zermatt-Bahn mit über 500 km Länge das umfangreichste Meterspurnetz Europas. Dreimal überschreiten die landschaftlich reizvoll gelegenen Trassen die 2000 m-Marke. Zwei 1 D-Loks schnaufen mächtig an der Steigung zwischen Vergun und

5
SOCIETE SUISSE

Die Gipfelstation der Brienz – Rothorn-Bahn (2244 m). Im Hintergrund die Viertausender des Berner Oberlandes, davor die Dampflok Nr. 5 der BRB mit 230 PS (163). Die Ursprünge der Zahnradbahn reichen weit in die Urzeit des Eisenbahnwesens zurück. John Blenkinsop, der Besitzer der Middleton-Steinkohlengruben bei Leeds, ließ 1811 eine Lokomotive bauen, deren Fahrschienen mit Angüssen versehen waren, die eine Zahnstange bildeten. Diese lag also seitlich. Doch schon bald merkte man, daß dieses System nicht sehr praktikabel war. Niklaus Riggenbach war es, der die Zahnstange zwischen die Laufschienen legte – eine Erfindung, die bis heute wegweisend geblieben ist. Ein Schüler Riggenbachs, Roman Abt, schuf im Jahre 1882 für die Harzbahn Halberstadt – Blankenburg eine wichtige Verbesserung. Bei seiner Leiterstange greift immer nur ein Zahn des Lokomotivrades in die Stange ein. Dieser Zahn muß also imstande sein, den gesamten Druck auszuhalten, den das Gewicht des Zuges bewirkt. Die Festigkeit beträgt ca. 10 000 kg je Zahn. Wenn man jedoch besonders schwere Züge, z. B. Güterzüge befördern will, so kommen noch größere Zahndrücke vor. Abt überwand sie, indem er zwei oder drei Zähne gleichzeitig eingreifen ließ.

Im Jahre 1896 schuf Strub für die Jungfraubahn (164) eine neue Zahnstangenart. Sie wurde notwendig, weil bei sehr starken Steigungen die Gefahr besteht, daß das Zahnrad auf der Stange aufsteigt, das heißt, der Zahn, statt den Zug vorwärts zu ziehen, die Maschine in die Höhe hebt. Strub verhinderte das Aufsteigen, indem er der Zahnstange die Form einer Breitfußschiene mit keilförmig verdicktem Kopf gab. In diesen Kopf werden die Zähne eingeschnitten. Von der Lokomotive hängen zwei zangenförmige Eisen herunter, die um den Keilkopf der Schiene herumgreifen, diesen umfassen, ohne jedoch die Zahnstange zu berühren; außerdem kann die Zange als Notbremse verwendet werden.

165

Der höchste Bahnhof Europas liegt auf dem Jungfraujoch in 3454 m Höhe. Die Jungfrau-Bahn (164) wurde von dem Schweizer Industriellen Guyer-Zeller entworfen. 1898 wurde die erste Station »Eigergletscher« eingeweiht. Vier Jahre danach die Haltestelle »Eigerwand« an der berüchtigten Eigernordwand erreicht. 1912 war man am Endpunkt »Jungfraujoch«.

Die durch die imposante Landschaft um das Matterhorn führende, von Zermatt ausgehende Gornergratbahn wurde ebenfalls 1898 eröffnet und wird mit Abtscher Zahnstange betrieben. Die meterspurige Bahn ist 9,3 km lang und hat eine Höchstleistung von 200 Promille. Von Anfang an wurde der Betrieb mit Triebwagen durchgeführt (165).
Die erste Zahnradbahn der Welt baute 1869 Sylvester Marsh auf den 1917 m hohen Mount Washington (USA). Noch heute fahren Züge mit historischen Dampfloks zur Freude der Touristen (166).

9

IX.
ANHANG

Die Eisenbahnen der Welt

Mit dieser Tabelle haben wir den Versuch unternommen, die wichtigsten Eisenbahngesellschaften dieser Erde aufzuführen und einen Überblick über die jeweiligen Spurweiten, die Länge des Streckennetzes, die Zahl der elektrifizierten Kilometer und den Wagenpark zu geben. Soweit es uns möglich war, haben wir die neuesten Zahlen eingesetzt. Teilweise mußten wir jedoch auch auf ältere Quellen zurückgreifen.

Zu den Abkürzungen:

Spurweite:
Neben der Normalspur (1435 mm) existieren heute etwa 30 verschiedene Spurweiten auf der Welt – zwischen 381 und 1676 mm. Von Bedeutung sind aber nur die 750 und die 1000 mm-Schmalspur, die Kapspur (1067 mm), die Normalspur und die Breitspuren Spaniens (1676 mm), Portugals (1655 mm) und der UdSSR (1524 mm).

kV: Kilovolt

G: Gleichstrom

SS: Stromschiene – Fahrleitung in Form einer Profilschiene, die, z. B. bei S- oder U-Bahnen, isoliert neben oder zwischen den Fahrschienen angebracht ist.

OL: Oberleitung, auch Fahrleitung – System aus Fahrdraht, Tragseil und Verankerungen an Masten zur Versorgung elektrischer Triebfahrzeuge mit Fahrstrom.

Land	Initial	Spurweite in mm	Länge des Streckennetzes in km	Elektrifiziert km	System	Triebfahrzeuge	Pers.-wagen	Güterwagen
Ägypten	ER	1435	4 510	26	1500 V, G, OL	643	1 752	17 705
Äthiopien	CFE	1000 950 600	782 306 644			36 24 60	59 24	641 565 6 000
Albanien	DH	1435	203					
Algerien	SNCFA	1435 1055 1000	2 657 1 180 120	299	3000 V, G, OL	253 35 2	419 41 3	9 800 2 402 181
Angola	CBF	1067 610	2 904 157			253	241	3 820
Argentinien	FA	1676 1435 1000 750	23 235 3 086 13 700 285	159	550 V, G, SS; 1100 V, G, OL	1 246 171 846 20	3 361 168 1 287 8	39 049 3 712 19 560 375
Australien		1600 1435 1067	9 686 15 209 17 636	867	1500 V, G, OL	423 742 780	1 903 2 220 1 183	24 484 24 420 37 393
Bangladesch	BR	1676 1000	981 1 893			503	1 615	15 626
Belgien	SNCB/ NMBS	1435 1000	3 996 221	1 288	3000 V, G, OL	1 143 5	2 927 334	47 845 182
Bolivien	ENFE	1000 750	3 735 52			163 16	268	1 927
Brasilien	RFFSA	1600 1435 1000 760	459 194 27 050 202	2 648	600, 750, 1500, 3000 V, G, OL	2 153	4 053	56 196
Bulgarien	BDZ	1435 760	4 045 245	1 326	25 kV OL			
Bundesrepublik Deutschland	DB	1435	28 564	10 452	1200 V, G, SS; 15 kV OL	8 012	20 289	333 847
Burma	UBR	1000				363	1 181	11 425
Chile	FE	1676 1435 1067	4 565 494 447	881	3000 V, G, OL	827	2 209	13 930
VR China	CNR	1435	46 000	1 000	25 kV OL			210 000
Costa Rica		1067	655	124	15 kV OL	91	177	2 020
Dänemark	DSB	1435	4 001	99	1500 V, G, OL	445	1 873	9 428
Deutsche Demokratische Republik	DR	1435	14 192	1 509	880 V, G, SS; 15, 25 kV OL			
Ecuador	ENFE	1067 750	965			46	74	499
Elfenbeinküste	RAN	1000	1 173			75	153	1 353
El Salvador		914	1 031			54	62	1 247
Fidschi-Inseln		600	644			60		6 000
Finnland	VR	1524	6 044	571	25 kV OL	622	1 100	22 303
Frankreich	SNCF	1435 1000	36 000 785	9 557	600, 750, 800 V, G, G, SS; 1500 V, G, 25 kV OL	2 573 18	16 597 63	286 503 368

Land	Initial	Spurweite in mm	Länge des Streckennetzes in km	Elektrifiziert		Triebfahrzeuge	Pers.-wagen	Güterwagen
				km	System			
Ghana	GR	1067	953			178	253	3 862
Griechenland	CH	1435 1000	1 560 961			308	692	10 560
Großbritannien	BR	1435	17 700	3 751	600, 660, 750, 1200, 1500 V, G, SS, OL; 6,25 und 25 kV OL	7 039	19 124	216 367
Guatemala	FEGUA	914	914			118	198	2 285
Guinea		1435 1000	134 662			15 30	4 36	439 500
Honduras		1067 914	544 447			45 24	142 26	2 018 729
Hongkong	KCR	1435	34			10	96	104
Indien	NDE	1676 1000 762 610	30 274 2 551 4 476	3 850	1500 V, G, 25 kV OL	10 950	33 367	397 924
Indonesien	UKA	1067 750 600	7 246 540 105	110	1500 V, G, OL	925	2 564	21 982
Irak	IRR	1435 1000	1 234 1 294			93 98	248 366	3 283 6 111
Iran	RAI	1676 1435	92 4 525			315	342	7 998
Irland (Nord und Süd)	CIE/NIR	1600 914	2546 650			227 250	769	8 211 3 360
Israel	IR	1435	902			55	107	2 168
Italien	FS	1435	16 178	8 280	3000 V, G, OL	4 699	13 070	121 959
Jamaika		1435	330			26	29	266
Japan	JNR	1435 1067	23 239	12 000	600, 750, 1500 V, G, SS; OL; 20, 25 kV OL	4 485	36 870	124 300
Jordanien		1050	480			17	8	369
Jugoslawien	JŽ	1435	9 353 1 045	2 309	3000 V, G; 15 und 25 kV OL	2 816	4 042	59 426
Kambodscha	CFC	1000	650			47	8	680
Kamerun	RNCFC	1000	1 104			94	105	11 508
Kanada	CN/CP	1435 1067 914	71 953 1 146 178	43	2700 V, G, OL	4 053 21	1 821 30	210 557 420
Kolumbien	FNC	914	3 088			176	338	5 625
Kongo	CFCO	1067	515			71	76	1 971
Kuba		1435	5 053	145	1200 V, G, OL			
Libanon	CEL	1435 1050	293 82			39		876
Liberia	LAMCO	1435 1067	348 145			34 11	5	742 271
Luxemburg	CFL	1435	274	137	25 kV OL	87	111	3 885
Madagaskar	RNCFM	1000	884			54	101	975
Malawi	MR	1067	566			35	25	1 005
Malaysia	MR	1000	1 600			156	373	6 340
Mali	CFM	1000	640			25	31	308
Marokko	ONCFM	1435	2 071	708	3000 V, G, OL	176	312	8 697
Mauretanien	SNIM	1435	650			37		1 084
Mexiko	N de M	1435 914	24 000 1 074			1 286 26	2 084 89	38 074 1 232
Mongolei		1524	1 400					
Mozambique	CFM	1067 762	4 014 147			318	223	8 511
Nepal		762	160			16	34	154
Neuseeland	NZGR	1067	4 797	99	1500 V, G, OL	593	557	29 400
Niederlande	NS	1435	2 832	1 695	1500 V, G, OL	1 126	1 974	13 261
Nigeria	NRC	1067	3 505			316	655	6 729
Nikaragua		1067	373			9	27	207
Norwegen	NSB	1435	4 241	2 440	15 kV OL	329	993	9 153
Obervolta	RAN		1 171					
Österreich	ÖBB	1435 1000 760	5 692 482	2 876	15 kV OL	1 194 75	3 876 200	35 696 754
Ostafrika	EAR	1000	6 039			433	824	10 650
Pakistan	PR	1675 1000 762	7 754 444 610	200	25 kV OL	939 36 41	1 831 126 114	38 284 1 018 464
Panama	PR	1524 914	190 391			6 45	24 64	354 1 336
Paraguay		1435 1000	441 57			21 4	15 3	206 30
Peru	ENAFER	1435 914	1 962 333			173	259	4 019
Philippinen	PNR	1067	1 150			78	246	1 900
Polen	PKP	1435	23 911	6 308	600, 800, 3000 V, G, OL	4 466	8 421	189 500
Portugal	CP	1676 1000	2 833 759	398	1500 V, G; 25 kV OL	290 60	641 154	6 830 768
Puerto Rico		1000	96			22		1 280
Rhodesien	RR	1067	3 367			265	631	16 658
Rumänien	CFR	1435 Klein-bahnen	10 403 591	1 926	25 kV OL			
Sambia	ZR	1067	1 297			79	73	1 930

Land	Initial	Spurweite in mm	Länge des Streckennetzes in km	Elektrifiziert km	System	Triebfahrzeuge	Pers.-wagen	Güterwagen
Saudi-Arabien	SCR	1435	610			26	21	1 024
Schweden	SJ	1435 891	11 651 282	7 491	1350, 1500 V, G; 15 kV OL	1 660	2 278	49 652
Schweiz	SBB/CFF FFS	1435 1000	3 518 1 183	5 062	verschiedene G; 15 kV OL	1 520 124	4 118 1 098	27 308 3 370
Senegal	RCFS	1000	1 034			59	103	932
Sierra Leone		1067	84			8		200
Spanien	RENFE	1676 1435 1000	13 495 133 3 257	3 121	600, 1200, 1300, 1500 V, G, OL	1 242 32 364	3 937 462 1 358	44 859 2 024 9 217
Sri Lanka	SLR	1676 762	1 395 139			163 12	1 009 99	3 895 199
Sudan	SR	1067	4 556			289	641	6 590
Südafrika	SAR	1065 610	21 723 707	5 079	3000 V, G, OL	5 834	9 565	174 764
Südkorea	KNR		5 500	428		761	1 793	16 021
Swaziland	SR	1067	224					693
Syrien	CFS	1435	1 331			83	47	2 257
Taiwan	TRA	1067 762	3 620 176			302	1 265	7 172
Tansania		1067	1 860			102	100	2 100
Thailand	RSR	1000	3 800	21		438	1 027	9 486
Togo	TR	1000	162			18	68	450
Tschechoslowakei	ČSD	1524 1435 1000	101 13 039 177	2 039	1500, 3000 V, G; 25 kV OL	4 699	11 914	136 150
Türkei	TCDD	1435	9 869	200	25 kV OL	977	1 135	19 291
Tunesien	SNCFT	1435 1000	536 1 721			100	191	5 755
UdSSR	SZD	1524 1435 1000 600	135 324 73 2 963	35 000	3000 V, G; 25 kV OL			
Ungarn	MAV	1435 760	7 610 329	1 296	1000 V, G; 25 kV OL			
Uruguay	AFE	1435	2 987			156	147	2 938
USA		1435	337 560	2 328	650, 660, 700, 1500 V, G SS, OL; 11 kV OL; 3000 V, G; 25 kV OL	25 516	6 135	1 168 500
Venezuela	FNV	1435	244					
Vietnam		1000	1 278					
Zaïre	SNCZ	1067 1000 600	3 919 126 1 159	858	25 kV OL	66 350	177 568	1 357 8 400

Typenbezeichnungen von Lokomotiven

Der in den Pionierjahren des Eisenbahnwesens übliche Brauch, jeder Lokomotive einfach einen Namen zu geben, ließ sich nur pflegen, solange die Zahl der verschiedenen Typen überschaubar blieb. Rasch erkannte man, daß spezielle Lokomotiven gebaut werden mußten, um den unterschiedlichen Bedürfnissen gerecht zu werden. So benötigten Güterzuglokomotiven, bei denen es in erster Linie auf die Zugkraft ankam, mehr Achsen als die schnellen Personenzuglokomotiven.

Ein System mußte her, um die Vielfalt der sich mit der Zeit entfaltenden Typen überschaubar zu machen.

Das deutsche System zählt die Achsen (wie übrigens auch alle anderen Systeme) von vorne und bezeichnet die vorderen Laufachsen mit Ziffern. So ist also die 2 C 2 eine Lokomotive mit zwei vorderen Laufachsen, drei gekuppelten Treibachsen und zwei rückwärtigen Laufachsen.

Früher waren in Deutschland noch generellere Bezeichnungen üblich. Es bedeuteten:

S = Schnellzuglok
P = Personenzuglok
G = Güterzuglok
St = Schnellzugtenderlok
Pt = Personenzugtenderlok
Gt = Güterzugtenderlok
L = Lokalbahn
Z = Zahnradlok
K = Kleinlok (für Schmalspurbahnen)

Die Zuordnung der Lokomotiven zu einer dieser Hauptgattungen richtete sich nach folgenden Merkmalen:

Hauptgattung	Höchstgeschwindigkeit km/h	Treibraddurchmesser mm
Güterzuglok	90	bis 1600
Personenzuglok	110	bis 1750
Schnellzuglok	mehr als 110	mehr als 1750

Das englische System nach Whyte zählt nicht die Achsen, sondern die Räder: Also 4-6-4 für unsere 2 C 2.

Die Franzosen zählen die Achsen, aber sie bezeichnen die Treibachsen nicht mit Buchstaben: Eine 2 C 2 ist also eine 232.

Die Amerikaner geben traditionell ihren Loks Namen: Eine 2 C 2 ist eine Hudson.

Das Schweizer System ist – nimmt man es genau – das ungenaueste, weil es verschiedene Deutungen zuläßt. Da die erste Ziffer die Anzahl der gekuppelten Treibachsen bezeichnet und die zweite Ziffer nur die Gesamtzahl der Achsen markiert, kann eine 4/7 sowohl eine 2 D 1 als auch eine 1 D 2 sein.

Dampflokomotiven Symbol	Deutsche Bezeichnung	Englische Bezeichnung	Amerikan. Bezeichnung	Französ. Bezeichnung	Schweizer Bezeichnung
Oo	A1	0–2–2		0 1 1	
oO	1A	2–2–0		1 1 0	
oOo	1A1	2–2–2		1 1 1	
ooO	2A	4–2–0	Jervis	2 1 0	
ooOo	2A1	4–2–2	Bicycle	2 1 1	
OO	B	0–4–0	Four-wheel switcher	0 2 0	
OOo	B1	0–4–2		0 2 1	
oOO	1B	2–4–0		1 2 0	
oOOo	1B1	2–4–2	Columbia	1 2 1	
ooOO	2B	4–4–0	American	2 2 0	2/4 - gekuppelt
ooOOo	2B1	4–4–2	Atlantic	2 2 1	
ooOOoo	2B2	4–4–4	Reading	2 2 2	2/5 - gekuppelt
OOO	C	0–6–0	Six-wheel switcher	0 3 0	
oOOO	1C	2–6–0	Mogul	1 3 0	3/4 - gekuppelt
oOOOo	1C1	2–6–2	Prairie	1 3 1	3/5 - gekuppelt
oOOOoo	1C2	2–6–4	Adriatic	1 3 2	
ooOOO	2C	4–6–0	Ten-wheeler	2 3 0	3/5 - gekuppelt
ooOOOo	2C1	4–6–2	Pacific	2 3 1	3/6 - gekuppelt
ooOOOoo	2C2	4–6–4	Hudson	2 3 2	3/7 - gekuppelt
OOOO	D	0–8–0	Eight-wheel switcher	0 4 0	
oOOOO	1D	2–8–0	Consolidation	1 4 0	4/5 - gekuppelt
oOOOOo	1D1	2–8–2	Mikado	1 4 1	4/6 - gekuppelt
oOOOOoo	1D2	2–8–4	Berkshire	1 4 2	
ooOOOO	2D	4–8–0	Mastodon	2 4 0	
ooOOOOo	2D1	4–8–2	Mountain (Mohawk)	2 4 1	4/7 - gekuppelt
ooOOOOoo	2D2	4–8–4	Northern (Niagara)	2 4 2	
OOOOO	E	0–10–0	Ten-wheel switcher	0 5 0	
OOOOOo	E1	0–10–2	Union	0 5 1	
oOOOOO	1E	2–10–0	Decapod	1 5 0	5/6 - gekuppelt
oOOOOOo	1E1	2–10–2	Santa Fé	1 5 1	5/7 - gekuppelt
oOOOOOoo	1E2	2–10–4	Texas	1 5 2	
ooOOOOO	2E	4–10–0	Gobernador	2 5 0	
ooOOOOOo	2E1	4–10–2	Southern Pacific, Overland	2 5 1	
OOOOOO	F	0–12–0		0 6 0	
oOOOOOO	1F	2–12–0	Centipede	1 6 0	
ooOOOOOOo	2F1	4–12–2	Union Pacific	2 6 1	
OOO–OOO	C + C	0–6–6–0	Erie		
oOOO–OOOooo	1C + C3	2–6–6–6	Allegheny		

Dampflokomotiven Symbol	Deutsche Bezeichnung	Englische Bezeichnung	Amerikan. Bezeichnung	Französ. Bezeichnung	Schweizer Bezeichnung
ooOOO–OOOo	2C + C1	4–6–6–2	Southern Pacific Cab in Front		
ooOOO–OOOoo	2C + C2	4–6–6–4	Challenger		
oOOOO–OOOOoo	1D + D2	2–8–8–4	Yellowstone		
ooOOOO–OOOOoo	2D + D2	4–8–8–4	Big Boy		

Moderne elektrische und Diesellokomotive

Internationale Bezeichnung der Treibachsen mit Großbuchstaben, und zwar werden immer die in einem Drehgestell zusammengefaßten Treibachsen gezählt.

Symbol	Internationale Bezeichnung
OO OO	BB
OOO OOO	CC
OO OO OO	BBB

Die wichtigsten Eisenbahn-Museen der Welt

Wir danken unserem Autor, Fritz Stöckl dafür, daß er uns diese Aufstellung der wichtigsten Eisenbahnmuseen zur Verfügung gestellt hat. Gleichzeitig möchten wir darauf aufmerksam machen, daß eine solche Übersicht nie vollständig sein kann. Interessierte Leser weisen wir daher auf ein weitergehendes Werk hin, das im Jahre 1980 unter dem Titel »Die Eisenbahn-Museen der Erde« im Ferrovia-Verlag, Grenzach-Wyhlen, erscheinen wird. Autor dieses Bandes ist ebenfalls Fritz Stöckl

Afrika

Bulawayo

Rhodesia Railway-Museum
Prospect Avenue
Dampfloks ab 1896 (u. a. Garratt, schwerste Lok in Kapspur); Salonwagen von Cecil Rhodes

Johannesburg

Transport-Museum
South Station
Lok EMIL KESSLER von 1889; Modelle usw. Großer Neubau geplant; Fahrzeuge im Land verstreut

Kairo

Railway-Museum
Main-Station
Kiosk-Engine von 1862 und Lok Nr. 986 von 1865; Modelle

Nairobi

Railway-Museum
neben Bahnhof
Drei Loks der Kenya-, Uganda- und Tanganjika-Bahnen (u. a. Garratt); Man-Eater-Car von 1889

Asien

Delhi

Railway Transport Museum of India
Shanti Path, New Delhi
Reichhaltige Sammlung indischer Fahrzeuge in 61-, 76-, 100- und 1676-mm-Spur; Dampfloks ab 1855; E-Loks ab 1928; Garratt-Lok von 1930. Verschiedene Hofwagen (Prince of Wales, Maharadschas); Einschienenbahn des Maharadscha von Patiala von 1907

Kyoto

Depot Umekoji
Rundhaus mit 17 Dampfloks japanischer Fabrikation, 1913–1944

Osaka

Modern Transportation Museum
Minato-ku, Bentencho
Diverse Loks aus Europa und Japan; Wagen des Tsubame

Tel Aviv

Haaretz-Museum
Ramat Aviv
Lok Nr. 10 der Hedschasbahn von 1899

Tokio

Transportation Museum
Chiyodaku 25
Drei Dampfloks von 1871/80/81; zwei Hofwagen des Tenno

Australien/Neuseeland

Adelaide

Mile End Railway Museum
Ry Terrace, Mile End
Dampflok in drei Spurweiten ab 1886

Auckland

Museum of Transport & Technology
Western Springs
Dampfloks (auch Typ Heisler) ab 1874; Bremswagen der ehemaligen Rimutaka-Incline

Brisbane

Freilicht-Museum der Queensland Government Railway
Zwölf Dampfloks in Kapspur ab 1866

Dunedin

Otago Settlers Early Museum
beim Bahnhof
Double-Fairlie-Lok JOSEPHINE von 1872

Dunedin

(Private) Ocean Beach Railway
St. Kilda
Dampfloks und Wagen ab 1870. Museumsbahn-Züge

Melbourne

Museum der Australian Railway Historical Society
Williamstown
18 Dampfloks (1600 mm-Spur) ab 1884

Perth

Railway-Museum in Bassendean
Ry-Parade
Dampfloks und Wagen in Kapspur ab 1880

Sydney

Museum of Applied Arts & Sciences
Harris Street 659-95
Stationäre Dampfmaschine von Boulton & Watt von 1785! Älteste Lok in Neusüd-Wales von 1855

Sydney

Loks und Wagen im Depot von Enfield (Cullora) wurden kürzlich verlagert; endgültige Unterbringung steht noch nicht fest

Benelux

Brüssel

Musee du Chemin de Fer
Gare du Nord
Lok VAN DER WAES von 1842; Modelle usw. (Großes Museum geplant; Fahrzeuge noch in Provinz-Depots)

Utrecht

Spoorweg-Museum
Maliebanstation
Holländische Dampflok ab 1864; letzte holländische Dampflok Nr. 3737; Nachbau des ältesten Zuges von 1839 mit Lok DE AREND; Tram- und Kleinbahnfahrzeuge

Bundesrepublik Deutschland

Bochum-Dahlhausen

(Privates) Museum der D.G.E.G. (Deutsche Gesellschaft für Eisenbahngeschichte)
Reichhaltige Sammlung von deutschen Dampfloks und Wagen. (Schmalspurfahrzeuge in Neustadt/Weinstraße)

Hamburg

Museum für Hamburgische Geschichte
Holstenwall 13
Großartige Modellbahn-Anlage

Karlsruhe

Verkehrsmuseum der Technischen Hochschule
Lok KÖNIGIN MARIE von 1891; erste hydraulische Diesellok von 1935

München

Deutsches Museum
Museumsinsel 1
Älteste Lok von 1899; E-Lok der Höllentalbahn; Dampflok 18 451 (S 3/6)

Neuenmarkt-Wirsberg

(Privates) Deutsches Dampflokomotiv-Museum
Dampfloks der Baureihen 01, 03, 10, 18, 23, 52, 64, 86, 89, 93 u.v.a.: Dampffahrten auf der »Schiefen Ebene«

Nürnberg

Verkehrsmuseum
Lessingstraße 6
Nachbau des ersten deutschen Zuges von 1835 mit Lok ADLER; ältester Wagen Deutschlands von 1835; Rekord-Lok 05 001; Salonwagen Ludwig II. und Bismarcks; Teile des FLIEGENDEN HAMBURGER

Salzgitter-Watenstedt

Werksmuseum Linke-Hofmann-Busch
Dampflok P 8, P 10 u.a.; Teile VT 06; Hofsalonwagen Kaiserin Auguste Viktoria

Deutsche Demokratische Republik

Berlin

Verkehrs- und Bau-Museum
Invalidenstraße
(u. a. Lok S 10), zur Zeit geschlossen. Neubau in West-Berlin geplant

Dresden

Verkehrsmuseum
Johanneum am Neumarkt
U. a. Lok MULDENTHAL von 1861; E-Lok von 1914; sächsischer Hofsalonwagen; Hofsalonwagen Kaiser Wilhelms noch außerhalb untergebracht

Frankreich

Mülhausen

Musée Française du Chemin de Fer
Rue Alfred de Glehn 2
Das beste französische Eisenbahn-Museum: Dampfloks von 1844 (ST. PIERRE) bis 1949 (232-U); Doppelstock- u. Triebwagen; Schlaf-, Salon- und Hofwagen

Paris

Conservatoire National des Arts et Métiers
Dampfwagen des Leutnant Gugnot von 1770!

Uzès (Gard)

Museon di Rodo (Museum der Räder) (Nebst Fahrrädern, Motorrädern und Autos) Modelle von Loks und Wagen der PO, PLM und CIWL

Großbritannien/Irland

Ashford

(Privates) – South Eastern Steam Centre: Lok der SR und SECR; Pullmans des BRIGHTON BELLE: Speise- und Aussichtswagen; Doppelstockwagen

Belfast

Ulster Folk & Transport Museum
Witham Street
Loks und Wagen (ältester von 1840) aus beiden Teilen Irlands; Pferdetramwagen

Birmingham

Museum of Science and Industry
Newhall Street
Lok CITY OF BIRMINGHAM (Coronation-Klasse)

Birmingham

(Privates) Birmingham Railway-Museum
Tyseley
Dampfloks der Hall-, Castle-, Jubilee-Klasse; Dienst- und Salonwagen; Sonderfahrten

Carnforth

(Privates) Steamtown Railway Museum
Warton Road
Dampflok der Merchant Navy, Hall, Castle und A3-Klasse (FLYING SCOTSMAN); Loks aus Frankreich und Deutschland; Salonwagen

Darlington

Museum in der ehemaligen North Road Station
U. a.: LOCOMOTION von 1825; DERWENT, TENNANT

Didcot

(Privates) Museum der Great Western Society
Depot neben Bahnhof
Dampfloks der Great Western Railway; u. a. Hall, Castle, Manor; Industrie-Loks; Ocean-Saloons für Boat-Trains

Edinburgh

Royal Scottish Museum
Chambers Street
Lok WYLAM DILLY von 1813

Glasgow

Museum of Transport
Albert Drive 25
Sechs schottische Dampfloks 1886 bis 1920

London

Science-Museum
Exhibition Road, South Kensington
Trevithick's Dampfmaschine von 1802, PUFFING BILLY von 1813; ROCKET (Original und Nachbau) von 1829; DELTIC-Diesellok von 1958

Newcastle

Museum of Science & Engineering
Great North Road
Lok KILLINGWORTH von 1830

Swindon

Great Western Railway-Museum
Farringdon Road (in ehemaliger Wesleyaner-Kirche!)
Dampfloks der Great Western Railway, u.a. NORTH STAR von 1837 und Rekordlok CITY OF TRURO; viel historische »small relics«

York

Railway Museum
Queen Street
Größtes britisches Eisenbahn-Museum: Dampfloks ab 1829 (AGENORIA), Wagen ab 1834; Rekord-Lok MALLARD; letzte britische Dampflok EVENING STAR; Hofsalons der Königinnen Adelaide, Victoria, Alexandra und König Edward VII.; private und Pullman-Salonwagen

---

Italien

Mailand

Museo Nazionale delle Scienze & della Technica Leonardo da Vinci
Via S. Vittore 21
Nachbau des ersten italienischen Zuges von 1839 mit Lok BAYARD; Dampfloks ab 1885; (Drehstrom-) E-Lok ab 1902

Rom

Palazzo Braschi
Piazza S. Pantaleone
Drei Hofwagen des Papstes Pius IX.

Nordamerika

Anchorage

Transportation Museum
Troop-Sleepers; Lok Nr. 1 der Alaska Rail Road vor Bahnhof

Baltimore

Transport-Museum der Baltimore & Ohio RR
neben dem ältesten Bahnhofsgebäude von 1829
Nachbau Lok LAFAYETTE von 1837, echte Dampfloks von 1848 bis 1945 (SHAY)

Bellow Falls (Vermont)

Freilicht-Museum und Museums-Bahn der Steamtown Foundation
Dampfloks kanadischer und amerikanischer Bahnen, auch Typ SHAY; BIG BOY Nr. 4012!

Edmonton (Alberta)

Freilicht-Museums-Zug der Old Strathcona Foundation; Canadian Pacific-Lok von 1908 und sechs Wagen

Fairbanks

Alaska-Land
Vergnügungspark
Lok Nr. 1 der Tanana Valley Railway; Präsidentensalon Denali

Green Bay (Wisconsin)

(Privates) National Railway-Museum
Cooke-Park 2285
Aero-Train; BIG BOY Nr. 4017; Lok DWIGHT EISENHOWER; britische Pullman-Wagen

Los Angeles

Travel Town
Griffith Park
Loks und Wagen aus Hawaii und USA, eine SHAY-Lok; diverse Pullman- und Tramwagen

North Vancouver (B.C.)

Museums-Bahnhof und Museums-Bahn der British Columbia Railway: Dampflok, u.a. ROYAL HUDSON Nr. 2860

Ottawa

Musée des Sciences et de la Technologie
Kanadische Lok ab 1872, u.a. ROYAL HUDSON Nr. 2858

St. Constant (bei Montreal)

(z.T. Freilicht-) Museum der Canadian RR Historical Association
St. Pierre 122a
Kanadische Loks, u.a. Nachbau der JOHN MOLSON von 1849, der ROYAL HUDSON Nr. 2850 und der DOMINION OF CANADA

St. Louis

National Museum of Transport
Barretts Station Road 3015
Loks und Wagen aus USA, u.a. BIG BOY Nr. 4006, Aero-Train, ital. Drehstrom-E-Lok

Washington (D.C.)

Smithsonian Institution
Reste der Lok STOURBRIDGE LION von 1829; Wagen von 1836

Österreich

Wien

Eisenbahn-Museum
Mariahilferstr. 212
Im Inneren: Älteste Lok auf dem Kontinent (AJAX) von 1841 und Salon Kaiserin Elisabeth. Außen: acht Dampfloks der kaiserlich-königlichen Staatsbahn (kkStB) und der BBÖ von 1887 bis 1936

Osteuropa

Belgrad

Eisenbahn-Museum in General-Direktion
Nemanjina 6:
Nur Modelle, Reliefs, Urkunden usw. Museum im Bahnhof geplant; Fahrzeuge in den Provinzen

Budapest

Közlekedesi Muzeum
Városliget, Körut 11
Berühmte Modellsammlung 1:5 und 1:10, Tramwagen von 1889; ex-Südbahn-Lok von 1860; Speisewagen. (Viele Fahrzeuge noch in Provinz-Depots)

Bukarest

Depoul Calatori
Grivita
Freilicht-Museum mit Dampfloks verschiedener Herkunft, u.a. auch BR 142; Doppel-Diesel-Lok

Bukarest

Museum im Gara de Nord
Lok CALUGARENI und drei Wagen der Bahn Bukarest – Giurgiu von 1869

Laibach

Technisches Landes-Museum: Fahrzeuge zum Teil noch verstreut

Leningrad

Transport-Museum
Sadovaja 50
Lenin-Lok Nr. 293 vor Finnischem Bahnhof; historische Loks aus verschiedenen Städten des europäischen und asiatischen Teils von Rußland

Prag

Technisches National-Museum
Kostelni 42
Älteste Lok KLADNO von 1855; u.a. (österreichische) Lok BR 375=310; Speisewagen von Kaiser Franz Josef; Leichenwagen von Erzherzog Franz Ferdinand

Resita (Banat)

Freilicht-Werksmuseum der Lok- und Wagenfabrik (ehem. Steg): Vollbahn- und Industrie-Lok in 760, 950 und 1435 mm-Spur; BR 142

Ruse (Rustschuk)

Freilicht-Museum im alten Bahnhof
Normal- und Schmalspurloks verschiedener Herkunft; Wagen der Rustschuk – Varna-Eisenbahn von 1866

Warschau

Freilicht-Museum im ehemaligen Bahnhof von Glowna: Dampfloks polnischer, österreichischer und deutscher Herkunft; Fiat-Triebwagen

---

Portugal

Entroncamento

Museum in Planung
Fahrzeuge provisorisch in einem Depot (und anderen Provinzstädten) untergebracht; Dampfloks ab 1862 und Hofsalonwagen

---

Südamerika

Carácas

Transport- (Freilicht-) Museum beim Vergnügungspark
Venezolanische Loks seit 1889; Tramwagen aus Kopenhagen und Zaragoza

Santiago de Chile

Museale Versammlung alter Dampfloks ab 1893 in der Maestranza San Bernardo

Tacna

El Museo Ferrocaril de ENAFER Perú im Bahnhof
Peruanische Historica seit 1854, u.a. Lok Nr. 3 des Oberst Bolognesi aus dem Salpeterkrieg und Leichenwagen von 1890

Skandinavien

Gävle

Museum in aufgelassenem Rundhaus
Rälsgatan 1
Schwedische Dampf- und E-Loks
Älteste FRYKSTAD von 1854; Hofwagen von König Oskar und Königin Sophie

Hamar

Jernbane-Museet
Strandveien 132
Norwegische Dampfloks und Wagen ab 1861; älteste Loks CAROLINE und DOVREGUBBEN; Hofwagen König Haakon VII.

Helsingør

Technisches Museum
N. Strandvej 23
Zwei Dampfloks und ein Wagen von 1868/69

Helsinki

Rautatie Museo
im Hauptbahnhof
Modelle, Wachskabinett, diverse Kuriosa. Großes Eisenbahn-Museum geplant. Fahrzeuge noch in Provinz

Hyvinkää

In Depot provisorisch abgestellt: Lok von 1903 und drei Wagen des (finnischen) Hofzugs des Zaren

Kaipiainen

In Depot provisorisch abgestellt: Sechs Loks ab 1868

Kopenhagen

Jernbane-Museet
Sølvgade 40
Nur Modelle, Urkunden, Signale, Gleise, Wappen usw.

Odense

Museum neben dem Bahnhof
Dänische Dampfloks ab 1869, Wagen ab 1856; zwei dänische Hofsalonwagen

Spanien

Madrid

Museo del Ferrocarril Español
San Cosmé y Damian 1
Dampflok Nr. 1 der FC Andaluces (1871)

Rio Tinto

Werksmuseum der Union Explosivos R.T.
Fünf Dampfloks aus den Jahren von 1874 bis 1954; Maharadja-Salon

Villanueca y La Geltrú

Provisorische Versammlung von musealen Fahrzeugen in Depot neben Bahnhof; Nachbau des ersten spanischen Zuges von 1848 mit Lok MATARÓ; spanische Dampfloks von 1854 bis 1961 (Garratt); (viele Fahrzeuge noch in einzelnen Provinzdepots verstreut)

Schweiz

Luzern

Verkehrshaus der Schweiz
Lidostraße 5
Nachbau der Spanisch-Brötli-Bahn von 1847 und der Lok LIMMAT; älteste Lok GENF von 1858; erste Einphasen-E-Lok von 1906; Modell der Gotthardbahn; wechselnde Spezial-Ausstellungen im Freien

Glossar

Ablaufberg

auch »Eselsrücken«. Das Herzstück des modernen Rangierbahnhofs. Vor dem Scheitelpunkt werden die Kupplungen, die schon in der Einfahrgruppe »langgemacht« worden sind, mit einer Entkupplungsgabel oder einem Holzprügel getrennt. Die Wagen laufen nun über die steilere Ablauframpe in ihre Richtungs- oder Sammelgleise

Achsfolge

siehe die Tabelle auf Seite 301

Adhäsionsbahn

auch Reibungsbahn. Die Zugkraft wird allein durch die Haftreibung zwischen Rad und Schiene (Adhäsion) übertragen. Moderne Gebirgsbahnen bewältigen so Steigungen von bis zu 70 Promille. Für größere Steigungen muß eine Zahnradbahn eingesetzt werden

Bahnhof

Betriebsstelle mit mindestens einer Weiche. Er hat die Aufgaben des Personen- und Güterverkehrs zu erfüllen. Man unterscheidet verschiedene Bahnhöfe nach ihrer Funktion und nach ihren Anlagen. Siehe auch Flachbahnhof, Inselbahnhof, Keilbahnhof, Turmbahnhof

BAM

Abkürzung für die Baikal-Amur-Magistrale, die zur Zeit größte Neubaustrecke; Länge etwa 3200 km

Bauart

Bezeichnung von Schienen- und Triebfahrzeugen, die Aufschluß über technische Besonderheiten gibt. Die Bezeichnung kann mit dem Namen des Konstrukteurs verbunden sein (z.B. Garratt) oder einfach auf technische Besonderheiten verweisen (z.B. Hochdruck, Turbinen etc.). Oft wird daneben noch die Achsfolge genannt

Baureihe

Familiengruppe von Triebfahrzeugen einheitlicher Bauart und Konstruktion; individuelle Unterschiede sind innerhalb einer Baureihe möglich. Die Anzahl der gebauten Maschinen innerhalb einer Baureihe differiert stark:
So wurden z.B. von der Baureihe 52 der Deutschen Reichsbahn rund 6350 Lokomotiven gebaut; von der Baureihe 19, einer stromlinienverkleideten Dampflokomotive, wurde hingegen nur ein Exemplar fertiggestellt.
Zur Kennzeichnung der jeweiligen Baureihen verwenden die Eisenbahnverwaltungen Schlüssel aus Buchstaben und Ziffern. Seit dem 1. Januar 1968 hat die Deutsche Bundesbahn das alte Bezeichnungssystem abgeändert, um die Lokomotivnummern auch von der elektronischen Datenverarbeitung erfaßbar zu machen. Seither bestehen sie aus zwei dreistelligen Zahlengruppen und – durch einen Strich getrennt – einer einzelnen Kontrollziffer.
Dabei bedeuten:
0 Dampflokomotiven
1 Elektrolokomotiven
2 Brennkraftlokomotiven
3 Kleinlokomotiven aller Triebwerksarten
4 Elektrotriebwagen
5 Akkutriebwagen
6 Brennkrafttriebwagen
7 Schienenomnibusse und Diensttriebwagen
8 Steuer-, Bei- und Mittelwagen zu Elektrotriebwagen
9 Steuer-, Bei- und Mittelwagen zu Brennkrafttriebwagen

Blockabstand

Entfernung zweier aufeinander folgender Blocksignale (Hauptsignale). Diese Entfernung muß mindestens gleich dem Bremsweg aller auf der Strecke verkehrenden Züge sein

Blockstrecke

der durch Blocksignale (Hauptsignale) abgeschlossene Streckenabschnitt, in dem sich jeweils nur ein Zug befinden darf

Breitflußschiene

siehe Schiene

Compagnie Internationale des Wagon-Lits (CIWL)

Internationale Schlafwagengesellschaft; 1875 gegründet

Dieselelektrische Lokomotive

Lokomotive mit Dieselmotor als Antrieb und elektrischer Kraftübertragung auf die Treibradsätze. Durch einen angekuppelten Generator erzeugt der Dieselmotor Strom zum Antrieb der elektrischen Fahrmotoren.
Die erste dieselelektrische Lokomotive wurde 1924 von der Maschinenfabrik Eßlingen an die UdSSR geliefert.

Dieselhydraulische Lokomotive

Diesellokomotive mit hydraulischer Kraftübertragung zwischen Dieselmotor und Treibradsätzen. Zur Umwandlung von Drehzahl und Drehmoment an der Antriebswelle des Dieselmotors werden hydraulische Getriebe und evtl. nachgeschaltete mechanische Achsgetriebe verwendet. Die erste Lokomotive der Welt mit hoher Leistung und hydraulischer Kraftübertragung wurde eine bei Krauss-Maffei in München gebaute Lokomotive mit einer 1400 PS-Maschine der MAN und einem Voith-Flüssigkeitsgetriebe. Als 16101 wurde sie am 13. Juli 1935 vom Werk an die Deutsche Reichsbahn abgeliefert. Dieselhydraulische Lokomotiven werden auch heute gebaut: So die bisher stärkste von Rheinstahl für China. Die Deutsche Bundesbahn setzt sie als Baureihe 210 mit einem 1840 kW-Fahrmotor und einer 845 kW-Gasturbine als Zusatzantrieb ein; Höchstgeschwindigkeit 160 km/h

Doppelkopfschiene

siehe Schiene

Doppelstockwagen

Eisenbahnwagen mit zwei Stockwerken zur Beförderung von Personen oder als Autotransportwagen zur Beförderung von Fahrzeugen

Drehgestell

Zwei- oder mehrachsiges Fahrgestell bei Lokomotiven und Wagen, bei dem die Radsätze federnd in einem gemeinsamen Rahmen geführt sind. Das Drehgestell wurde um 1830 von dem Amerikaner A. Jervis erfunden und 1936 zum ersten Mal von William Norris in seiner 2 A Lokomotive verwendet. Auf Grund seiner hervorragenden Lauf- und Führungseigenschaften verdrängte das Drehgestell die steifen zwei- und mehrachsigen Wagen sehr schnell. Sehr oft werden diejenigen Achsen, die beweglich im Hauptrahmen gelagert sind, auch mit dem Symbol ' bezeichnet.
Die Schreibweise für die 2 A müßte dann also korrekt lauten: 2'A

Drehscheibe

Die Drehscheibe, häufig im geometrischen Mittelpunkt der Rund- oder Ring-Lokomotivschuppen angeordnet, hatte in der Zeit des Dampfbetriebs zwei Aufgaben: die Lokomotiven auf die radial auf die Scheibe zulaufenden Schuppengleise zu verteilen und die Schlepptenderlokomotiven für die Rückfahrt um 180° zu drehen. Die elektrischen und Dieselfahrzeuge bedürfen des Drehens nicht mehr. Vereinzelt hat man, wo der Platz dazu ausreichte, Gleisdreiecke oder Wendekurven zum Drehen angelegt; sie haben den Vorteil, auch Wagengruppen oder ganze Züge drehen zu können. Für die heute meistgebauten rechteckigen Lokomotivhallen ist die Drehscheibe nicht mehr nötig, man kann die parallelen Hallengleise auch über eine Weichenstraße zusammenfassen

Einphasen-Wechselstrom

die von der Deutschen Bundesbahn und anderen europäischen Bahnen für die elektrischen Triebfahrzeuge einheitlich benutzte Stromart: Spannung 15 000 V, Frequenz 16 2/3 Hz; die Leistungssteuerung geschieht durch Spannungsänderung, die durch verschiedene Anzapfungen am Transformator erhalten wird

Elektrolokomotiven

Lokomotive mit einem oder mehreren Elektromotoren als Antrieb. Siehe den Beitrag von Erhard Born in diesem Buch

Fahrdraht

auch Fahrleitung; Leitung entlang einer elektrifizierten Strecke zur Energieversorgung der Triebfahrzeuge. Ausführung entweder als Oberleitung oder als Stromschiene

Flachbahnhof

Der Flachbahnhof kann einseitig oder zweiseitig sein. Hier liegen zwei Anlagen nebeneinander, die eine beispielsweise in Richtung West-Ost, die zweite aber in Richtung Ost-West. Es befinden sich dann am Westkopf die Einfahrgruppe aus W des W-O-Systems und die Ausfahrgruppe nach W des O-W-Systems nebeneinander, am Ostkopf ist es umgekehrt. Das Betriebswerk, die Packwagen- und die Ausbesserungsgruppe sowie das Bahnhofs-Dienstgebäude sind selbstverständlich beiden Systemen gemeinsam

---

Fliegender Hamburger

der erste planmäßig von der Deutschen Reichsbahn eingesetzte Schnelltriebwagen; verkehrte 1933 von Berlin nach Hamburg; Höchstgeschwindigkeit 160 km/h; Reisegeschwindigkeit 124 km/h

---

Führerhaus

siehe Führerstand

Führerstand

bei Dampflokomotiven Führerhaus; Diesel- und Elektrolokomotiven haben zwei Führerstände, jeweils am Ende der Lokomotive; Rangierlokomotiven meist einen Mittelführerstand.
Der Führerstand dient dem Lokomotivführer und seinem Personal als Schutz. Die ersten Lokomotiven hatten noch keinen Führerstand. Während in Amerika bereits um 1840 fast jede Lokomotive ein geräumiges Führerhaus hatte, fuhr man in Deutschland noch bis in die achtziger Jahre mit einem offenen Führerhaus

---

Garratt

bestimmte Bauart von Gelenklokomotiven; Kessel und Führerstand liegen zwischen zwei weit auseinanderliegenden Drehgestellen, auf denen auch Kohle und Wasser mitgeführt werden; erwiesen sich als besonders gut geeignet für hohe Geschwindigkeiten auf schmaler Spur. Die erste Garratt wurde 1909 in Tasmanien eingesetzt; sind noch heute auf einzelnen Strecken in Südafrika zu sehen

---

Gemischter Betrieb

eine Betriebsweise auf Gebirgsbahnen, auf denen Reibungs- und Zahnstangenstrecken einander abwechseln; diese Strecken werden von Lokomotiven befahren, die für den gemischten Zahnrad- und Reibungsbetrieb eingerichtet sind

---

Güterzuglokomotive

speziell zum Transport von Gütern entwickelte Lokomotive. Die Zuordnung richtete sich in Deutschland nach folgenden Merkmalen: Eine Güterzuglokomotive durfte nur eine Höchstgeschwindigkeit von maximal 90 km/h haben; der Durchmesser der Treibräder durfte 1600 mm nicht überschreiten

---

Heißdampf

über die Sättigungstemperatur hinaus erhitzter Dampf; Temperatur bei Heißdampflokomotiven beträgt zwischen 300 und 400 Grad C

Heißdampflokomotive

Dampflokomotive, bei der im Kessel erzeugter Sattdampf (trockener Wasserdampf, weitere Erhitzung führt zu Heißdampf) durch Überhitzung in Heißdampf verwandelt wird. Gegenüber der Naßdampflokomotive hat die Heißdampflokomotive den Vorteil, daß sie keine Kondensation in den Dampfzylindern hat und daher über einen höheren Wirkungsgrad verfügt

---

Induktive Zugbeeinflussung

verhindert das Überfahren eines Halt gebietenden Hauptsignals, auch Indusi genannt

---

Inselbahnhof

Beim Inselbahnhof steht das Empfangsgebäude der Länge nach zwischen den Gleisen, an mindestens einem Bahnhofsende befinden sich Verbindungsgleise zwischen den parallelen Gleisbündeln beider Bahnhofsseiten. Die Inselform wurde dort bevorzugt, wo zwei verschiedene Verwaltungen einen gemeinsamen Bahnhof benutzten. Man konnte die Betriebsanlagen diesseits und jenseits des Empfangsgebäudes säuberlich trennen, in diesem selbst aber die Abfertigungs- und Warteräume zur Bequemlichkeit des Publikums zusammenlegen

---

Intercity-Züge

Schnellverbindung zwischen den wichtigsten Städten; seit 1979 in der Bundesrepublik im Einstunden-Takt; seit 1979 1. und 2. Klasse

---

Internationale Schlafwagengesellschaft

siehe Compagnie Internationale des Wagon-Lits

Keilbahnhof

Der Keilbahnhof ist eine Bahnhofsform, die früher gerne dort verwendet wurde, wo eine Strecke von A sich in B in zwei – meist gleichwertige – Zweige nach C und D teilte. Die Züge sollten von A nach C und A nach D durchfahren. Das Empfangsgebäude wurde in den Winkel zwischen den beiden Zweigstrecken gestellt

---

Kondensationslokomotive

Der Abdampf der Dampflokomotive wird nicht durch den Schornstein ausgepufft, sondern in einem mitgeführten Kondensationstender durch Luftkühlung wieder zu Speisewasser verflüssigt; von besonderer Bedeutung in wasserarmen Gebieten (UdSSR, Südamerika, Australien, Südafrika)

Kopfbahnhof

im Volksmund »Sackbahnhof«; Endbahnhof einer oder mehrerer Eisenbahnlinien, bei denen das Bahnhofsgebäude quer vor dem Ende der Gleise steht

---

Laufachsen

nicht am Antrieb beteiligter Radsatz; trägt nur einen Teil der Wagenlast

---

Mallet

siehe Verbundlokomotive

Naßdampflokomotive

wird mit gesättigtem (nicht überhitztem) Dampf betrieben. Bis zur Jahrhundertwende war dies die einzige Antriebsform für Dampflokomotiven

---

Oberleitung

System aus Fahrdraht, Tragseil und Verankerungen an den Masten zur Versorgung elektrischer Triebfahrzeuge mit Fahrstrom

---

Radreifen

Reifen aus Stahl hoher Festigkeit, der zusammen mit der Lauffläche hohem Verschleiß unterliegt – besonders in schnell gefahrenen Kurven

---

Rangierbahnhof

Rangierbahnhöfe sind die selbständigen großen Betriebsanlagen zum Auflösen, Um- und Neubilden der Güterzüge. Sie nehmen viel Raum ein und liegen daher weit im Vorfeld der großen Eisenbahnknoten. Ein vollständiger Rangierbahnhof besteht aus folgenden Gleisgruppen: Einfahr-, Richtungs-, Stations- und Ausfahrgruppe, dazu kommen Verkehrs- und Umfahrgleise, das Bahnbetriebswerk mit Lokomotivhalle, einer kleinen Wagenwerkstätte und den Versorgungseinrichtungen, Dienstgebäude, Stellwerke usw.

Reibungsbahn

siehe Adhäsionsbahn

Schiebebühne

Schiebebühnen werden z.B. noch mit Nutzen in Lokomotiv- und Wagenbauanstalten sowie in Ausbesserungswerken gebraucht, weil man mit ihnen auf viel kleinerem Raum als mit Weichen eine Gruppe von Parallelgleisen miteinander verbinden kann

---

Schiene

Die hölzerne Fahrbahn, die den höheren Achslasten des Dampfrosses nicht mehr gewachsen war, mußte endgültig den gewalzten Schienen aus Puddel-, Schweiß- und schließlich Flußstahl weichen. Zur Grundlage der Schienen verwendete man Steinwürfel oder hölzerne Längs- oder Querschwellen. Eine Zwischenform war die Brückenschiene, eine Art U- oder hutförmiges Profil (_⊓_), das auf hölzernen Längsschwellen befestigt war. Diese waren ihrerseits auf Querschwellen gelagert, die gleichzeitig der Spurhaltung dienten. Auch der Steinwürfel-Oberbau bedurfte besonderer Spurhalter – meistens Querschwellen, die alle 2 bis 3 m zwischengelegt wurden. Beim reinen Querschwellen-Oberbau, der sich bald überwiegend durchsetzte, konnte man auf eigene Spurhaltungsmittel verzichten.
An Schienenformen, von denen die Brückenschiene schon erwähnt ist, tauchten bald überwiegend die Doppelkopfschiene und die Breitflußschiene auf. Diese, heute ausschließlich in Gebrauch, ist nach dem englischen Ingenieur Vignoles benannt. Er hat sie zwar nicht erfunden, ihm gebührt aber das Verdienst, sie aus Nordamerika nach Europa eingeführt zu haben. Im britischen Einflußgebiet schraubte man auf die Schwellen gußeiserne Schienenstühle, in denen die Doppelkopfschienen durch Holzkeile festgelegt wurden.
In den anderen Ländern wurden die Schienen mit oder ohne Unterlagsplatten auf die Schwellen gestellt und durch Schienennägel, Schwellenschrauben, Klemmschrauben oder anderes »Kleineisenzeug« festgehalten. Neuerdings bevorzugt man, weil sie sich nicht so leicht lösen können, federnde Verbindungsmittel, wie Spannbügel oder Spannplatten.
In der Frühzeit stießen die Schienen im Längsverband stumpf aneinander, wurden aber bald durch zweiseitig zwischen Kopf und Fuß eingelegte Laschen miteinander verschraubt.
Heute werden die Schienen häufig auf große Längen durchgehend miteinander verschweißt. Weil die früher vorgesehenen Stoßlücken nicht mehr vorhanden sind, die bei sommerlichen Temperaturen eine gewisse Verlängerung der Schiene zuließen, müssen die nunmehr entstehenden Wärmespannungen vom gesamten Gleiskörper – Schienen, Schwellen und Schotterbettung – aufgenommen werden.
Wegen ihres hohen Gewichts eignen sich besonders Beton- und Spannbetonschwellen zum Einbau in geschweißte Gleisabschnitte.

Schlepptenderlok

Lokomotive mit einem unmittelbar angekuppelten Behälterwagen zum Mitführen von Brennstoff- und Wasservorräten

---

Schnellfahrtenderlok

siehe Tenderlok

Schnellzuglokomotive

Lokomotive zum vorwiegenden Einsatz im Schnellzugverkehr mit einer Höchstgeschwindigkeit von mehr als 110 km/h und einem Treibraddurchmesser von mehr als 1750 mm.
Die klassische Schnellzuglokomotive der Dampflokzeit waren die Maschinen der Pacific-Bauart, die erstmals 1886 in Amerika gebaut wurden. In Deutschland war die bekannteste die Einheitslokomotive der Baureihe 01.
Auch heute gibt es ausgesprochene Schnellfahrlokomotiven, wie die der Baureihe 103 mit 200 km/h Höchstgeschwindigkeit

Signal

Optisches oder akustisches Zeichen, das der Verständigung beim Zug- und Rangierbetrieb dient; es gibt Formsignale, Lichtsignale, Hauptsignale und Vorsignale

---

Signalabhängigkeit

der durch mechanische Verschlüsse oder Blockabhängigkeit erreichte Zwang, alle vom Zug befahrenen Schutzweichen und sonstige Flankenschutzeinrichtungen in die vorgeschriebene Stellung zu bringen und alle »feindlichen« Signale auf Halt zu belassen, ehe das Signal eben dieses Zuges auf Fahrt gestellt werden kann

---

Spurkränze

Führungswulst am Radreifen. Siehe auch Radreifen

Spurnagel

Führungskante an den hölzernen Schienenbohlen, die um 1600 im Erzbergbau des Elsasses, des Harzes und Sachsens verwendet wurden

---

Spurweite

Die alten Gruben- und Zechenbahnen hatten die verschiedensten Spurweiten, sie lagen isoliert; ein Wagenübergang von der einen zur anderen war daher nicht möglich, so daß auf einheitliche Spur kein Wert gelegt wurde. Als George Stephenson 1825/30 die beiden ersten Bahnen des öffentlichen Verkehrs baute und in Betrieb setzte, Stockton – Darlington und Liverpool – Manchester, da wählte er 1435 mm Spurweite. Die Angaben widersprechen sich, warum dieser Wert gewählt wurde. Die erste Vermutung, er sei nur im metrischen Maßsystem unrund, weil er aus dem englischen Fuß-Zoll-System umgerechnet sei, trifft nicht zu, denn auch für die Briten sind 4'8½" unrund. Die technische Autorität von Vater und Sohn Stephenson war weltweit so groß, daß die Normalspur 1435 mm in fast ganz Europa, in Nordamerika und Nordafrika überwiegt, aber auch noch vereinzelt in anderen Gebieten vorkommt. Die wichtigsten abweichenden Spurweiten in den Hauptbahnnetzen sind: 2140 mm bei der englischen Großen Westbahn (bis 1892), 1672 mm in Spanien und Portugal, 1600 mm in Baden (bis 1852) und Irland, 1524 mm in Rußland, 1067 mm in Südafrika, Japan und Indonesien, 1000 mm u.a. in den ehemaligen deutschen Kolonien, 914 mm in Südamerika. Schmalspurige Neben- und Kleinbahnen wurden (und werden) in Mitteleuropa in den Spurweiten 1000, 900, 800, 785, 760, 750 und 600 mm betrieben, öffentliche Gartenbahnen in 381 mm. Der Anreiz, in schmaler Spur zu bauen, lag einmal darin, daß Oberbau und Fahrzeuge, weil leichter und kleiner, auch billiger ausfielen, aber auch darin, daß sich die kleinere Spur wegen der hier möglichen kleineren Bogenhalbmesser beengtem Gelände besser anpassen konnte. Eine schmalere Spur bedeutet nicht unbedingt eine geringere Leistungsfähigkeit. Es sei hier erinnert an die hauptbahnähnlichen Meterspurnetze in der Schweiz: Rhätische Bahn mit Furka-Oberalp-Bahn und Brig-Zermatt-Bahn, Montreux-Berner-Oberland-Bahn mit anschließenden Bahnen am Genfer See sowie Brünig-Bahn, Berner-Oberland-Bahn und Luzern-Engelberg-Bahn, schließlich die oben aufgeführten Bahnen mit 1067 mm Spurweite

---

Stellwerk

Betriebsstelle zur Herstellung und Sicherung der Fahrstraßen. Die Entwicklung geht dahin, immer größere Bereiche zentral zu überwachen; elektronische Datenverarbeitung wird bereits dafür eingesetzt. Damit werden Fahrstraßen hergestellt, Betriebsabläufe im voraus gespeichert und Entscheidungen über Warte- und Überholvorgänge getroffen

---

Stromabnehmer

Vorrichtung an einem elektrischen Triebfahrzeug zur Stromentnahme während der Fahrt aus einer ortsfesten Fahrleitung

---

Stromschiene

Fahrleitung in Form einer Profilschiene, die isoliert neben oder zwischen den Fahrschienen angebracht ist; wird vor allem bei S- und U-Bahnen verwendet

---

Tenderlokomotive

Dampflokomotive, die ihre Wasser- und Brennstoffvorräte auf der Lokomotive selbst mitführt. Die Wasserkästen sind dabei meist an der Seite der Lokomotive angeordnet; der Kohlenkasten schließt oft das Führerhaus nach hinten ab

---

Trasse

Eisenbahnstrecke; Trassierung ist das Festlegen des Verlaufs einer neuen Strecke

---

Treibachsen

bei Dampfmaschinen der unmittelbar von der Dampfmaschine angetriebene Radsatz; die benachbarten, über Kuppelstangen angetriebenen Radsätze heißen Kuppelachsen. Bei Diesel- und Elektrolokomotiven wird dieser Unterschied nicht gemacht; alle angetriebenen Achsen werden hier Treibachsen genannt

---

Triebwerk

Maschinenanlage zur Krafterzeugung und Kraftübertragung auf die Treibradsätze eines Triebfahrzeuges

---

Turbinenlokomotive

eine Dampflokomotive, die durch eine Dampfturbine angetrieben wird. Für die Turbinenlokomotive sprach, daß die Turbine unter Vollast äußerst wirtschaftlich arbeitete; dagegen verbrauchte sie beim Rangieren zuviel Dampf. Sie wurde in Europa und Nordamerika in den zwanziger und dreißiger Jahren gebaut

---

Turmbahnhöfe

Turmbahnhöfe sind in zwei Ebenen angelegt und kommen in den Kreuzungspunkten zweier Strecken der Stadt-, Hoch- und Untergrundbahnen vor

---

Verbundlokomotive

Dampflokomotive mit doppelter Dampfdehnung, die besonders in der Naßdampfzeit zu spürbaren Wasser- und Kohleersparnissen geführt hat. Der Dampf durchströmt dabei zunächst einen meist kleineren Hochdruckzylinder und gibt seine Energie erst im nachgeschalteten, größeren Niederdruckzylinder vollständig ab. Diese Art der besseren Dampfausnutzung wurde 1874 dem Schweizer Anatole Mallet patentiert

---

Weiche

früher auch als Wechsel bezeichnet. Die Weiche besteht aus der beweglichen Zungenvorrichtung an der Spitze und dem Herzstück, hinter dem die beiden auseinanderstrebenden Zweiggleise sich trennen. Je nach der Lage der Zungen wird das Fahrzeug in den linken oder den rechten Weichenzweig geleitet. Bei den alten Schleppweichen liefen die beiden Mutterstränge im Zungenbereich nicht durch; die Zungen legten sich stumpf vor je zwei der vier Verzweigungsstränge. Kam dann ein Fahrzeug von der nicht eingestellten Weichenseite her angefahren, mußte es unweigerlich entgleisen.
Bei den heutigen Weichen werden die Mutterstränge durchgeführt; ein von hinten im nichteingestellten Strang anrollendes Fahrzeug verschiebt mit seinen Spurkränzen die falsch liegenden Zungen (»schneidet sie auf«), ohne daß ein Schaden an der Zungenvorrichtung oder am Rad entsteht. Diese Weichen wurden daher »Sicherheitsweichen« genannt. Außer den einfachen Weichen, deren Stammgleis gerade verläuft, gibt es Bogenweichen, Doppelweichen sowie einfache und doppelte Kreuzungsweichen. Diese dienen hauptsächlich dazu, eine größere Zahl parallel liegender Gleise untereinander zu verbinden. Die Weichenstraße wird so viel kürzer, und ein Zug, der das ganze Gleisbündel überquert, wird nicht in jedes Zwischengleis ein- und dann wieder ausgelenkt, wie es bei einer Aneinanderreihung von einfachen Weichen der Fall wäre

---

Zahnradbahn

Berg- oder Gebirgsbahn, die Steigungen bis zu 48 Prozent bewältigt. Die Zugkraftübertragung auf das Gleis erfolgt dabei ausschließlich mittels Zahnrad und Zahnstange oder zusammen mit der Adhäsion (Zahnradbahn mit gemischtem Betrieb)

Zugfolge

Zur Sicherung des Betriebs verkehren die Züge entweder im Zeit- oder Raumabstand oder – selten – durch Fahren auf Sicht. Heute nur noch bei Straßenbahnen üblich

---

Autoren

Peter Aschenbrenner

geb. 1942 in Obernzell/Bayern; graphische Lehre in München; danach in namhaften Verlagen und Kunstanstalten tätig; mehrere Jahre Chefredakteur einer verkehrstechnischen Zeitschrift; derzeit als Lithograph tätig und Leiter eines Autorenteams, das mehrere Publikationen herausgegeben hat

---

Paul Back

geb. 1956 in Kahler, Luxemburg; Angestellter im Staatsdienst; seit Jahren nebenberufliche Tätigkeit als Journalist für Eisenbahn-Zeitschriften

---

Erhard Born

geb. 1905 in Mülhausen im Elsaß; Maschinenbaustudium an der TH Darmstadt; Promotion an der TH Braunschweig; praktische und Konstruktionstätigkeit bei Lokomotivfabriken; seit 1938 im Dienst der Deutschen Reichs- bzw. Deutschen Bundesbahn; Autor zahlreicher Buchpublikationen zum Thema Eisenbahn; Beiträge für verschiedene Eisenbahn-Zeitschriften

---

Harold A. Edmonson

Herausgeber verschiedener Werke eines führenden Verlags von Eisenbahn-Büchern und -Zeitschriften; in sechs Kontinenten Eisenbahnen fotografiert und die Strecken befahren; diese Erfahrung setzte er in sieben Eisenbahn-Büchern um und wirkte bei vier anderen Publikationen mit; ehemals Mitherausgeber des führenden amerikanischen Eisenbahnmagazins Trains

---

Alfred B. Gottwaldt

Autor mehrerer Fachbücher zum Thema Eisenbahn, u.a.: Eisenbahn-Brennpunkt Berlin (1977); Geschichte der deutschen Einheits-Lokomotiven (1978); Stromlinien-Dampfloks (1978); 100 Jahre deutsche Elektro-Lokomotive (1979); Berliner Verkehr in alten Postkarten (1979); Reichsbahn-Kalender (1978)

Helmut Griebl

geb. 1936; ausgeübter Beruf Lüftungs- und Klimatechniker; beschäftigt sich seit seiner Kindheit mit Eisenbahnen, insbesondere mit Dampfloks; spezielle Interessengebiete sind das Fotografieren und die Lokomotiv-Statistik; Veröffentlichung »Verzeichnis der deutschen Lokomotiven« (1965) und einige Beiträge in Fachzeitschriften

---

Bernhard Haseneder

geb. 1950 in München; nach kurzer Beschäftigung bei der Deutschen Bundesbahn ab 1967 im gehobenen Staatsdienst des Bayerischen Arbeitsministeriums tätig; seit 1965 nebenberuflich Eisenbahn-Bildreporter; verschiedene Bild- und Textveröffentlichungen in mehreren Fachpublikationen über diverse Eisenbahnen der Welt, speziell deren Dampfbetrieb

Richard Heinersdorff

geb. 1927; seit 1965 als Verlagsvertreter im Buchhandel tätig; beschäftigt sich in seiner Freizeit mit Eisenbahnen und Modelleisenbahnen; vier Buchpublikationen zum Thema Eisenbahn und zahlreiche Beiträge für internationale Eisenbahn-Fachzeitschriften

---

Alfred Herold

geb. 1929; nach Studium der Naturwissenschaften (spez. Geographie) 1956 Promotion, 1964 Habilitation; ab 1968 Professor für Geographie an der Universität Mainz, ab 1974 an der Universität Würzburg; Verfasser zahlreicher populär-wissenschaftlicher Eisenbahnveröffentlichungen; Mitherausgeber und Autor des »Lexikon für Eisenbahnfreunde«; umfangreiches Fotoarchiv

---

Walter Hien

geb. 1942 in München; im öffentlichen Dienst tätig und seit mehreren Jahren mit Verkehrsproblemen betraut; einige Jahre Tätigkeit als Berater und Redakteur einer Eisenbahnzeitschrift; durch viele Reisen im In- und Ausland erwarb er einen umfassenden Überblick über das gesamte Eisenbahnwesen; Besitz eines umfangreichen Archivs mit z.T. historischem Eisenbahnschrifttum

---

Karl-Ernst Maedel

Autor mehrerer Fachbücher zum Thema Eisenbahn, u.a.: Dampflokomotiven – geliebt und unvergessen (2. Aufl. 1976); Die Dampflokzeit (3. Aufl. 1974); Das Eisenbahnjahrhundert (2. Aufl. 1974); Liebe alte Bimmelbahn (4. Aufl. 1976); Im Führerstand von Dampf-, Diesel- und Elektrolokomotiven (1976)

Alexander Rost

geb. 1924 in Königswusterhausen; nach Ausbildung zum Seeoffizier Studium der Geschichte, Philosophie und Soziologie an der Universität Kiel; schon während des Studiums journalistische Tätigkeit; Theodor-Wolff-Preisträger 1964; Redakteur und Chefredakteur in großen Verlagen; lebt heute als Publizist in Hamburg

---

Fritz Stöckl

geb. 1912 in Wien; Dr. jur. der Universität Wien; bürgerlicher »Nebenberuf« Notar; im Hauptberuf Eisenbahnliebhaber und -Schriftsteller, Globetrotter; Verfasser von 14 Eisenbahnbüchern; Inhaber der Goldenen Ehrenmedaille der »Internationalen Schlafwagengesellschaft«

Patrick B. Whitehouse

Eisenbahnenthusiast und bekannter Fotograf; Mitglied der Royal Photographic Society; Autor von 25 Eisenbahn-Büchern; in den letzten zehn Jahren reiste er durch die Welt und fotografierte die Eisenbahnen von China bis USA; Mitglied des Vorstands der Colourviews Publications and Basinghall Books

---

Register

Gerade Ziffern verweisen auf die Seitenzahlen im Text, kursive Ziffern auf die Bildnummern und Bildlegenden.

Personen

Gesellschaften, Linien und Strecken

Lokomotiv- und Zugnamen

Baureihen und -klassen

Impressum

Lizenzausgabe mit Genehmigung des Hoffmann und Campe Verlag, Hamburg
für Weltbild Verlag GmbH., Augsburg 1994

Printed in Italy
ISBN 3-89350-520-2

Bildnachweis

(nach Bildnummern)

Titelphoto: ELV Verlag, München, Bildautor: Hans Faust

Agentur Photo-Center, Braunschweig, K. D. Krömer 12, 67, 68, 93

Robert Allingham, Norwood/Südafrika
96, 138, 144

Archiv
51

AVT-Archiv für Verkehrstechnik, Olching
Bernhard Haseneder 76, 152, 153
Frieda Haseneder 6, 71, 72, 73
Reinhard Fuchs 74, 161

Carl Bellingrodt, Lokomotivbildarchiv, Wuppertal
30, 31, 32, 33, 34

Bildarchiv KH. Schuster, Oberursel/Ts.
Eckhardt 155
Fieselmann 147, 148, 149
Fühler 164
Kiehne 66
Kinne 165
Rose 150

Dieter Blum, Esslingen
130

Joe G. Collias
52

Colourviews Publications, Birmingham
G. F. Heiron 37, 43
H. Navé 36
E. Treacy 40, 41
P. H. Wells 39
C. M. Whitehouse 122, 156
P. B. Whitehouse 16, 53, 64, 124, 126, 127, 129, 157, 158, 159, 162, 166

Denver Public Library, Denver/Col.
14, 15

Harold A. Edmonson, Milwaukee
7, 94, 95, 97, 119, 132, 133, 139, 145, 146

Helmut Griebl, Neulengbach/Österreich
46

Gruner + Jahr-Fotoservice, Hamburg
2

Victor Hand, Washington
13, 77, 81, 86, 98, 99, 100, 103, 113, 143

Alfred Herold, Gerbrunn
75

Jürgen Hess, Darmstadt
123

Allen A. Jorgensen, Johannesburg
1, 9, 10, 11, 110, 111, 112, 117, 118, 140, 141, 142

Chris Kapolka, Vision, London
79, 80

Paolo Koch, Zollikon/Schweiz
125

Charles P. Lewis, Kimberley/Südafrika
3, 4, 5, 8, 50 (M. V. Lewis), 58, 59, 60, 61, 62, 63, 65, 82, 83, 84, 85, 87, 88, 89, 104, 105, 106, 107, 108, 109, 114, 115, 116, 154

Lindemann, Hamburg
38, 44, 45

Frank Lüdecke, München
151

J. Michael Mehltretter, Pullach
69, 70, 90, 91, 92

G. H. Metzeltin, Hamburg/Lugano
Vor-/Nachsatz, 25

Otto Möhrlein, Manching
160

Arnold Müll, Frankfurt/M.
163

Yoshinobu Nakamura, The Sun/Heibonsha Ltd., Tokyo
120, 121

Popperfoto, London
17, 19, 20, 47, 54, 55, 56, 57, 78

Ludwig Rotthowe, Telgte
26, 27, 35, 49

Schweizerische Verkehrszentrale, Zürich
18

stern syndication, Hamburg
Horacek 131
Ihrt 101, 102, 134, 137

Gertrud Stöckl, Bad Ischl
48, 128, 135, 136

Stöckl Archiv
42

Verkehrsarchiv Nürnberg
21, 22, 23, 24, 28, 29

Fotos und Zeichnungen im Textteil:

Archiv 70, 72, 73, 76, 79

Carl Bellingrodt, Lokomotivbildarchiv, Wuppertal
69

Helmut Griebl, Neulengbach/Österreich
67

Sammlung C. Lange, Frankfurt/M.
115, 117

G. H. Metzeltin, Hamburg/Lugano
79

Quellennachweis

Jack London: Blinde Passagiere, aus: Jack London, Abenteurer des Schienenstrangs, Berlin 1973, S. 21–32; mit freundlicher Genehmigung des Universitas Verlages, Berlin

Übersetzungen

Die Übersetzungen der Beiträge von Harold Edmonson und Patrick B. Whitehouse besorgten:
Peter Aschenbrenner
Paul Back
Reinhard Fuchs
Bernhard Haseneder
Frieda Haseneder
Walter Hien
Erwin Köstler
Dieter Müller
(alle Autorenteam AVT)

Produktion

Projektleitung:
Hans-Helmut Röhring

Redaktion:
Frank Grube
Gerhard Richter

Redaktionsassistenz:
Marita Ellert
Claudia Glismann
Doris Leuthold
Ulrike Rickert
Ulla Thomsen

Design:
Jan Buchholz und Reni Hinsch

Herstellung:
Winfried Fenske

Satz:
Alfred Utesch, Hamburg
Lettern Service M. Geraths KG, Hamburg

Lithographie:
Otterbach Repro KG, Rastatt

Umschlaggestaltung:
Peter Engel, München

Gesamtherstellung:
Arnoldo Mondadori, Verona

Norddeutsch-Orientalischer Verkehr.

I. Klasse. № 00067 *

Sofia — Berlin

(Stadtbahn)

über Tzaribrod-Belgrad-Budapest-Ruttka/Galánta-Zsolna-Oderberg-Breslau.

Giltig 15 Tage,

vom Tage der Abstempelung bis Mitternacht des 15 Tages.

Für alle Züge,

Für „D“, und „L“ Züge tarifmässiger Zuschlag.

---

30 kgr. Freigepäck, auf Kinderfahrkarten 20 kgr. nur auf den Serbischen und Deutschen Eisenbahnen.

Preis: 172 Fr. 30 Cts.

Datumstempel:

Berlin S. B.